과학의 본성

어떤 과학을 가르칠 것인가?

강석진 · 노태희 공저

 북스힐

머리말

17세기를 전후로 폭발적으로 성장하기 시작한 과학은 지금 이 순간에도 눈부신 발전을 거듭하고 있다. 인류의 역사상 지금까지 존재한 과학자의 80% 이상이 현재 생존해 있을 정도라고 하니, 우리가 살고 있는 시대를 과학의 시대라고 부를 만도 하다. 과학은 우리 생활 곳곳에 깊숙이 스며들어, 이제는 과학 없는 세상을 상상하기 어려울 정도로 우리 삶에서 없어서는 안 될 요소가 되었다. 사람들은 대부분 중요한 결정을 내리기 위해서는 과학자의 의견을 들어보거나 과학적인 증거가 필요하다고 생각한다. 범죄를 목격한 사람이 아무도 없더라도 현장에서 수거한 머리카락의 DNA 분석 결과가 범인을 밝히는 명백한 증거라는 데는 누구도 이의를 제기하지 않는다. 이처럼 우리는 과학이 객관적이고 합리적인 탐구 활동이며, 과학자는 이념이나 편견에 치우치지 않고 증거를 수집하고 해석하여 합리적인 결론에 도달할 것이라는 암묵적인 생각을 지니고 있다.

그러나 한편으로는 과학이 발전함에 따라 과학에 대한 사람들의 불안감도 커지고 있다. 영화나 소설에서 과학이 인류에게 불행을 초래하는 것으로 묘사된 장면을 심심찮게 접할 수 있는데, 이는 과학에 대한 불안감이 적지 않게 퍼져 있음을 보여준다. 과학에 대한 불신이나 반감은 어제오늘의 문제가 아니다. 19세기 미국의 유명한 시인인 휘트먼(Walt Whitman, 1819-1892)의 시에서 묘사된 것처럼, 과학은 차갑고, 이해하기 어렵고, 비인간적이라는 인식이 학자들뿐 아니라 일반 대중 사이에도 널리 퍼져 있다.

> 학식 있는 천문학자의 말을 들었을 때
> 증거와 숫자들이 내 앞에 줄지어 나열되었을 때,
> 가산되고, 나누어지고, 측정되는 도표들과 도형들이 내 눈앞에 제시되었을 때,
> 내가 강당에서 많은 박수를 받으며 강연을 하고 있는 천문학자의 말을 들으며 앉아 있었을 때,
> 나는 어찌나 빨리 말할 수 없을 정도로 피곤해지고 지루해지는지,
> 일어나 살며시 빠져나와,

신비롭고도 축축한 밤공기 속을 혼자 거닐며,
이따금 완벽한 침묵 속에 있는 별들을 올려다보았다.

(Whitman, 2010)[1]

과학이 없었다면 다양하고 풍부한 먹거리, 인간의 수명을 연장시키는 의술, 그리고 컴퓨터, 자동차, 비행기 등과 같은 문명 이기의 혜택을 누릴 수 없었을 것이라는 점은 모든 사람들이 인정한다. 그러나 반대로 사람들은 과학에서 인류를 멸망시킬 수 있는 대량 살상 무기나 기계의 노예로 전락한 미래 사회에서의 인간의 모습을 떠올리기도 한다. 이처럼, 사람들은 과학의 혜택을 누리며 살고 있기에 과학에 권위를 부여하지만, 동시에 과학에는 위험이 잠재해 있으며 결국에는 우리의 삶을 위협할 것이라는 비관적인 불안감도 지니고 있다. 또한 사람들은 과학의 발전으로 인한 편리한 기계에는 점점 익숙해지지만, 그 기계를 있게 한 과학 원리를 이해하는 데는 오히려 흥미를 잃고 있다. 예를 들어, 우리는 매일 입는 옷, 먹는 음식(천연 식품이든 가공식품이든), 사는 집 등을 비롯하여 수많은 종류의 화학 물질과 접촉하며 살아가고 있다. 그러나 우리 주위에는 화학 물질이라는 말을 들으면 그 물질에 대해 구체적으로 알아보려 하기보다는 독극물 기호를 떠올리며 무조건적으로 손사래를 치고 물러서는 사람들이 많다. 심지어 고등교육을 받았다는 사람들까지도 화학 물질은 무조건 나쁘다는 편견을 지니고 있다. 이처럼, 우리 사회에서 가장 중요한 요소인 과학이 거꾸로 사회의 주류에서 밀려나는 역설적인 일이 바로 우리 주위에서 벌어지고 있다. 역사학자 홉스봄(Eric Hobsbawm, 1917–2012)이 지적한 것처럼, 이것이 우리가 풀어야 할 수수께끼다. 과학에 대한 무관심과 잠재적인 불안은 과학의 미래를 위협할 수 있기 때문이다.

어떤 정보든 제대로 이용하려면 지식을 어느 정도 지니고 있어야 한다. 예를 들어, 축구나 야구 같은 스포츠의 방식이나 규칙에 대해 전혀 모르는 사람은 그 스포츠를 즐기기가 어렵다. 과학도 마찬가지다. 과학을 제대로 이용하고 누리기 위해서는 과학이 무엇인지에 대해 어느 정도 알아야 한다. 또한 과학에 대해 무관심한 사람에게, 현대 사회에서 인간이 과학에서 소외되지 않고 능동적으로 살기 위한 방향에 대해 비판적으로 사고하기를 기대하는 것은 무리다. 과학이 무엇인지 이해하지 못하는 사람들은 현대 사회에서 체제 순응적이고

---

1) Whitman, W. (2010). 휘트먼 시선. 윤명옥 역, 서울: 지식을 만드는 지식.

수동적인 방관자로 살아갈 수밖에 없다. 이러한 문제에 대한 해결책으로 과학을 가까이하고 과학에 대한 이해를 증진시킬 기회를 사람들에게 제공하는 '과학 대중화' 운동이 한창이다.

과학은 필요한 것이긴 하지만 너무 전문적이고 어려우니 과학자들이 알아서 해야 한다는 생각이 우리 주위에 퍼져 있다. 하지만 과학은 하얀 가운을 입고 실험실에서 연구하는 과학자들만의 것이 아니다. 가끔씩 신문이나 방송에 나오는 과학 기사를 훑어보는 것만으로 과학에 대한 우리의 소임을 다했다고 자부해서도 안 된다. 과학은 우리 삶의 매 순간에 관계되어 있으므로, 우리가 과학에서 벗어나서 사는 것은 불가능하다. 따라서 미래 사회에 능동적으로 대처하기 위해서는 과학이 무엇인지, 그리고 과학이 왜 중요한지 이해해야 한다.

그러나 오늘날 과학은 너무 전문화되어서 대중들이 모든 과학 활동의 구체적인 내용을 정확히 이해하기를 기대하는 것은 무리다. 또한 과학 지식을 많이 습득한다고 해서 그것이 곧 과학에 대한 올바른 이해로 이어진다는 보장도 없다. 과학 지식의 많고 적음보다는 평소 경험을 통해 형성된 과학에 대한 이미지가 더 중요할 수 있다. 어떤 것을 이해하지 못한다는 것은 그것을 제대로 사용할 줄 모른다는 것을 의미한다. 따라서 과학을 올바로 사용하기 위해서는 과학이 무엇이고 과학을 어떻게 바라보아야 하는지 알아야 한다. 이 책에서는 과학과 우리 삶 사이의 관계를 정립하기 위한 출발점으로서 과학을 이해하는 관점을 소개하고자 한다. 과학에 대한 올바른 시각은 특히 학생들을 가르치는 교사에게 더욱 중요한 의미를 지닌다. 교사가 과학에 대한 왜곡된 이미지를 지니고 있다면, 그것은 개인의 문제로 끝나는 것이 아니라 그 교사가 가르치는 수많은 학생들에게 잘못된 이미지가 전파될 가능성이 높기 때문이다.

한편, 과학이 현대 사회에서 중요한 요소인 것은 분명하지만, 그렇다고 해서 과학이 다른 모든 것에 우선하는 최고의 가치라고 말할 수는 없다. 사람들은 흔히 '과학적이 아닌 것'에 대해 불신하는 경향이 있지만, 이것은 잘못된 생각이다. 과학이 아니라고 해서 어딘가가 잘못되었다는 뜻은 아니다. 그것은 단지 과학이 아닌 '다른 무엇'일 뿐이다.[2] 우리는 세상을 탐험하고 이해하고 즐기기 위해 다양한 방법(도구)을 사용한다. 문학, 철학, 역사, 음악, 미술 등은 모두 우리가 세상을 이해하는 데 있어 각각 독특한 관점을 제공하는 '다른 무엇'에 해

---

2) Feynman, R. P. (2003). 파인만의 여섯가지 물리 이야기. 박병철 역, 서울: 승산.

당하는 도구들이다. 과학도 다른 도구들과 마찬가지로 세상을 이해하는 도구 중 하나일 뿐이다. 학교에서는 미래 사회의 주역이 될 소양을 지닌 시민을 양성하기 위해 여러 가지 도구를 가르친다. 학교에서 가르치는 모든 도구들은 나름대로의 특징과 장점을 지니고 있다. 그런데 왜 과학에 대한 올바른 이해를 특히 강조하는 것일까? 자신과 사회에 대해 비판적으로 사고할 수 있는 의식 있는 시민을 양성하기 위해서 가장 중요한 것을 하나 꼽으라면, 모든 주장에 대해 "이건 뭐지?", 그리고 "왜 그럴까?"와 같이 끊임없이 질문하는 태도일 것이다. 그렇다면 이 태도에 가장 부합하는 도구가 무엇일까? 바로 논리적인 사고와 권위를 거부하는 회의를 기본으로 삼는 과학일 것이다.

차례

1 과학이란 무엇인가?

텔레비전이나 신문과 같은 매스컴에서 과학적인 피부 관리, 과학적인 다이어트, 첨단 과학기술로 탄생한 자동차 등과 같이 '과학'이라는 말이 들어 있는 광고 문구를 쉽게 접할 수 있다. 최근에는 한발 더 나아가 대중들에게 많이 알려진 과학자가 직접 광고에 등장하기까지 한다. 이처럼 광고에서 과학을 강조하는 이유는 무엇일까? 과학이 어떤 특별한 것이라는 믿음이 우리 사회에 광범위하게 존재하기 때문은 아닐까?

과학은 어떤 주장이나 사물에 특별한 장점이나 신뢰성이 있다는 의미로 사용되어왔다. 따라서 광고에 과학을 끌어들이면, 어떤 제품의 우수성이 객관적으로 입증되었다는 느낌을 은연중에 전달할 수 있다. 사람들은 과학에 대해 무엇인가 더 낫다는 이미지를 가지는 경우가 많기 때문이다.

하지만 사람들이 항상 과학에 대해 긍정적으로 생각하는 것은 아니다. 과학은 현대 사회가 직면하고 있는 여러 문제의 주범으로 몰리기도 한다. 무분별한 자연 파괴와 환경오염, 인류를 몇 번 멸망시키고도 남을 만큼 많은 핵무기, 인간 복제라는 윤리적인 논쟁을 불러온 유전자 조작 기술 등은 이전까지 상상하지도 못했던 복잡한 문제를 우리에게 던지고 있다. 그 결과, 과학에 대해 회의적이거나 거부감을 가진 사람이 적지 않으며, 심지어 과학을 없애야 한다는 극단적인 주장을 하는 사람들도 있다.

이처럼 과학에 대해 상반된 시각이 공존하지만, 아직도 대다수의 사람들은 과학이 유용하고 중요하다는 암묵적인 믿음을 지니고 있다. 이러한 경향은 우리 사회 곳곳에서 발견할 수 있다. 종교에서도 교리를 과학과 관련지어 설명하려고 노력하고, 풍수지리를 연구하는 사람들도 풍수지리가 얼마나 과학적인지를 주장하기 위해 노력한다. 굳이 멀리서 이런 예를 찾을 필요도 없다. 바로 우리 자신도 좀 더 합리적이고 체계적으로 일을 처리할 때, 과학적이라는 말을 쉽게 쓰지 않는가? 그렇다면 과학이란 과연 무엇일까?

과학의 정의

'과학(science)'이라는 말은 라틴 어 '스키엔티아(scientia)'에서 유래했는데, 이 말은 '지식' 혹은 '안다'를 의미하는 'scient'에 접미사 'ia'가 붙어서 이루어진 말이다. 또한 '과학적(scientific)'이라는 말은 'scientia'에 '만들다'라는 의미의 라틴 어 'facere'가 결합하여 이루어졌다. 역사적으로 과학의 정의에 대한 입장이 어떻게 바뀌어왔는지 살펴보자.

(1) 지식 체계로 보는 입장

과학이라고 하면 흔히 아인슈타인(Albert Einstein, 1879-1955)의 상대론, 원자론, 멘델(Gregor J. Mendel, 1822-1884)의 유전 법칙과 같은 과학 지식을 먼저 떠올린다. 이처럼 과학을 특징짓는 가장 대표적인 요소는 과학 지식 체계일 것이다. 전통적으로 과학은 객관적이고 절대적인 지식의 체계로 인식되어왔다. 과학 지식은 자연 현상을 이해하기 위해 노력하는 과정에서 만들어진 창의적인 인간 활동의 결과물이다. 수세기에 걸쳐 쌓여온 방대한 양의 과학 지식은 물리학, 화학, 생물학, 천문학, 지질학 등의 전문적인 세부 분야로 나뉘어 있다. 영어 science를 과학(科學)이라고 번역한 것도 많은 과(科)로 나누어진 학문(學), 즉 세분화되고 전문화된 학문이라는 의미에서였다고 한다. 좀 더 넓은 관점에서 보면, 서로 무관한 것처럼 보이는 과학의 전문 분야도 자연에 대한 이해 추

구라는 목표 아래 긴밀히 조직되어 전체적인 과학을 이루고 있음을 알 수 있다. 이와 같이, 과학 지식 체계가 곧 과학이라는 관점은 어쩌면 너무나 당연한 것처럼 느껴진다. 그러나 과학 지식의 의미를 지나치게 강조할 경우, 과학을 올바로 이해하는 데 장애물이 될 수 있다. 과학 지식이 과학을 정의하는 데 필요한 요소이기는 하지만, 과학 지식이 곧 과학의 전부가 될 수는 없기 때문이다.

(2) 지식 체계와 과정으로 보는 입장

현대 사회에서 과학을 높이 평가하는 이유 중 하나는, 과학이 개인적 사변의 수준을 뛰어넘는 합리적인 과정이나 방법을 통하여 도출된 유용한 사고 체계라는 점이 입증되었기 때문이다. 즉, 결과물로서의 과학 지식뿐 아니라 과학

지식이 도출되기까지의 과정에서도 과학의 특징이 나타난다. 과학을 올바로 이해하기 위해서는 과학 지식에 대한 이해뿐 아니라 과학 지식이 형성된 과정 및 방법에 대한 이해가 있어야 한다.

20세기의 대표적인 과학자들도 과학 지식과 과학 지식이 형성되기까지의 활동을 포괄하는 개념으로 과학을 설명한다. 프랑스의 과학자이자 수학자인 푸앵카레(Henri Poincaré, 1854-1912)는 "돌로 집을 짓듯이 과학은 사실들(facts)로 이루어진다. 그러나 돌무더기가 집이 아니듯이, 사실의 집합 자체는 과학이 아니다. 과학은 사실들 사이에서 조화로운 질서를 추구하는 것이다."라고 말했다. 즉, 과학이란 탐색하고, 질문하고, 관계를 찾는 활동을 통해 논리적 체계를 형성해가는 과정이며, 단순한 지식의 총합이 아니라 이를 구성하기 위한 지적 활동까지 포괄되어야 한다는 것이다.

미국의 저명한 화학자이자 교육자인 코넌트(Conant, 1957)는 보다 구체적으로 과학을 동적인 과정(process)과 그 결과로 얻어지는 개념 및 개념 체계의 산물(product)로 구분했다. 여기서 과정이란 과학 활동의 제반 절차 및 사고 과정으로서, 과학 활동에서 쓰이는 방법들, 즉 실험 기기 조작, 자료 수집·분석 등의 활동과 이 방법들을 머릿속으로 인식하고 정리해가는 활동을 포괄한다. 반대로, 산물은 과학 활동의 결과로 얻어진 과학적 사실, 원리, 법칙, 이론 등을 말한다.

(3) 지식 체계와 과정 외에 제3의 요소를 제시하는 입장

최근 과학사와 과학 철학 분야의 연구는 이제까지 상대적으로 소홀히 다루어져왔던 과학의 사회성에 대한 인식을 고조시켰으며, 과학의 본성을 고찰할 때도 과학자, 사회문화적 환경, 태도 등을 중요하게 고려할 필요가 있음을 강조했다.

제이콥슨과 버그먼(Jacobson & Bergman, 1980)은 과학이란 과학 활동과 그 결과로 생기는 산물, 그리고 그 활동의 기저를 이루는 기본 가정으로 구성된다고 주장했다. 과학의 기본 가정에는 자연의 특성과 존재 형태, 지식과 진리의 본질적 성격, 과학적 방법의 본성 등에 관한 기본 관점 등이 포함될 수 있다. 예를 들어, 자연에서 일어나는 모든 현상은 반드시 원인이 있기 때문에 그 현상을 합리적이고 일관성 있게 설명할 수 있는 방법이 존재할 것이라는 가정은 과학의 가장 기본적인 가정 중의 하나다(조희형, 박승재, 1994). 이와 같은 기본적

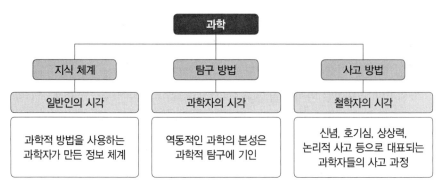

그림 1-1 **콜렛과 치아피타**(Collette & Chiappetta, 1989)의 과학의 정의

가정에 기초하여 특정한 과학적 방법이나 과정이 선택될 것이고, 선택된 과학적 방법이나 과정에 기초하여 독특한 형태와 내용으로 일반화되어 형성된 것이 과학 지식이라고 볼 수 있다.

콜렛과 치아피타(Collette & Chiappetta, 1989)는 과학에 대해 일반인들은 지식의 체계(a body of established knowledge)로, 과학자들은 탐구하는 방법(a way of investigation)으로, 철학자들은 사고하는 방법(a way of thinking)으로 바라볼 수 있다고 설명했다(그림 1-1).[1] 그런데 이러한 각각의 관점은 모두 과학에 대한 단편적인 정의에 불과하며, 이 관점들을 종합적이고 총체적으로 바라볼 때 비로소 과학의 본성을 올바르게 이해할 수 있다고 주장한다.

압루스카토(Abruscato, 1982)는 자연에 대한 정보를 조직적으로 수집하는 과정과 이러한 과정을 통해 얻은 과학 지식 외에 과학자들이 속해 있는 사회문화적 배경, 즉 과학 지식을 획득하기 위해 특정한 과정을 선택하는 과학자와 그의 가치관 및 태도 등을 과학의 본질에 포함시켰다. 트로브리지와 바이비(Trowbridge & Bybee, 1986)도 과학은 과학 지식 체계와 지식 체계가 형성되는 과정, 그리고 그 과정에 참여하는 과학자로 구성된다고 주장하여, 과학자가 속해 있는 사회문화적 배경의 중요성을 강조했다.

자이먼(Ziman, 1984)은 심리학, 철학, 사회학의 세 가지 측면에서 과학을 정의했다(그림 1-2). 자이먼은 과학의 구조가 과학자, 과학 지식, 과학 사회의 세 가지 차원과 이들 사이의 관계로 이루어진다고 제안했다. 즉, 과학자의 속성, 개

---

1) 그 이후, 치아피타 등(Chiappetta et al., 1998)은 '과학과 기술 및 사회 사이의 관계'를 과학의 구성 차원으로 추가하여 과학을 사고 방법, 탐구 방법, 지식 체계, 그리고 과학과 기술 및 사회 사이의 관계 등 네 가지 차원에서 이해해야 한다고 주장한다.

인적 호기심, 태도, 지능, 동기, 인식 등은 심리학
적 측면과 관련이 있다. 그리고 과학 지식의 본질,
지식을 획득하는 방법과 관련된 실험, 관찰, 이론
등은 철학적 측면에 대한 것이다. 마지막으로, 과
학에 내재된 사회적 속성, 과학의 내·외적 사회성,
과학 사회의 구성, 과학 사회에서 유지되는 제반의
과학적 기준 및 절차와 과정에 의해서 드러나는
특징 등의 요소는 사회학적 측면에 대한 것이다.

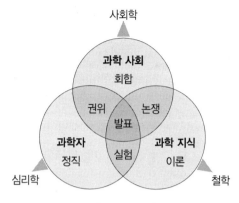

그림 1-2 **자이먼(Ziman, 1984)의 과학의 정의**

과학과 비과학

현대 사회에서 과학은 놀라운 속도로 발전하고 있고, 그 영향력도 날이 갈
수록 커지고 있다. 그러나 이제까지와 같이 과학 지식의 전수에 중점을 둔 교
육으로는 과학의 발전을 따라잡기 힘들다. 대다수의 일반 대중들에게 필요한
것은 개별적인 과학 지식이 아니라, 과학이 무엇을 성취할 수 있고 과학의 한
계가 무엇인가에 대한 폭넓은 이해다. 과학의 일반적 특징, 즉 과학의 본성에
대한 올바른 이해는 과학자의 활동을 합리적으로 평가하고 시민으로서의 자
기 권리를 올바로 행사하는 데 바탕이 되기 때문에 중요하다.

과학의 본성을 살펴볼 때, 가장 먼저 부딪히는 문제는 바로 '과학이란 무엇
인가'다. 그리고 이 물음에 대답하는 것이 과학의 본성을 이해하기 위해 가장
중요한 문제이기도 하다. 한마디로 한다면, 과학은 세상을 이해하는 여러 가지
방법 중 하나라고 할 수 있다. 과학이 과학으로 인정받는 것은 과학에 독특한
특성이 있기 때문일 것이다. 따라서 그 특성이 무엇인지 안다면 과학이 무엇인
지에 대한 해답을 얻을 수 있을 것이다(Ladyman, 2003). 하지만 세상을 이해하는
다른 방법들(예를 들어, 철학, 종교, 문학, 예술 등)과 구별되는 과학의 특성이 무엇인
가라는 질문은 대답하기 쉽지 않다. 과학의 특성을 이해하기 위한 좋은 방법
중 하나는 여러 가지 주장을 과학인 것과 과학이 아닌 것, 즉 과학과 비과학
(非科學)으로 구별해보는 것이다.

Activity 1-1

우산학

우산학(雨傘學, umbrellaology)이라는 새로운 학문의 개척자라고 주장하는 사람이 보내온 다음 편지(Somerville, 1941)를 받았다고 가정해보자. 여러분은 이 편지에 대해 어떻게 대답할 것인가? 우산학이 과학이라고 주장하는 이 사람에게 동의하는가, 아니면 반대하는가? 그 이유를 설명해보자.

친애하는 선생님께,

무례를 무릅쓰고, 저는 (예전엔 뜻을 같이했지만) 지금은 더 이상 친구가 될 수 없는 사람들과의 사이에서 벌어지고 있는 논쟁에 대해 판단을 내려주십사 부탁드리고자 합니다. 논쟁거리가 되고 있는 문제는 바로 제가 창시한 우산학이 과연 과학이라 할 수 있는가입니다.

우선, 이 문제에 대한 저의 입장을 설명드리겠습니다. 지난 18년 동안, 저는 성실한 제자들의 도움을 받아서 이제까지 과학자들에게 철저히 무시되어왔던 주제인 우산에 관한 자료를 모아왔습니다. 오랜 기간에 걸친 조사 결과들은 제가 쓴 9권의 책 속에 자세히 제시되어 있습니다. 그 책의 내용과 자료를 모았던 방법에 관해 간단히 설명해드리겠습니다.

저는 뉴욕의 맨해튼에서 조사를 시작했습니다. 구역별, 주택별, 가구별, 그리고 개인별로까지 조사를 진행하면서, 사람들이 소유한 우산의 개수, 크기, 무게, 색깔을 확인했습니다. 여러 해 동안 맨해튼 전역을 조사한 뒤, 계속해서 뉴욕 시의 다른 지역으로 조사를 확장했으며, 마침내 뉴욕 시 전체를 대상으로 조사를 마쳤습니다. 저는 같은 방법으로 미국 전역에서 조사를 계속 진행할 준비가 되어 있으며, 전 세계에 걸쳐 조사를 진행할 계획도 있습니다.

저의 친구였던 (하지만 지금은 제 의견에 동의하지 않고 오히려 비판하고 있는) 사람들에게 한마디 할 때가 된 것 같군요. 저는 겸손한 사람이지만, 제가 새로운 과학의 창시자로서 인정받을 권리가 있다고 생각합니다. 그런데 제 친구들은 우산학이 전혀 과학적이지 않다고 주장합니다. 우선, 제 친구였던 사람들은 우산을 조사하는 것이 매우 어리석은 일이라고 말합니다. 하지만 이 비판은 전혀 설득력이 없습니다. 왜냐하면 과학은 어떤 사물이나 현상을 다루든지 결코 비웃거나 무시하지 말아야 하기 때문입니다. '벼룩의 숨겨진 뒷다리'를 다루는 것조차 과학에서는 겸허하게 받아들이고 인정합니다. 그런데 왜 유독 우산만 안 된다는 것입니까?

둘째, 우산학이 사람들에게 유용하지 않고 아무런 이득이 없으므로 과학으로 인정할 수 없다고 말합니다. 하지만 삶에서 가치 있는 것들은 대부분 '사실'이지 않습니까? 9권이나 되는 제 책 속에 담겨 있는 우산학에 관한 내용들은 100% 사실입니다. 단어 하나하나가 모두 사실이고, 모든 문장들은 틀림없는 사실을 담고 있습니다. 사람들이 제게 우산학의 목적이 무엇이냐고 묻는다면, 저는 자랑스럽게 "사실을 밝혀내고 찾는 것이 나의 목적이다."라고 대답할 것입니다. 저는 순수 과학자이므로, 순수한 호기심 이외의 다른 목적이 없습니다.

셋째, 제가 찾아낸 사실들이 시대에 뒤떨어져 있고, 내일 당장 사실이 아닌 것으로 판명될 수도 있다고 말합니다. 하지만 이러한 비판은 우산학 자체가 쓸모없다는 것이라기보다 우산학을 최신의 자료로 갱신해야 할(이것이 바로 제가 제안하는 것입니다!) 필요성을 지적하는 것에 불과합니다. 급변하는 사실을 좇아갈 수 있도록 힘을 모아 매일매일 조사를 합시다!

저를 비판하는 마지막 주장에 따르면, 우산학은 가설도 없이 시작되었고, 과학적 이론이나 법칙의 발전에도 아무런 영향을 주지 못했다고 합니다. 그러나 이 지적은 잘못되었습니다. 저는 새로운 지역이나 구역을 조사할 때마다, 그곳에서 어떤 특징의 우산과 얼마나 많은 우산이 관찰될까에 대해 수많은 가설을 세웠습니다. 제가 세웠던 가설들은 이후의 관찰 결과에 따라 옳음이 증명되기도 했고, 기각되기도 했습니다. 제가 가설을 설정하고 검증했던 과정은 과학 교과서에서 제시하는 과학적인 절차와도 일치합니다. 저는 우산학에 가설이 없다는 비판에 대해, 과학자들의 대표적인 업적, 최고의 학술지, 그리고 유명한 과학자들의 공식적인 연설 등과 비교하여 답변할 자신이 있습니다. 또한 제 연구는 많은 이론과 법칙을 제안하고 있습니다. 몇 가지 예를 들어보겠습니다. 제 연구 결과 중에는 '소유자의 성별에 따른 색깔 변이의 법칙'이라는 것이 있는데, 여자들은 다양한 색깔의 우산을 가지고 있는 경향이 있지만 남자들은 거의 검은색 우산을 가지고 있는 것을 말합니다. 이 법칙에 대해 저는 정확한 통계 공식도 제시했습니다(6권의 582쪽 참고). 또한 '여러 개의 우산을 소유한 개인의 법칙'과 '개별 우산을 소유한 복수 소유자의 법칙'은 흥미로운 상관관계를 보입니다. 첫 번째 법칙은 연간 수입과 비례 관계를 보이는 데 반해, 두 번째 법칙은 연간 수입과 반비례 관계를 나타내고 있습니다. 마지막으로, '비 오는 날의 우산 습득 경향에 대한 법칙'이 있습니다. 3권의 3장에 나와 있는 것처럼, 저는 이 법칙에 대해 경험적인 검증을 제시했습니다. 이러한 방식으로 저는 제안한 법칙의 일반화를 위해 무수히 많은 실험을 수행했습니다.

따라서 저는 우산학이 모든 면에서 참된 과학이라고 생각하며, 저의 주장을 인정해주시길 여러분에게 호소합니다.

우산학 창시자 올림

세상 모든 일이 그렇듯이, 모든 주장을 과학과 비과학으로 양분할 수는 없을 것이며, 많은 주장들이 당연히 과학과 비과학의 경계에 위치할 수밖에 없을 것이다. 과학과 비과학의 구분이 언뜻 보기에 별 소득이 없는 것처럼 보일 수도 있지만, 과학과 비과학을 구분하려는 시도를 통해 우리는 과학의 특징에 다양한 관점으로 접근할 수 있고, 그 결과 과학의 본성에 대해서도 보다 풍부하고 심도 있게 이해할 수 있다.

스미스와 샤먼(Smith & Scharmann, 1999)은 관련 선행 연구를 바탕으로 어떤 주장이 얼마나 과학적인지 혹은 반대로 얼마나 비과학적인지 판단하는 데 도움이 되는 특징들을 정리했다. 이들이 제시한 특징들은 과학적인 주장들 혹은 비과학적인 주장들에서 항상 나타난다고는 할 수 없지만 일반적으로 나타난다.

Activity 1-2

과학과 비과학

다음은 우리 주위에서 접할 수 있는 주장들이다. 제시된 주장들을 자세히 읽은 후, 이 주장들을 가장 과학적인 것부터 가장 비과학적인 순서로 배열하고, 그렇게 생각한 이유를 토의해보자.

(a) 태양은 동쪽에서 떠서 서쪽으로 진다. 누구나 그것을 눈으로 볼 수 있지 않은가?

(b) 비타민 C를 많이 섭취하면 감기를 예방할 수 있다. 노벨 화학상을 받고 비타민 C의 구조를 발견한 폴링(Linus Pauling, 1901-1994)이 비타민 C가 감기를 예방한다는 연구 결과를 발표했기 때문이다.

(c) 치아가 빠지는 꿈을 꾸면 내가 아는 누군가가 죽는다. 윗니가 빠지면 윗사람이 죽고 아랫니가 빠지면 아랫사람이 죽는다. 이 말은 내가 살아오면서 여러 어른들에게 항상 들었고, 실제로 나도 몇 번 경험했다.

(d) 인간에게는 영혼이 있다. 이것은 성경에 그렇게 쓰여 있기 때문이다. 영혼은 인간을 다른 동물과 구분 짓는 기준이다.

(e) 제비가 낮게 날면 비가 온다. 이는 우리 선조들이 대대로 날씨를 예측하는 데 사용한 지혜로운 속담이기 때문이다.

(f) 모든 생물체는 하나 이상의 세포로 이루어져 있다. 오늘날까지 발견된 모든 생물체는 하나 이상의 세포로 이루어져 있기 때문이다.

(g) 신은 존재한다. 나는 영혼 속에서 신을 느낄 수 있고, 신에게 의지하여 살아가기 때문이다.

(h) 모든 물질의 기본 단위는 원자다. 원자를 직접 눈으로 볼 수는 없지만, 대부분의 물질 현상이 원자로 설명되기 때문이다.

---

(1) 과학적인 주장의 특징

과학의 특징을 모든 사람들이 동의할 수 있는 하나의 목록으로 만드는 일은 불가능할 것이다. 하지만 사람들이 일반적으로 동의할 수 있는 과학의 특징 중 연구의 목적이나 과정에 관련된 것은 다음과 같다.

• 과학은 경험적(empirical)이다

새로운 자연 현상을 알아내려는 과학은 직간접적으로 관찰에 기초하고 있다. 과학적인 주장은 일반적으로 우리가 감각적으로 인식할 수 있는 자료, 즉 흄(David Hume, 1711-1776)이 감각−경험(sense-experience)이라고 정의한 형태의 자료에 근거한다(Suchting, 1995). 과학은 측정하거나 셀 수 있는 감각으로 인지할 수 있는 현상을 다루는 학문이다. 이러한 현상에는 직접적인 관찰을 통한 것뿐 아니라 여러 가지 기구의 도움을 받는 간접적인 관찰을 통한 것까지도 포함된다.

• 과학적인 주장은 반증 가능(falsifiable)하다

과학에서 어떤 주장이 정당화되는 데 결정적인 역할을 하는 것은 증거다 (Mahner & Bunge, 1996). 과학의 활동 과정에서 수집된 증거는 어떤 주장을 뒷받침할 수도 있고, 반대로 반박할 수도 있다. 어떤 주장에 반대되는 증거를 들어 그 주장이 옳지 않음을 보이는 것을 반증(falsification)이라고 한다. 과학적인 주장은 수집된 증거를 바탕으로 반증을 시도할 수 있어야 한다. 따라서 반증하는 증거를 얻을 가능성이 근본적으로 존재하지 않는 주장, 즉 반증 불가능한 주장은 과학적 주장이 아니다. 예를 들어, 누군가가 "내가 가끔씩 이상한 행동을 하는 것은 내 뒤를 쫓아다니는 고양이 때문이야. 그 고양이는 내가 어디를 가든 항상 쫓아다니면서, 내가 이상한 행동을 하도록 만들어. 그런데 그 고양이가 다른 사람들에게는 안 보여!"라고 말했다고 하자. 존재가 의심스러운 그 고양이는 눈에 보이지 않아서 존재하지 않음을 보일 수 없으므로, 이 주장은 반증 불가능하다. 이와 같이, 반증 불가능한 주장은 그 주장의 타당성에 대

세계는 수 초 전에 탄생되었다?

"우리가 살고 있는 이 세상은 사실 바로 수 초 전에 만들어졌다. 왜 그러냐고? 당신의 머릿속에 정교한 가짜 기억이 심겨 있어서 당신이 오랫동안 살아왔다고 착각하게 만들고, 지구의 나이도 수십억 년이나 되었다고 생각하게 만들기 때문이다(Takeuchi, 2006, p. 142)." 이 주장을 반증할 수 있는 방법이 있을까?

한 검증이나 논의가 이루어질 수 없다.

비과학적 주장은 반증 가능성이라는 기준을 만족시키지 못하는 경우가 많다. 예를 들어, 외계인의 존재를 믿는 사람들은 외계인에게 납치되는 사람들이 많다고 주장한다. 그런데 "그렇게 사람들이 많은 곳에서 납치되었는데도 왜 주변 사람들 중에 목격자가 하나도 없는가?"라고 질문하면, 이들은 "외계인이 목격자들의 기억을 지워버렸기 때문이다."라고 대답한다. 이러한 대답은 문제를 복잡하게 만들 뿐 과학적 주장이 아니다. 한편, 어떤 주장들은 그 주장의 중심 원리가 어떠한 관찰들과도 양립 가능할 정도로 지나치게 일반적이거나 특정한 주장을 반대하는 이유에 대한 비판까지도 이미 포함하고 있는 경우가 있다. 이러한 주장들도 그 주장에 대한 반증이 불가능하다는 측면에서 비과학적인 주장일 가능성이 높다.

Activity 1-3

죽었다가 살아난 사람들의 이야기

과거에는 헛소리나 꾸며낸 이야기로 치부되었지만 오늘날에 다시 과학적으로 설명하려고 시도하는 현상들이 있다. 임사 체험(臨死體驗, near death experience)은 의학적으로 사망 상태에 도달했다가 다시 살아난 사람들의 경험을 의미한다. 임사 체험을 한 사람들은 공통적으로 터널 같은 어둠 속으로 들어가는 기분을 경험한다고 한다(Wynn & Wiggins, 2003). 사람들이 이와 같은 경험을 하게 되는 원인을 설명한 다음 글을 읽고, 천문학자 세이건(Carl Sagan, 1934-1996)이 말한 주장의 반증 가능성에 대해 설명해보자.

'사후의 삶이 존재하는가?'라는 문제는 모든 사람이 한 번쯤은 관심을 가지는 주제다. 그러나 죽은 사람은 말이 없으므로, 최근까지도 무덤 너머의 세계는 과학에서 탐구 불가능한 대상으로 간주되어왔다. 그런데 죽음의 문턱까지 갔다가 목숨을 건진 사람들의 경험담이 연구되면서 이 주제에 새로운 관심이 모아지고 있다.

임사 체험은 말 그대로 거의 죽음 직전에 간 사람들이 다시 살아난 후 증언한 사후 세계에 대한 체험담이다. 임사 체험에서는 공통적으로 다섯 단계가 나타나는데, 1) 마음의 평화, 2) 유체 이탈, 3) 터널 같은 어둠으로 진입, 4) 빛의 발견, 5) 빛을 향해 들어가는 것이다(Ring, 1980). 각 단계는 차례로 60%, 37%, 23%, 16%, 10% 정도 체험하는 것으로 알려져 있는데, 단계를 넘어갈수록 체험한 사람의 수가 적게 나타난다고 한다.

천문학자 세이건은 '임사 체험은 출생 경험에 대한 개인적 회상'이라는 가설을 주장했다. 즉, 임사 체험을 한 사람에게서 '터널 같은 어둠으로 들어가는 느낌'이 공통적으로 나타나는 이유는 사람들이 태어날 때 어머니의 자궁에서 산도를 통해 나오면서 '터널'을 통과하는 경험을 했기 때문이라는 것이다(Wynn & Wiggins, 2003).

• **과학적인 실험이나 관찰은 재현 가능(repeatable)하다**

과학은 일정한 조건하에서의 반복 실험을 중요하게 생각하며, 신의 계시와 같이 재현이 불가능한 경험에 근거를 둔 주장은 피하는 경향이 있다. 따라서 과학적인 실험과 관찰은 다른 연구자에 의해서 혹은 다른 시간적·공간적 조건하에서 재현 가능해야 한다. 많은 연구자들이 다양한 조건하에서 실험 결과를 재현할 수 있다면, 그 주장은 보다 큰 신뢰를 얻을 수 있을 것이다.

- **과학은 잠정적(tentative)이다**

과학이 자연 현상을 예측하는 데 큰 기여를 하는 것은 분명하지만, 그렇다고 해서 결코 '절대 불변의 옳은' 답은 아니다. 즉, 과학 연구의 결과는 잠정적일 수밖에 없으며, 과학에서 최종적인 정답이란 것은 없다. 기존의 이론은 새로운 실험이나 증거에 의해 반박되기도 하고, 때로는 전혀 다른 토대에 근거를 둔 새로운 이론이 나와 수정되거나 대체될 수도 있기 때문이다. 과학은 검증 가능한 지식 체계를 구축하고자 하는 끊임없는 탐구 과정이다. 이것은 과학의 결정적인 한계점인 동시에 과학이 가진 가장 큰 장점이다(Shermer, 2007). 시간이 흐름에 따라 과학 지식이 변했다는 사실은 역사적으로도 분명하다. 뉴턴(Isaac Newton, 1642-1727)의 고전 물리학은 아인슈타인의 상대성 이론으로 대체되었다.

- **과학은 자기 수정적(self-correcting)이다**

다른 모든 분야와 마찬가지로 과학에서도 실수의 가능성은 항상 있다. 과학에서는 오류를 피하기 위해서 중요한 연구는 반복 실험하는 것을 원칙으로 한다. 또한 발견된 오류에 대해서는 언제든지 수정을 하려는 자세가 중요하다.

한편, 과학은 비과학에 비해 중요시하는 측면이 다르다. 과학에서 중요시하는 측면으로 여러 선행 연구에서 주장되었던 특징들은 다음과 같다.

- **과학은 설명력(explanatory power)이 가장 큰 이론을 높이 평가한다**

과학의 가장 근본적인 목적은 자연 현상이 나타나는 원인(why)과 과정(how)을 설명하는 것이다. 한 가지 주의할 점은 과학에서의 '설명'이 일상생활에서의 '설명'과 다소 다른 의미로 사용된다는 것이다. 즉, 일상생활에서 설명은 주로 '사건이나 현상에 대해 자세히 기술하는 것' 혹은 '이해하기 쉽도록 풀어서 말하는 것'을 의미하는 경우가 많지만, 과학에서 설명은 '원인과 과정에 대해 밝히는 것'을 의미한다.

과학에서는 한 이론이 설명할 수 있는 관찰의 수가 다양하고 많을수록 그 이론을 더 쉽게 받아들인다. 따라서 과학적인 주장이 되기 위해서는 그 주장이 절대적인 참인가 아닌가라는 시각보다는 더 많은 현상이나 관찰을 설명할 수 있는지가 중요하다. 예를 들어, 지구를 중심으로 태양과 달을 비롯한 천체가 움직인다는 천동설은 천체의 움직임을 대부분 설명할 수 있었으므로 1,500

년 이상 과학적 주장으로 인정받았다. 그러나 세월이 흐르면서 목성 위성들의 위치 변화와 금성의 모양 변화, 금성의 크기 변화, 별의 시차 등과 같이 천동설로는 설명되지 않는 현상들이 관찰되기 시작했다. 그런데 코페르니쿠스(Nicholaus Copernicus, 1473–1543)나 갈릴레이(Galileo Galilei, 1564–1642)가 주장한 지동설은 기존에 천동설로 설명되던 천체의 움직임뿐 아니라 천동설로는 설명되지 않던 현상들도 모두 설명할 수 있었다. 즉, 지동설은 천동설보다 설명력이 더 컸고, 이로 인하여 받아들여지게 되었다.

• 과학은 예측력(predictive power)을 중요시한다

과학은 미래의 사건이나 실행되지 않은 결과를 예측하는 데 사용할 수 있는 주장에 높은 가치를 둔다. 정확한 예측은 합리적인 설명에 근거했을 때만 가능하므로 예측력은 설명력과 밀접하게 연관되어 있다. 뉴턴이 만유인력의 법칙을 제안한 이후, 우주는 정해진 대로 정확히 가는 시계와 같이 질서 있고 움직임을 예측할 수 있는 대상으로 인식되기 시작했다. 그러나 뉴턴의 아이디어가 그렇게 쉽게 받아들여진 것은 아니다. 뉴턴의 주장이 받아들여지게 된 것은 핼리(Edmond Halley, 1656–1742)의 극적인 실험 덕분이었다. 핼리는 뉴턴의 만유인력 법칙을 바탕으로 역사적 기록을 분석하여 한 혜성의 궤도를 계산했고, 이를 바탕으로 그 혜성이 언제 다시 지구에 돌아올지를 예측했다. 1758년 크리스마스에 핼리가 예측한 대로 혜성은 다시 나타났고, 이후 그 혜성은 핼리의 이름을 따서 핼리 혜성으로 불린다. 핼리의 예측은 뉴턴의 만유인력 법칙이 관찰한 현상뿐 아니라 앞으로 일어날 현상에 대해서도 설명력을 가짐을 보여주었던 것이다.

Activity 1-4

모차르트 효과

모차르트의 음악을 모아서 기획한 '모차르트 이펙트'라는 음반이 있다. 이 음반의 광고를 보면, 모차르트의 음악을 들으면 지능이 높아진다는 '모차르트 효과(Mozart effect)'라는 말이 등장한다. 그리고 과학자들의 연구 결과

(Rausher et al., 1993)까지 자세히 실려 있다. 다음 에피소드와 광고 문구(그림 1-3)를 읽고 모차르트 효과의 설명력에 대해 토의해보자.

> 대형 음반 매장을 한 부부가 돌아보고 있다. 아내는 임신을 했다.
>
> **아내:** 여보, 이것 봐요. 모차르트 음악을 들으면 아기가 똑똑해진대요. 우리 이 CD 시리즈를 사요. 업무의 집중력도 높여준다니, 당신도 같이 들으면 좋을 것 같아요.
>
> **남편:** 음악을 듣는다고 머리가 좋아진다는 게 말이 돼요? 필요한 것만 사서 갑시다.
>
> **아내:** 여기 보면, 「네이처」에 모차르트 음악을 들은 대학생의 공간추리력이 훨씬 더 높았다는 연구 결과가 실렸다고 하잖아요. 모차르트 음악은 우뇌를 자극해서 집중력을 향상시킨대요. 기분을 좋게 해주는 화학 물질도 분비시킨다고 하네요.

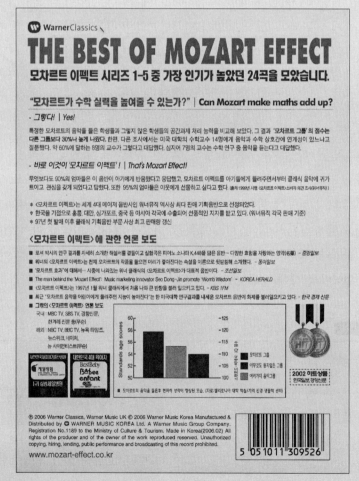

그림 1-3 모차르트 이펙트의 앨범 광고

남편: 원래부터 그 학생들이 머리가 좋았던 건 아니고?

아내: 그건 광고에 안 나왔어요.

남편: 과학 학술지에 실렸다고 보편적인 진리라고 믿을 수는 없지 않아요?

아내: 그래도 참 신기해요. 젖소에게 모차르트 음악을 들려주면 우유가 더 많이 나 온다고 하잖아요. 그리고 올해의 베스트 음반이 될 정도로 많은 사람들이 샀어요. 나도 정말 그런 효과가 있는지 테스트해보고 싶어요.

남편: 그러고 보니까 관련된 기사를 신문에서 읽은 것 같아요. 또 다른 연구팀이 「네이처」에 실린 논문과 같은 방법으로 모차르트 효과 실험을 재현해봤는 데 전혀 효과가 없었대요. 어떤 사람은 모차르트 효과라는 표현을 상표로 등록하고, 모차르트 음악을 듣고 자신의 병이 나았다고 강연을 하고 다닌대 요. 난 이 모든 것이 우연한 현상을 상술에 이용한 거라고 봐요. 거기에 대 중매체는 연구 결과를 왜곡하고 과장해서 사람들이 무비평적으로 받아들이 게 만든 것 같아요.

아내: 난 음악을 들으면 마음이 안정되는데요? 음악으로 병을 치료하는 음악치료 학과가 대학에 생기는 시대예요. 난 이걸 사서 듣고 싶어요. 밑져야 본전이 잖아요?

• 과학은 확장 가능성(fecundity)을 중요시한다

같은 현상을 설명하는 여러 가지 이론들이 있다면, 과학자들은 이제까지 제 기되지 않았던 새로운 질문을 이끌어낼 수 있는 이론이나 세상을 이해하는 새 로운 방법을 제시할 수 있는 이론에 더 높은 가치를 둔다.

• 과학은 개방성(open-mindedness)을 중요시한다

바람직한 과학은 편견이 없고 객관적이도록 노력해야 한다. 창의적인 생각이 나 이론을 펼치기 위해서, 과학자는 자신이 현재 옳다고 믿는 이론에 대해 독 단적인 태도를 버리고 끊임없이 대안적인 이론을 탐구해야 한다. 과학철학자인 포퍼(Karl Popper, 1902-1994)는 과학 지식의 발전을 위해서는 대안적 이론에 대 한 열린 마음과 끊임없는 비판적 사고가 필수적임을 강조했다. 포퍼는 과학이 다른 지적인 활동과 구별되는 주요한 특징으로 대안적 이론을 많이 제안하고 그 타당성을 엄격히 시험하려는 과학자들의 연구 태도를 들었다. 과학은 자신 의 신념을 교조적으로 떠받들지 않으며, 자유로운 탐색과 개방적인 정신을 중 요시한다(Hitchens, 2008).

• 과학은 간결성(parsimony)을 중요시한다

자연 현상에 대해 정확한 설명을 시도할수록 당연히 그 이론은 복잡해질 것이다. 그러나 과학자들은 예외나 지엽적인 가정이 적은 상대적으로 단순한 이론을 선호한다. 과학자들은 이러한 이론을 '과학적으로 정연(整然)하다'고 말한다. 페르미 국립 가속기 연구소의 소장을 지낸 레더먼(Leon Lederman, 1922-)은 "과학의 궁극적인 목적은 자연 현상을 지배하는 모든 법칙을 티셔츠 위에 써넣을 수 있는 하나의 방정식으로 만들어내는 것"이라고도 말했다(Castel & Sismondo, 2006). 메릴랜드 대학에서 우주선을 연구하는 물리학자 서은숙은 자신이 우주 탐구의 비밀에 매달리게 된 이유를 많은 현상을 간단하게 정리할 수 있는 법칙을 탐구하는 일에 매력을 느꼈기 때문이라고 설명했다.

> 내가 물리학을 좋아하게 된 것은 당연한 일 같아요. 물리학은 단순 명료함을 추구해요. 몇 가지 법칙으로 모두 설명할 수 있기를 바라죠. 전부, 전부 설명할 수 있어요. 매력적이잖아요? 나는 그 근본 법칙이 결국 하나였으면 좋겠어요. 그것을 많은 물리학자들도 바라고 있어요. '최종 이론의 꿈', '모든 것을 설명하는 이론(the theory of everything)'이 바로 그런 거죠.
>
> (안여림 등, 2006, p. 163)

많은 물리학자들이 특수 상대성 이론의 진정한 의미를 분명히 깨닫기도 전에 아인슈타인의 1905년 논문을 격찬했던 것도 아인슈타인의 논리 전개가 군

오컴의 면도날(Ockham's razor)

문제 해결이나 논리에서의 경제성 원리로서, 단순성의 원리(principle of simplicity) 또는 불필요한 복수성의 원리(principle of unnecessary plurality)라고도 한다. 즉, 어떤 현상을 설명하는 가설은 가정이 적을수록 좋으며, 가설 자체도 단순할수록 좋다는 것이다. 중세 영국의 철학자이며 신학자였던 오컴(William Ockham, 1285-1349)의 방법론에서 비롯된 개념이다. 오컴은 면도날이라는 말을 사용하지 않았지만, 19세기 영국의 수학자이자 물리학자였던 해밀턴(William Hamilton, 1805-1865)의 저서를 통해 이 명칭으로 널리 알려지게 되었다.

완벽한 것은 단순하다는 아리스토텔레스의 말처럼, 오컴은 "복수성을 필연성 없이 가정할 필요가 없다. 더 적게 가정해도 설명할 수 있는 것을 더 많은 것을 가정하여 설명한다면 헛된 일이다. 필연성 없이 실재를 증가해서는 안 된다."라고 말했다(이재영, 2009).

더더기 없이 단순해서 우아하다고 느꼈기 때문이다. 물론 단순함은 평가자의 주관이 개입될 수밖에 없는 성질이지만, 같은 현상을 설명하는 비슷한 이론들이 있다면 그중에서 보다 간결한 것이 보다 과학적이라고 할 수 있다. 이와 같이, 가장 간결한 이론을 찾는 것을 흔히 오컴의 면도날을 찾는다고 하는데, 두 이론이 동일한 현상을 설명한다면 간단한 것을 선택하는 것이 합리적이고 경제적이라는 것이다. 윌슨(Edward Wilson, 1929-)은 단순함의 중요성을 다음과 같이 표현했다.

> 궁극적으로 과학자들을 흥분시키는 것은 복잡성이지 단순성이 아니다. 환원주의는 그 복잡성을 이해하는 유일한 방법이다. 환원주의 없이 복잡성을 추구하면 예술이 탄생하지만, 환원주의로 무장하고 복잡성을 탐구하면 그것은 과학이 된다.

(Wilson, 2005, p. 114)

• 과학은 논리적 일관성(logical coherence)을 요구한다

과학적인 설명이 되기 위해서는 정밀한 검증을 견뎌낼 수 있어야 하고, 논리 전개에서 전체적으로 일관된 주장을 사용해야 한다. 또한 어떤 과학적 주장이 그 시대의 다른 과학적 주장들과 일관되게 연결되어 서로를 뒷받침할 수 있다면, 그 주장은 더욱 과학적일 것이다. 예를 들어, 우주의 역사와 생명을 설명하는 이론들 중 생명체의 진화를 다루는 생물학의 '진화론', 우주 진화를 설명하는 천문학의 '빅뱅 이론', 그리고 지구 진화에 대한 지질학의 '판구조론'은 서로 정교하게 연결되어 있다. 천문학자들은 태양에 있는 수소와 헬륨의 상대적인 양을 측정하여 지구의 나이를 40억 년으로 추정한다. 그런데 지질학자가 판의 운동을 측정하여 판단한 지구의 나이와, 생물학자가 산호의 성장을 측정하여 판단한 지구의 나이도 40억 년으로 비슷하다. 따라서 이들 이론은 다른 이론에 비해 보다 과학적인 주장으로 받아들여지는 것이다.

• 과학자들은 회의(skepticism)를 중요시한다

회의(懷疑, skepticism)란 현재 상태에 도전하는 새로운 아이디어나 주장을 받아들이지 않으려는 태도라고 생각하기 쉽다. 그러나 회의와 냉소를 혼동해서는 안 된다. 회의는 입장이 아니라 어떤 주장에 대한 임시적인 접근법이다. 데카르트(René Descartes, 1596-1650)는 회의를 확실성에 다가가는 유일한 열쇠라고 생각했다. 회의주의자들은 어떤 현상이나 주장에 대해 가능성을 닫아둔 채 판단하지 않는다(Shermer, 2007). 어떤 주장을 지지하거나 반박하는 증거를 신중히 분석하지 않고 표면적인 판단으로 결론을 내리면 과학적인 주장이라고 할 수 없다. 과학은 모든 증거에 대해 비판적이고 개방적인 자세로 접근하는 태도를 중시한다. 이를 위해서는 실험 결과 중에서 자신의 이론에 맞는 것뿐 아니라 맞지 않는 것도 보고하는 태도가 중요하다. 현재의 과학적 이론으로 설명되지 않는 실험 결과를 보고해야지 그 결과를 설명할 수 있는 다른 이론이 나올 수 있다. 아인슈타인과 함께 20세기 최고의 물리학자로 불리는 파인먼(Richard Feynman, 1918-1988)은 과학자의 제1원칙은 '자기 자신을 속이지 않는 것'이라며 다음과 같이 주장했다.

> 당신이 과학자로 처신할 때 거짓말하지 않는 것 이상으로, 즉 약점까지도 모두 말할 때 과학적 통합성을 얻을 수 있다. 이것은 우리 과학자들의 의무이며, 이것은 과학자끼리뿐만 아니라 일반 사람들에 대해서도 지켜야 한다고 나는 믿는다.
>
> (Feynman, 2000, p. 267)

Activity 1-5

수비학

숫자가 없는 생활을 상상할 수 있을까? 돈, 시계, 달력, 주민등록번호, 전화번호, 자동차 번호판, 로또 번호 등 우리는 숫자로 이루어진 세상 속에 살고 있다. 이 때문인지 사람들은 숫자에 특별한 의미를 부여하는 경우가 많다. 서양에서는 7을 행운의 숫자라고 생각하고, 중국에서는 8이 복(福) 자와 발음이 비슷하여 재물을 불러오는 숫자라고 생각한다. 우리나라 사람들은 죽을 사(死) 자와 발음이 같은 4를 꺼림칙하게 생각한다. 어떤 사람들은 단순한 느낌을 넘어서서 숫자 속에 자연의 원리가 들어

있다고 생각하는데, 세상의 만물을 숫자와 관련지어 해석하는 입장을 수비학(數秘學, numerology)이라고 한다. 다음 글(이재영, 2009)을 읽고, 수비학에 대한 주장이 과학적 주장인지 토의해보자.

세상의 만물은 수와 연관되어 있고, 수에는 우주의 구성 원리가 담겨 있다. 직각삼각형의 세 변의 길이에 관한 정리로 유명한 그리스의 수학자 피타고라스(Pythagoras, B.C. 582–B.C. 497)는 수비학의 아버지라고 할 수 있다. 피타고라스는 만물의 근원이 수라고 주장하고, 우주론·수학·자연과학, 그리고 미학을 하나로 묶어 하나의 법칙이 지배하는 세상을 증명하고자 노력했다. 3은 괴테(Johann von Goethe, 1749–1832)를 비롯한 문학가와 철학자들이 유난히 집착한 수였다. 물리학에도 마법의 수라는 것이 있다. 원자핵은 양성자 수 또는 중성자 수가 2, 8, 20, 50 등의 짝수일 때 결합 에너지가 크고 안정하다는 사실이 실험으로 밝혀졌다. 원소의 주기율과 비슷한 이 숫자들을 '원자핵의 마법의 수'라고 부른다.

그중에서도 7은 흥미로운 숫자다. 뉴턴은 무지개를 7가지 색깔이라고 했고, 사람의 단기 기억이 평균 7초다. 주사위 두 개를 굴리면 가장 나올 확률이 높은 숫자가 7이라서 도박사들은 7을 행운의 숫자로 여긴다. 142857이라는 숫자는 7과 관련이 있는 흥미로운 숫자다. 이 숫자에 1에서부터 6까지의 숫자를 곱하면 숫자의 순서는 같으면서 자리만 바뀐다.

$$142857 \times 1 = 142857$$
$$142857 \times 2 = 285714$$
$$142857 \times 3 = 428571$$
$$142857 \times 4 = 571428$$
$$142857 \times 5 = 714285$$
$$142857 \times 6 = 857142$$

그리고 142857에 7을 곱하면 999999가 된다. 반대로 1부터 6까지의 숫자를 7로 나누어도 142857이 반복해서 나타난다.

$$1 \div 7 = 0.142857142857\cdots$$
$$2 \div 7 = 0.285714285714\cdots$$
$$3 \div 7 = 0.428571428571\cdots$$
$$4 \div 7 = 0.571428571428\cdots$$
$$5 \div 7 = 0.714285714285\cdots$$
$$6 \div 7 = 0.857142857142\cdots$$

이상에서 보았듯이, 수는 인간이 자연을 이해하기 위해 사용하는 단순한 도구가 아니다. 수에는 자연에 존재하는 근본적인 속성이 담겨 있다. 꽃잎이나 솔방울이 돋아나는 방식이나 조개껍질의 형태도 피보나치수열(Fibonacci sequence)[2]을 따른다. 피보나치수열은 자연계에서 가장 안정한 형태로서 황금 비율이다. 유명한 음악과 미술 작품에서도 황금 비율이 나타난다. 일정한 패턴으로 나타나는 수에는 틀림없이 메시지가 담겨 있다.

(2) 비과학적인 주장의 특징

앞에서 설명한 과학적인 주장의 특징이 적게 나타날수록 비과학적인 주장에 가까워지는 것으로 생각할 수 있다. 그런데 그중에서도 비과학적인 주장들이 자주 보이는 몇 가지 경향을 정리하면 다음과 같다.[3]

• 주장의 근거가 종교적 입장으로 귀착된다

과학과 종교는 별개의 문제이다. 과학은 초자연적 실체의 존재 여부(즉, 신이 존재하는가 혹은 존재하지 않는가)나 그러한 존재의 행동(즉, 신이 지구를 창조했는가 혹은 그렇지 않은가)에 대해서는 아무런 입장이 없다. 따라서 어떤 주장의 근거가 초자연적 실체의 존재나 그 존재의 의지에 귀결될 때, 이 주장은 과학이 아니라 종교의 성격을 띤다고 볼 수 있다.

---

2) 첫 번째 항의 값이 0이고 두 번째 항의 값이 1일 때, 이후의 항들은 이전의 두 항을 더한 값으로 이루어지는 수열을 말한다. 즉, 0, 1, 1, 2, 3, 5, 8, 13, 21, 34, 55, 89, 233, … 으로 이어지는 수열이다.

3) 가드너(Martin Gardner, 1914-2010)는 엉터리 과학자를 가려내는 몇 가지 기준을 제시했다 (Shermer, 2005). 동료들과 완전히 고립된 채 홀로 연구하지 않는가? 자기를 천재라고 생각하거나 자기가 부당하게 차별당한다고 생각하며, 위대한 과학자와 확고한 이론을 공격해야 한다는 망상적 경향을 갖지 않는가? 이러한 기준에 하나라도 해당된다면 엉터리 과학자일 가능성이 높다.

Activity 1-6

창조론? 진화론?

진화론에 따르면, 지구상에 오늘날과 같은 동식물이 존재하는 이유는 생명체가 오랜 시간에 걸쳐 점차적으로 진화했기 때문이다. 반대로 창조론은 절대적인 능력을 가진 신이 의도적인 설계하에 모든 것을 만들었다고 주장한다. 창조론과 진화론에 대한 다음 두 학생의 주장을 읽고, 창조론이 과학적 주장인지 생각해보자.

학생 A

개구리의 앞다리가 뼈, 근육, 신경 등과 같은 수많은 부분들이 복잡하고 정교하게 결합되어 구성된다는 사실은 누구도 부인할 수 없어. 그런데 앞다리의 어떤 한 부분을 떼어내 놓으면, 그 자체로는 전혀 기능을 하지 못하잖아? 누군가가 의도를 가지고 개구리를 창조하지 않았다면, 어떻게 그렇게 수많은 부분들이 일정한 방식으로 결합되어 앞다리를 이룰 수 있겠어? 그렇기 때문에 진화론은 잘못되었고 창조론이 옳다고 생각해.

인간을 포함한 지구상의 동식물이 오늘날과 같이 존재하는 이유를 설명할 수 있는 방법은 두 가지 중 하나야. 어떤 창조자가 지구상의 모든 것을 창조했거나 반대로 그렇지 않거나……. 만약 우리가 진화론을 반박할 수 있는 과학적 증거를 찾아낼 수 있다면 이것은 곧 창조론이 옳다는 것을 뒷받침하는 과학적 증거가 되는 거지.

진화론에서는 진화를 뒷받침하는 증거로 화석을 제시하는 경우가 많아. 그런데 진화론이 옳다면, 진화의 각 단계에 해당되는 화석들이 모두 발견되어야 하잖아? 하지만 중간 단계의 화석이 발견되지 않는 '잃어버린 고리'가 존재한다는 점은 진화론도 인정하고 있어. 즉, 진화론은 잘못되었고 창조론이 옳은 것이지.

학생 B

화석은 진화론을 뒷받침하는 강력한 증거야. 그러나 진화의 증거가 화석만 있는 것은 아니야. 따라서 발견되지 않은 화석이 있다고 해서 진화론이 잘못되었다고 결론 내리는 것은 옳지 않아. 화석에 대해서도 잘못 알려진 게 있어. 오늘날까지 수없이 많은 화석이 발견되었지만, 그 화석들이 모두 진화론을 지지하거나 적어도 진화론에 들어맞는다는 점을 알아야 해. 또한 그렇게 수많은 화석 중에서 진화론에 모순되는 화석이 하나도 없다는 점도 잊지 말아야 해. 적어도 진화론이 잘못되었고 창조론이 옳다고 주장하려면, 진화론에 증거가 부족하다고 말할 것이 아니라 진화론에 맞지 않는 증거를 찾아내서 창조론으로 설명할 수 있어야 하는 거라고 생각해. 창조론은 진화론보다 더 잘 들어맞는 곳을 자연에서 단 하나라도 찾아내려는 시도조차 하지 않았어. 창조론은 진화론과 경쟁하기보다는 진화론의 허점만 찾아 끊임없이 공격했을 뿐이야. 그래서 나는 창조론은 잘못되었고 진화론이 옳다고 생각해.

어떤 주장의 근거가 종교적 입장(theological position) 또는 교리인 대표적인 예로 창조론(지적설계론)을 들 수 있다. 창조론자들은 자신들의 주장과 모순되는 것처럼 보이는 현상들이 발견되면, 항상 신이 의도를 가지고 그 현상들을 창조했다고 설명한다. 예를 들어, 성경에 기록된 인간의 역사보다 훨씬 오래된 화석들이 발견되는 이유에 대해서, 신이 세계를 창조할 때 훨씬 오래되어 보이는 화석들을 함께 만들었기 때문이라고 설명한다. 창조론에서 주장하는 창조나 설계의 목적성이라는 것도 주관적인 착각에 가깝다. 왜냐하면 그 목적성은 우리가 익숙한 것을 기준으로 생각한 것에 불과하기 때문이다(Shermer, 2007). 예를 들어, 일찍 일어나는 새가 벌레를 잡는다는 사실은 새의 입장에서는 훌륭한 설계로 보이지만, 벌레의 입장에서는 그다지 좋은 설계가 아니다. 사람의 눈이 두 개인 것을 이상적인 설계라고 생각할 수 있겠지만, 반대로 뒤통수에 눈이 하나 더 있다면 더 편리하다고 생각할 수도 있지 않을까? 따라서 창조론은 과학이라기보다는 종교의 변형에 불과하다고 보아야 한다. 종교는 창조론 없이 존재할 수 있지만, 창조론은 종교 없이 존재할 수 없기 때문이다(Dawkins, 2007).

• 증거보다 권위(authority)를 중시한다

분명하고 믿음이 가는 증거가 아니라 특정한 존재나 책의 구절에 근거한 주장은 비과학적일 가능성이 높아진다. 동위원소를 이용한 지질학적 연대에 관한 믿을 만한 증거 대신, 성경의 구절에 근거해 '젊은 지구(young Earth)'를 주장하는 것이 대표적인 예다. 어떤 경우에는 권위의 출처가 유명한 과학자인 경우도 있다. 노벨 화학상을 수상한 폴링이 비타민 C가 감기 예방에 효과가 있으며 자신도 매일 복용한다는 글을 발표하자, 언론과 일반 대중은 비타민 C의 효과에 열광하여 너도나도 비타민 C를 복용했다. 그러나 그 이후의 연구에서는 비타민 C의 효과가 재현되지 않았다. 네덜란드의 의학자 크니프실트(Paul Knipshild)는 폴링의 연구를 엄격히 검토한 결과, 폴링이 자신의 주장을 뒷받침할 수 있는 문헌만 선택적으로 인용했음을 발견했다(Goldacre, 2011). 또한 총 11,000명이 참가한 임상 시험 29건에 대한 체계적 평가에서도 비타민 C가 감기를 예방한다는 증거는 나타나지 않았다. 노벨상을 받은 과학자의 권위가 체계적인 평가 없이 사람들에게 받아들여졌던 것이다. 또 다른 예로, 트랜지스터를 발명한 공로로 노벨상을 받은 쇼클리(William Shockley, 1910-1989)는 흑인과 백인의 지능 검사 결과를 바탕으로 지능이 인종에 따라 유전적으로 결정된다고 주장했다. 많은 사람들이 그의 주장을 진지하게 받아들인 것은 물론 쇼클리가 받은 노벨상 때문이었다. 하지만 노벨상 수상자라고 해서 모든 면에서 특별한 통찰을 가지고 있는 것은 아니다. 과학적 주장에서 중요한 것은 권위가 아니라 누구라도 인정할 수 있는 분명한 증거다. 파인먼이 코넬 대학교에서 한 과학의 본성에 대한 강연은 이 점을 분명하게 지적한다.

> 우리는 새로운 법칙을 어떻게 찾아낼까요? 먼저 추측을 합니다. 웃지 마세요. 정말입니다. …… (중략) …… 실험과 부합하지 않으면 뭔가 잘못된 것입니다. 이 간단한 말 속에 과학의 열쇠가 들어 있습니다. 여러분의 추측이 얼마나 아름다운지, 여러분이 얼마나 똑똑한지, 추측을 한 사람이 누구인지 또는 그 사람 이름이 무엇인지는 아무런 상관이 없습니다. 실험과 부합하지 않으면, 추측은 틀린 것입니다.
>
> (Shermer, 2008, p. 160)

- **신앙주의**(fideism)

신앙주의란 이유보다 신념에 의지하는 경향을 말한다. 여기서 신념이란 특별히 뒷받침하는 증거가 없는 믿음을 의미한다. 물론 과학도 경험적으로 확증될 수 없는 일련의 가정(즉, 일종의 신념)에 기반을 두고 있다. 예를 들어, 모든 개별적 사물의 밑바탕은 보편적 일반성이 지배하고 있으므로, 개별적 현상보다는 보편성이 중요하다고 간주하는 보편주의는 모든 과학의 기저에 깔려 있다. 그러나 과학이 이러한 특성을 지닌다고 해서 과학과 비과학 사이에 신념이나 증거의 상대적 지위 측면에서 차이가 없다고 주장할 수는 없다.

Activity 1-7

마운틴 오르가즘

요즘은 서양에서도 많은 사람들이 도(道)나 기(氣)에 관심을 가지고 있으며, 이와 관련된 현상을 과학적인 시각에서 이해하려는 노력이 많이 이루어지고 있다. 신문 기사에 소개된 기도발(祈禱發) 이론이 과학적 주장인지, 아니면 비과학적 주장인지 토의해보자.

바위산 올라 '마운틴 오르가즘' 느껴보자

(조용헌 원광대 초빙교수, 江湖東洋學 연구소장)

종교의 힘은 어디서 나오는가. 나는 기도발(祈禱發)에 있다고 생각한다. 기도에 대한 응답이 기도발이다. 그렇다면 기도발이라는 것은 과연 어떤 과정을 통해 발생하는 것인가? 세 가지 요인이 상호 작용해야 한다. 인간의 의지, 하늘의 뜻, 땅의 지기(地氣)다. 지기가 뭉쳐 있는 장소에서 간절한 마음으로 기도를 하면 하늘이 응답한다. 그래서 세계적으로 유명한 기도터는 모두 지기가 뭉쳐 있는 곳들이다. 고대 그리스에서 가장 기도발이 잘 받았던 곳으로 알려진 델포이 신전, 인도의 아잔타 석굴, 중국 화산파(華山派)의 본거지인 화산, 한국의 예언자들이 가장 선호하는 계룡산, 모세가 십계명을 받았던 시나이 산, 미국 애리조나 주의 세도나는 공통적으로 땅의 지기가 강하게 뭉친 곳이다.

지기가 강하게 뭉쳤다는 것은 바위를 보면 안다. 동서양을 막론하고 기도처는 모두 바위산이라는 사실에 주목해야 한다. 기도발은 바위에서 발생한다. 지구 자체는 하나의 커다란 자석이라 볼 수 있고, '지자기(地磁氣)'가 계속 방출되고 있다. 이 지자기는 지상으로 나올 때 바위나 암반을 통해 방출된다. 바위나 암반 속에는 철, 동, 은, 금 등과 같은 광물질이 들어 있다. 지자기는 바위 속에 들어 있는 이와 같은 광물질을 통해 지상으로 전달되기 때문에 인간이 바위산에 앉아 있으면 그 지자기가 인체에 그대로 전달되는 셈이다.

흥미로운 것은 인체의 혈액 속에도 철분을 비롯한 광물질 성분이 함유돼 있다. 임신부들이 철분이 부족하면 철분약을 먹지 않는가! 사람의 피와 바위는 공통적으로 철분으로 연결돼 있다. 이 철분을 연결 고리로 해서 지자기가 인체 내로 유입된다고 보아야 한다. 몸이 예민한 사람들이 바위에 앉아 있으면 몸이 찌릿찌릿해진다고 말하는 이유는 바위의 지자기가 핏속에 들어 있는 철분을 통해 유입되고 있기 때문이다. 여기서 한걸음 더 나아가면 혈액은 우리 몸속을 돌아다닌다는 사실을 염두에 두어야 한다. 피는 미세한 혈관을 통해 뇌세포에까지 공급된다.

바위에서 분출되는 지자기가 뇌세포까지 공급되는 것이고, 지자기가 뇌세포의 어느 부분을 자극하면 신비적 감응 현상이 발생한다. 이것이 필자가 그동안 세계의 바위산을 답사하면서 정리한 '기도발 이론'의 골자다.

기도발 이론을 뒷받침하는 좋은 사례는 미국 애리조나 주의 세도나다. LA에서 버스로 11시간 정도 걸리고 피닉스에서 자동차로 2시간 정도 걸리는 거리에 있다. 현재 세계 각국의 도꾼들과 예술가, 그리고 몸을 치유하려는 사람들이 세도나에 몰려들고 있다. 도꾼들이 이곳에서 명상을 하면 정신 집중이 잘된다고 하고, 예술가들이 세도나에서 잠을 자면 꿈속에서 평소 생각하지 못하던 기발한 영감이 떠오르고, 은퇴한 백만장자들은 그동안 지친 몸을 추스르면서 휴식을 취한다.

나는 몇 년 전에 세도나에서 한 달가량을 머물며 뒹굴뒹굴해보았는데 과연 명불허전(名不虛傳)이었다. 세도나는 반경 10km 정도가 온통 붉은 바위산으로 형성된 곳이다. 사막 한가운데인 데다 지대 자체가 해발 1000m가 넘는 고지대이면서, 뾰쪽뾰쪽 솟아 있는 산들은 나무가 거의 없는 붉은 바위산들이다. 경치도 기가 막히다. 원래 인디언 추장들의 비밀스러운 기도터였지만, 미국이 세계의 심장이 되다 보니까 이제는 세계인의 기도터로 거듭나고 있는 상황이다.

미국인들은 세도나의 지리적 특징을 보텍스(vortex)라는 단어로 표현한다. '에너지가 회오리치는 곳'이라는 뜻이다. 보텍스는 바위산이 둘러싼 곳에서 형성된다. 보텍스가 강한 곳이 또한 기도발이 잘 받는 곳이다. 세도나는 유명한 바위산, 즉 보텍스가 두 군데 있다. 하나는 '벨락'이고, 다른 하나는 '캐서드랄락'이다. 벨락은 양기(electric energy)가 강하고, 캐서드랄락은 음기(magnetic energy)가 강하다. 몸의 치유는 양기가 강한 곳이 좋고, 기도나 명상은 음기가 강한 곳이 좋다. 보통 사람은 벨락에 가면 몸이 개운해지는 효과를 느끼고, 예술가나 도꾼들은 캐서드랄락에 가면 신비한 감응을 느끼는 것 같다. 왜냐하면 벨락에는 물이 전혀 없지만 캐서드랄락에는 냇물이 휘감아 돌기 때문에 화기(火氣)와 수기(水氣)가 서로 섞여 묘용을 일으키기 때문이다.

한국의 산들은 화강암으로 이뤄져 있다. 북한산, 가야산, 대둔산, 계룡산, 월출산, 설악산, 치악산, 운악산 등은 험한 바위산들이다. 미국식으로 이야기하면 보텍스가 형성된 곳이고, 우리 식으로 이야기하면 기도발이 잘 받는 곳들이다. 한국의 명산들은 세계 어디에 내놓아도 손색이 없는 보텍스를 지니고 있다. 보텍스는 사람을 짜릿하게 만든다. 나는 일요일에 바위산을 오를 때마다 '마운틴 오르가즘'을 느낀다. 마운틴 오르가즘을 느껴야만 산을 아는 것이다. 그동안 제 칼럼을 열심히 읽어주신 독자 여러분에게 마운틴 오르가즘을 선사하고 싶다.

(중앙일보, 2004년 6월 4일)

이상에서 제시한 과학적인 주장의 특징과 비과학적인 주장의 특징은 특정한 철학적 입장에 근거하여 논리적으로 도출된 것이라기보다는 관련 선행 연구에서 공통적으로 자주 언급되는 것이다.[4] 따라서 과학적인 주장이라고 해서 반드시 제시된 과학적인 주장의 특징을 모두 지녀야 한다고 생각하는 것은 무리다. 마찬가지로, 과학적인 주장의 특징을 한두 가지 가지고 있다고 해서 곧바로 과학적인 주장이라고 단정하는 것도 잘못이다.

(3) 도구로서의 과학

인간의 기본적인 본능 중 하나는 호기심인데, 호기심은 현실 속에서 '왜'라는 물음으로 발현된다. 이 '왜'라는 말이 바로 과학의 시작이라고 할 수 있다. 과학자가 하는 일은 자기 스스로 혹은 다른 과학자에게 '왜'라고 질문하는 것이다. 이렇게 본다면, 과학자가 던지는 질문은 어린아이가 가지고 있는 호기심

---

4) 과학과 비과학의 구분을 시도한 또 다른 연구들이 많이 있다. 그중 셔머(Shermer, 2005)는 어떤 주장의 타당성을 판단할 때 유용한 열 가지 기준을 제안했다. ① 주장하는 사람이 얼마나 신뢰성이 있는가, ② 같은 사람이 비슷한 주장을 자주 하는가, ③ 다른 사람이 그 주장을 입증한 적이 있는가, ④ 우리가 알고 있는 세계와 맞아 들어가고 있는가, ⑤ 그 주장에 대한 지지하는 증거만 찾았는가 아니면 반박 시도가 있었는가, ⑥ 증거가 그 주장의 결론에 수렴하는가 아니면 다른 결론에 수렴하는가, ⑦ 공인된 추론 규칙과 연구 방법을 사용하는가 아니면 다른 사람들이 사용하지 않는 수단을 사용하는가, ⑧ 주장하는 사람이 기존 설명에 대한 반박만 하는가 아니면 대안을 제시하는가, ⑨ 그 주장이 이전 설명보다 더 많은 현상을 포함하는가, ⑩ 결론에 주장하는 사람의 사적인 편견과 믿음이 개입되지 않았는가?

과 본질적으로는 크게 다를 바 없다. 과학의 가장 근본적인 동력은 세상을 이해하고자 하는 인간의 호기심, 즉 자연 현상이 '어떻게', 그리고 '왜' 일어나는지 이해하고자 하는 인간의 열망인 것이다. 철학자나 신학자가 사람과 사람, 혹은 사람과 세계의 관계를 이해하고자 노력을 기울인다면, 과학자는 자연 현상의 작동 방식을 이해하고자 노력한다.

우리가 첨단 과학의 시대에 살고 있다는 것은 누구도 부인할 수 없지만, 그렇다고 해서 우리 생활의 모든 측면이 항상 과학이어야 하는 것은 아니다. 예를 들어, 공항에서 마약을 찾아내는 것은 최첨단 마약탐지기가 아니라 마약탐지견이다. 이것은 마약을 찾아내는 데 마약탐지기보다 개가 더 낫기 때문이다. 또 다른 예로, 우리는 대체 의학이 현대 의학에 비해 신빙성이 떨어진다는 사실을 잘 알고 있다. 그러나 현대 의료 체계의 혜택을 제대로 받을 수 없는 사람들이나 현대 의학으로 치료가 불가능한 시한부 인생을 선고받은 사람들에게는 대체 의학의 제안이 매력적일 수밖에 없다. 즉, 어떤 것이 과학적이라는 것과 그것이 실제로 우리 생활 속에서 사용된다는 것은 차원이 다른 문제다. 앞에서도 말했듯이, 과학은 우리가 살고 있는 이 세상을 이해하는 한 방법일 뿐이다. 즉, 과학이 세상을 이해하는 유일한 방법이라고 말할 수는 없다. 과학 이외에도 철학, 종교, 문학, 예술 등의 여러 가지 방법이 존재하고, 각각의 방법은 우리가 세계의 서로 다른 측면을 바라보고 이해하는 데 도움을 주기 때문이다. 종교와 철학을 통해 우리는 인생의 의미를 깨달을 수 있고, 예술과 문학은 우리가 아름다움을 느끼고 생각할 수 있는 시각을 제공한다. 종이를 붙일 때 여러 가지 도구를 사용할 수 있는 것과 마찬가지로, 과학도 이 세계를 이해하려는 인간이 동원할 수 있는 여러 도구 중 한 가지라고 생각할 수 있다.

이와 같이, 사람에 따라 또는 상황에 따라 사용하는 도구가 다를 수 있다는 사실은 반대로 어떤 도구도 모든 문제 상황을 해결할 수 있을 만큼 완벽하지 못함을 의미한다. 즉, 과학에 우리의 삶을 이끌어가는 절대적인 의미를 부여하는 것은 무리다. 교향곡이나 시를 감상하는 것이 우리에게 어떤 의미를 지니는지 설명하기 위해 미적분이나 파동 이론을 동원해야 한다는 주장은 억지다. 그러나 반대로 과학과 다른 도구들을 단순히 기계적으로 동등하게 취급하여, 과학의 사용 여부는 단지 개인의 선호일 뿐이라는 단순화도 위험하다. 우리가 삶의 여러 문제에 대처하기 위해 사용하는 가장 합리적인 도구 중 하나가 바로 과학이기 때문이다. 이 세상을 이해하는 다른 방법들과 달리, 과학은 우리가 살고 있는 세상에는 인간의 능력으로 탐구 가능한 일반 법칙들이 있고, 이러한 법칙에 따라 물리적 세계가 움직인다고 가정한다.

쉬 어 가 기

우주 상수 사건

1916년 일반 상대성 이론 논문을 발표했을 때, 아인슈타인 자신도 일반 상대성 이론의 결과를 전부 알지 못했다. 거리 함수는 일종의 미분 방정식으로 주어지고 여러 차례의 적분을 통해서 미분 방정식의 해답을 찾게 되는데, 적분할 때 적용하는 조건에 따라 최종 결과가 천차만별이기 때문이었다.

네덜란드의 천문학자 드 지터(Willem De Sitter, 1872–1934)는 일반 상대성 이론을 우주 전체에 적용하면 불안정한 풀이가 나온다고 지적했다. 이어 러시아의 수학자인 프리드먼(Alexander Friedman, 1888–1925)이 일반 상대성 이론에 따르면 우주는 팽창해야 한다는 결론을 내렸다. 그러나 우주는 팽창할 리가 없다는 정적인 우주관을 신봉했던 아인슈타인은 여기서 큰 실수를 저지른다. 아인슈타인은 적분 과정에 임의로 상수를 집어넣어 우주가 팽창한다는 결과가 나오지 않도록 했다. 이 상수를 '우주 상수'라고 부른다.

1922년 프리드먼의 이론이 학술지에 실리자, 정적인 우주를 확신한 아인슈타인은 학술지에 프리드먼의 오류를 지적한 편지를 보냈다. 이 소식을 들은 프리드먼은 자신의 계산 과정과 결과가 옳다는 것을 증명하는 설명을 아인슈타인에게 보냈다. 이 편지는 아인슈타인의 서류 보관함에서 발견되었는데, 아인슈타인의 입장에 변화가 없었던 것으로 볼 때 아인슈타인이 읽지 않았든가 읽고도 무시했던 모양이다.

그런데 1924년 미국의 천문학자 허블(Edwin Hubble, 1889–1953)이 은하의 후퇴 속도(적색 이동)를 관측해 우주가 팽창한다는 사실을 발표하면서, 우주 팽창설이 확인되었다. 아인슈타인은 우주가 팽창한다는 결론이 나오지 않도록 일반 상대성 이론에 우주 상수를 집어넣은 일이 그의 인생에서 최대의 실수라고 인정하고 자신의 주장을 철회할 수밖에 없었다.

그런데 또 한 번의 반전이 기다리고 있었다. 아인슈타인이 사망하고 43년이 지난 1998년, 천문학자들은 우주가 단순 팽창하는 것이 아니라 가속 팽창하고 있다는 사실을 발견했다. 가속 팽창은 빅뱅으로는 설명이 불가능하다. 이 현상을 설명하기 위해 과학자들은 우주 상수가 존재한다는 아인슈타인의 아이디어를 끌어오게 된다. 2003년에는 더욱 정밀한 관측으로, 우주 상수라는 것이 존재하고, 우주가 가속적으로 팽창한다는 믿음이 더욱 확고해졌다. 아인슈타인 스스로 인생 최대의 실수라고 후회했던 우주 상수는 화려하게 부활했다.

생각해볼 문제

1. 뉴턴의 역학 이론은 태양계 행성의 궤도를 성공적으로 설명할 수 있었지만, 유독 천왕성의 궤도에는 잘 맞지 않았다. 이론의 예측과 실제 관측 결과의 차이가 측정 오차로 돌리기에는 너무 컸다. 1843년에 영국의 천문학자 애덤스(John Adams, 1819–1892)와 프랑스의 천문학자 르베리에(Urbain Le Verrier, 1811–1877)가 거의 동시에 흥미로운 제안을 내놓았다. 천왕성 너머에 또 하나의 행성이 있다고 가정하면 천왕성 궤도를 설명할 수 있다고 주장했던 것이다. 르베리에가 '해왕성'이라고 이름 붙인 이 행성은 1846년에 정확히 예측했던 위치에서 관찰되었다. 태양계 행성의 궤도 설명에 뉴턴의 역학 이론이 받아들여지는 과정에서 해왕성의 역할을 설명해보자.

2. 태양계의 가장 안쪽 행성인 수성의 궤도는 뉴턴의 역학 이론에 따른 예측에서 뚜렷이 벗어났다. 뉴턴의 역학 이론에 따른 계산으로 해왕성을 발견하고 의기양양해진 과학자들은 주저 없이 태양에 수성보다 더 가까운 행성이 하나 더 있다고 가정했다. 해왕성을 발견한 르베리에는 새로운 행성에 불칸(vulcan)이라는 이름을 붙이고 위치를 계산해냈다(Giere, 2004). 그러나 불칸은 아직도 발견되지 않았다. 불칸의 존재가 받아들여지지 않은 이유를 과학적 주장의 특징에 근거하여 설명해보자.

3. 처음 간 곳인데 이전에 와본 적이 있다고 느끼거나 처음 하는 일인데 똑같은 일을 그전에 했던 느낌이 들 때가 있는데, 이것을 데자뷰(déjà vu) 현상이라고 한다. 데자뷰는 프랑스 어로 '이미 보았다'라는 의미다. 데자뷰 현상에 대한 설명 중에는 데자뷰가 무의식중의 기억이라는 주장이 있다. 이 주장에 따르면, 사람의 뇌는 기억력이 엄청나서 스치듯이 잠깐 본 것도 놓치지 않고 모두 뇌세포 속에 저장하는데, 사람들은 이 정보들 중에서 자신에게 필요한 것만 인식한다고 한다. 하지만 뇌세포에는 훨씬 많은 정보가 저장되어 있기 때문에, 우리가 무의식중에 예전에 했던 일을 다시 반복하면, 처음 하는 일이지만 아련한 기억 속에서 같은 일을 한 것처럼 느끼게 된다는 것이다. 이 주장을 반증 가능성 측면에서 평가해보자.

4. 메치니코프(Élie Metchnikoff, 1845–1916)는 불가리아 사람들의 장수 비결이 요구르트를 많이 먹는 것이라고 주장하여 사람들의 큰 관심을 불러일으켰다. 메치니코프는 불가리아 사람을 기

리는 의미에서 '락토바실러스 불가리쿠스(*lactobacillus bulgaricus*)'라고 이름 붙인 유익한 세균들이 장에서 질병을 일으키는 나쁜 병균들을 물리친다고 주장했다(Schwarcz, 2009). 그러나 메치니코프는 이 주장을 뒷받침하는 증거를 전혀 내놓지 못했고, 불가리아 사람들이 장수한다는 사실도 할아버지, 아버지, 아들이 모두 같은 이름을 사용하는 경우가 많아서 생긴 오해로 밝혀졌다(Levenstein, 2012). 하지만 메치니코프가 1908년에 노벨 생리의학상을 받자 (요구르트와는 무관한 업적으로 받았다.) 요구르트의 기적적인 효능에 관한 소문이 퍼지기 시작했고, 그 소문은 지금도 우리 주위에서 사라지지 않고 있다. 1995년 다국적 식품기업 네슬레(Nestlé)가 위산을 견디는 세균이 들어 있는 최초의 프로바이오틱 식품을 출시한 이후, 효능이 명확히 입증되지 않았지만 프로바이오틱 식품은 엄청난 매출을 올리고 있다(Zankl, 2006). 프로바이오틱 식품과 관련하여 이와 같은 상황이 벌어진 이유를 설명해보자.

5. 다음 기사를 쓴 기자의 과학에 대한 관점에 있는 문제점을 지적해보자.

> 아시아 국가 가운데 유일하게 한국에서 사스(SARS, 중증급성호흡기증후군) 감염자가 없는 것은 김치에 다량 들어 있는 마늘 때문인지 모른다고 영국 일간지 「파이낸셜 타임스」가 14일 농촌진흥청 관계자의 말을 인용해 서울발로 보도했다. 이 신문에 따르면 농촌진흥청 홍종운 박사는 "더 많은 연구가 필요하겠지만 한국과 같은 음식 문화를 가진 나라에 사스 감염자가 없는 것이 우연의 일치만은 아니라고 생각한다."며 이같이 밝혔다. 마늘은 암과 심장병 발생률을 줄이고 각종 감염과 바이러스에 저항력을 길러주는 것으로 잘 알려져 있다. 하지만 세계보건기구(WHO) 주한연락사무소 대표인 조지 슬라마는 "마늘에는 몸에 좋은 물질이 많이 함유돼 있지만 사스와의 연계를 입증하는 것은 불가능하다."면서 "사스 예방을 위해 김치에 의존해서는 안 된다."고 말했다.
>
> (동아일보, 2003년 4월 15일)

6. 다음 에피소드를 읽고 철수의 주장이 옳은지 평가해보자.

철수는 아침 뉴스에서 날씨가 하루 종일 맑을 것이라는 일기 예보를 들었다. 그러나 학교에서 돌아오던 철수는 갑자기 내린 비 때문에 흠뻑 젖었다. 다음 날, 과학 시간의 주제는 일기 예보였다. 수업이 끝날 때쯤, 철수는 선생님께 다음과 같이 질문했다. "선생님, 제 생각에 과학 시간에는  일기 예보를 안 배워야 할 것 같아요. 왜냐하면 어제 일기 예보에서는 분명히 날씨가 맑을 것이라고 했지만, 실제로는 비가 내렸거든요. 일기 예보가 과학이려면 날씨를 정확히 맞혀야 하잖아요?"

7. 1980년대 말, 홉킨스(Budd Hopkins)의 『침입자(*Intruders*)』와 스트리버(Whitley Strieber)의 『영적교섭(*Communication*)』과 같은 책에서 외계인이 사람들을 유괴한다는 주장이 제기되었다. 이들이 쓴 책에서는 외계인에게 유괴되었다가 풀려났다는 사람들의 에피소드를 소개하고 있다. 유괴되었다고 주장하는 사람들의 이야기에는 공통점이 있는데, 외계인들은 보통 키가 작고 피부가 초록색이나 회색이며 접시 모양의 우주선을 타고 다닌다. 홉킨스와 스트리버는 이 사람들이 한 번도 서로 만난 적이 없는데 똑같은 이야기를 한다는 점에서 외계인의 유괴가 실제로 일어났다고 확신한다(Giere, 2004). 외계인 유괴설에 대한 주장이 과학적 주장인지 토의해보자.

8. 다음 기사를 읽고, 햄버거가 몸에 해롭다고 판단한 사람의 태도가 과학적인지, 아니면 비과학적인지 설명해보자.

> **한국판 '슈퍼사이즈 미' 24일 만에 중단**
>
> 패스트푸드인 맥도날드 햄버거의 위해성을 실험하기 위해 지난달 16일부터 햄버거만 먹는 실험에 들어갔던 윤광용(31) 환경정의 상근활동가가 10일 건강 악화를 우려한 의사의 권고에 따라 24일 만에 실험을 중단했다고 환경정의가 밝혔다. 환경정의는 "담당 의사인 녹색병원의 양길승 원장이 지난달 26일 1차 중단 권고에 이어 9일 2차 중단 권고를 내렸다."며 "패스트푸드의 악영향은 이미 확인된 데다 윤 간사의 건강이 악화 일로에 있어 중단을 최종 결정했다."고 말했다.
> 환경정의는 윤 간사의 건강 상태에 대해 "양길승 원장이 현재 간의 GTP 수치가 비정상적으로 급격히 증가한 데다 악화될 가능성이 크고 협심증 등 심장 관련 질병의 발병도 우려되므로 실험 중단이 바람직하다는 의견을 냈다."고 설명했다. 환경정의는 또 "양 원장은 약물이나 간염 등으로 급격히 수치가 증가하는 경우는 있어도 음식물 섭취로 이렇게 나빠진 경우는 없었다고 말했다."고 위험성을 소개했다.
>
> (연합뉴스, 2004년 11월 10일)

9. 초감각 지각(extrasensory perception)은 오감을 사용하지 않고 정보를 보내거나 받는 것을 의미하는데, 흔히 초능력이라고도 불린다. 다른 사람에게 생각이나 느낌을 보내거나 받는 텔레파시, 미래의 일을 미리 아는 예지, 정신력으로 물체를 통제하는 염력 등이 초감각 지각에 포함된다. 초감각 지각에 대한 다음 에피소드(Stonefoot & Herreid, 2004)를 읽고 초감각 지각이 존재한다는 주장이 과학적인지, 아니면 비과학적인지 설명해보자.

은지는 저녁 내내 식탁 위에 놓인 은 숟가락을 미동도 하지 않고 뚫어지게 쳐다보고 있다. 소설 속의 주인공처럼 정신력으로 물체를 움직여보려고 시도하고 있는 것이다. 딸의 이런 모습을 보고, 엄마와 아빠 사이에 말다툼이 벌어졌다.

아빠: 어느 누구도 텔레파시와 염력이 존재한다고 나를 설득할 수는 없을 거요.

엄마: 나도 당신을 설득할 수 없다는 것은 잘 알아요. 하지만 어떤 사람들은 사람의 마음을 읽거나 정신력으로 물체를 옮기는 특별한 능력을 지니고 있을 가능성도 있잖아요? 이 세상에는 설명할 수 없는 일들이 많은데, 그 이유가 초능력이라고 생각하는 것도 터무니없지는 않잖아요. 또, 우리 딸이 실제로 초감각 지각을 시험해보는 것이 뭐 그리 나쁜 일인가요?

아빠: 모든 현상은 과학적인 증거를 바탕으로 합리적이고 논리적으로 설명할 수 있어요. 설명할 수 없는 현상이라는 것도 사실은 사람들이 아는 것이 부족하여 이유를 이해하지 못하는 거예요. 초능력 같은 우스꽝스러운 개념을 딸에게 심어줄 필요는 없잖아요?

엄마: 하지만 초감각 지각의 존재를 뒷받침하는 실험 결과들은 어떻게 설명할 건가요? 인터넷을 뒤져보면 금방 찾을 수 있어요. 당신은 라인(Joseph Rhine, 1896-1980)[5] 박사의 카드 실험과 연구를 모두 무시하는 건가요? 간츠펠트(Ganzfeld) 실험[6]은 어떻고요? 텔레파시에 관한 실험 10개 중 6개는 긍정적인 결과를 보여준다고 나와 있는 데도요?

아빠: 그런 실험을 무조건 무시한다는 건 아니에요. 하지만 당신이 말한 연구 외에도 긍정적인 결과가 나오지 않은 더 많은 연구들도 인정해야 한다는 거예요. 당신이 알고 있는 초감각 지각 관련 실험 중에서 과학적 원리를 포함하고 있는 것이 있으면 보여줘요. 사람의 선입관에 영향을 받지 않는 실험이 있다면 보여줘요.

엄마는 좌절감을 느꼈다. 엄마는 아빠의 말에 뭔가 문제가 있다고 생각했지만, 아빠의 생각이 잘못되었다고 증명할 수가 없었다. 그때 갑자기 '쨍그랑'하는 소리가 나서 이들의 대화가 끊겼다. 금속성 물체가 부엌 바닥에 떨어지는 소리였다. 아마 숟가락인 것 같다.

---

5) 심령 현상을 실험실 조건에서 엄격하게 테스트하려고 노력한 초심리학을 대표하는 학자다. 1920년대에 진행한 실험에서 초감각 지각으로 카드 모양과 주사위 숫자를 알아맞힐 확률이 우연히 맞을 확률보다 높다고 주장했다.

6) 피험자의 의식을 동질로 유지하기 위해, 초감각 지각 수신자는 조용한 방에 앉히거나 눕힌다. 탁구공을 반으로 쪼개어 눈에 붙이고 환한 빛을 쪼여주면, 안개 같은 환각을 경험하고 편안한 이완 상태가 된다. 이때 다른 방에 있는 초감각 지각 송신자는 사진과 같은 특정한 목표물을 받는다. 송신자는 목표물의 이미지를 수신자에게 텔레파시로 전송하기 시작하여 30분 동안 목표물에 응시하고 집중한다. 그동안 수신자는 자신에게 보이는 시각적 인상을 자유롭게 말한다. 끝으로 수신자는 목표물이 포함된 그림들(보통 4개)을 목표물에 가까운 순서대로 순위를 매긴다.

10. 현대 사회에서 과학의 지위에 대해 다음과 같이 주장하는 사람이 있다. 과학의 특성을 바탕으로 이 사람의 주장을 평가해보자.

> 우리는 당연하게 생각하는 것에 의문을 가질 필요가 있다. 예를 들어, 여러분은 지구가 태양 주위를 돌고 있다는 사실, 인간은 원숭이와의 공통 조상에서 진화되어왔다는 사실, 지구가 옛날에는 하나의 거대한 대륙으로 이루어져 있었다는 사실, 물은 산소 원자 1개와 수소 원자 2개로 구성되어 있다는 사실, 질병은 바이러스 등의 작은 생명체가 일으킨다는 사실을 믿는가? 이러한 사실을 믿지 않는 사람은 아마 없을 것이다. 그런데 우리들 중 누구도 이러한 사실들을 직접 확인한 사람이 없다. 그렇다면 왜 우리는 이 사실을 믿는 것일까?
>
> 여러분이 500년 전에 살았다면, 아마도 천사, 성인, 에덴동산의 존재를 기꺼이 믿었을 것이다. 여러분이 만약 정글에 사는 어느 부족의 한 사람이라면, 조상 대대로 부족 내에 전해 내려온 창조 설화를 믿고 있을 것이다. 마찬가지로, 우리가 이러한 사실들을 믿는 이유는 우리 부족의 전문가들(오늘날의 과학자들)에게 그 이야기를 들었기 때문이다. 즉, 우리가 이러한 사실에 믿음을 가지는 이유는 옛날에 부족민들이 병의 원인이 귀신이나 다른 사람의 저주 때문이라는 주술사의 말을 믿는 것과 차이가 없다. 오늘날에는 과학이 미신이나 종교를 대신하는 지배적인 믿음 체계가 되었고, 우리는 우연히도 이 시대, 이 장소에 살고 있기 때문에 과학을 믿는 것뿐이다.

참고 문헌

안여림, 윤지영, 윤미진, 안은실, 손혜주 (2006). 과학해서 행복한 사람들. 서울: 사이언스북스.

이재영 (2009). 세상의 모든 법칙. 서울: 도서출판 이른아침.

조희형, 박승재 (1994). 과학론과 과학교육. 서울: 교육과학사.

Abruscato, J. (1982). Teaching children science. Englewood Cliffs: Prentice-Hall.

Campbell, N. (1953). What is science? New York: Dover Publication.

Castel, B., & Sismondo, S. (2006). 과학은 예술이다. 이철우 역, 서울: 아카넷.

Chiappetta, E. L., Koballa, T. R., & Collette, A. T. (1998). Science instruction in the middle and secondary schools (4th ed.). Upper Saddle River: Prentice Hall.

Collette, A. T., & Chiappetta, E. L. (1989). Science instruction in the middle and secondary schools (2nd ed.). Columbus: Merrill Publishing Company.

Conant, J. (1957). Harvard case histories in experimental science, Vol. 1 & 2. Cambridge: Harvard University Press.

Dawkins, R. (2007). 만들어진 신. 이한음 역, 파주: 김영사.

Feynman, R. P. (2000). 파인만 씨, 농담도 잘하시네! 김희봉 역, 서울: 사이언스북스.

Giere, R. N. (2004). 학문의 논리: 과학적 추리의 이해. 남현, 이영의, 여영서 역, 서울: 간디서원.

Goldacre, B. (2011). 배드 사이언스. 강미경 역, 서울: 공존.

Hitchens, C. (2008). 신은 위대하지 않다. 김승욱 역, 파주: 알마.

Jacobson, W., & Bergman, A. B. (1980). Science for children: A book for teachers. Englewood Cliffs: Prentice-Hall.

Ladyman, J. (2003). 과학철학의 이해. 박영태 역, 서울: 이학사.

Levenstein, H. (2012). 음식, 그 두려움의 역사. 김지향 역, 서울: 지식트리.

Mahner, M., & Bunge, M. (1996). Is religious education compatible with science education? Science & Education, 5(2), 101-123.

Rausher, F. H., Shaw, G. L., & Ky, K. N. (1993). Music and spatial task performance. Nature, 365(6447), 611.

Schwarcz, J. (2009). 식품 진단서. 김명남 역, 서울: 바다출판사.

Shermer, M. (2005). 과학의 변경지대. 김희봉 역, 서울: 사이언스북스.

Shermer, M. (2007). 왜 사람들은 이상한 것을 믿는가. 류운 역, 서울: 바다출판사.

Shermer, M. (2008). 왜 다윈이 중요한가. 류운 역, 서울: 바다출판사.

Smith, M. U., & Scharmann, L. C. (1999). Defining versus describing the nature of science: A pragmatic analysis for classroom teachers and science educators. Science Education, 83(4), 493-509.

Somerville, J. (1941). Umbrellaology, or, methodology in social science. Philosophy of Science, 8(4), 557-566.

Suchting, W. A. (1995). The nature of scientific thought. Science & Education, 4(1), 1-22.

Stonefoot, S. G., & Herreid, C. F. (2004) Extrasensory perception. Journal of College Science Teaching, 34(2), 30-34.

Takeuchi, K. (2006). 과학은 if? 홍성민 역, 서울: 다른세상.

Trowbridge, L. W., & Bybee, R. W. (1986). Becoming a secondary school science teacher. Columbus: Merrill Publishing Company.

Wilson, E. O. (2005). 통섭: 지식의 대통합. 최재천, 장대익 역, 서울: 사이언스북스.

Wynn, C. M., & Wiggins, A. W. (1993). 사이비 사이언스. 김용완 역, 서울: 이제이북스.

Zankl, H. (2006). 역사의 사기꾼들. 장혜경 역, 서울: 시아출판사.

Ziman, J. (1984). An introduction to science studies. Cambridge: Cambridge University Press.

2 보이는 것을
믿을 수 있을까?

왜 매일 태양이 떴다가 지는지, 왜 달의 모양이 바뀌는지, 그리고 밤하늘에 반짝이는 별들이 왜 움직이는지 등 아주 오래전부터 사람들은 자연 현상에 대해 호기심을 지니고 있었고, 이로부터 과학이 시작되었다고 한다. 인간의 호기심은 우리 주위의 자연에 대한 관찰과 탐구로 이어졌고, 그 결과 오늘날 우리가 알고 있는 여러 분야의 과학이 탄생했다. 물리학이나 화학과 같은 과학의 각 분야는 수많은 과학 지식으로 이루어져 있다. 앞에서도 살펴보았듯이, 과학 지식은 과학을 특징짓는 대표적인 요소이고, 학교에서도 많은 과학 지식을 가르치고 배운다. 그런데 학교에서 다루는 과학 지식은 명칭이 다양하다. 즉, 만유인력의 법칙, 베르누이의 원리, 원자론, 소행성 충돌설 등 과학 지식마다 그 지식을 가리키는 이름이 동일하지 않다. 만유인력의 법칙은 왜 '법칙(法則, law)'이고 원자론은 왜 '론(論)', 즉 '이론(理論, theory)'일까? 과학 지식에도 서로 구별되는 유형이 있을까? 그렇다면 과학 지식의 유형은 어떤 점에서 차이가 날까? 이 장에서는 과학 지식의 유형이 어떤 특징을 지니는지, 그리고 과학 지식 유형에 대한 현대 인식론(認識論, epistemology)의 입장에 대해 알아보자.

과학 지식의 유형

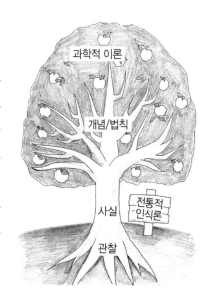

과학은 우리가 세상 속에서 경험하는 여러 가지 사물이나 자연 현상을 대상으로 한다. 일반적으로 과학은 자연이나 자연 현상에 대한 관찰에서 출발한다고 말한다. 새로운 것을 발견하거나 어떤 주장을 뒷받침하는 증거를 얻기 위해서는 자연 현상이나 실험에 대한 관찰 행위가 빠질 수 없기 때문이다.

관찰을 통해 얻은 자료가 여러 차례의 검증을 통하여 명확한 사실로 확립되면, 이 사실이 과학적 개념, 과학적 법칙, 과학적 이론과 같은 다른 과학 지식의 기초가 된다는 것이 '전통적 인식론'[1]의 입장이다. 먼저 전통적 인식론에서 주장하는

---

1) 이 책에서는 과학 지식에 대해 (입장에 따라 정도의 차이는 있지만) 객관적이고 절대적인 진리라는 시각을 나타내는 인식론적 입장을 전통적 인식론이라고 부를 것이다. 시대적으로는 경험주의나 실증주의 등 과학 지식에 대한 현대 이전의 인식론적 입장이 전통적 인식론이다.

과학 지식의 유형과 각 지식 유형의 특징에 대해 살펴보자.

(1) 과학적 사실(scientific fact)

경험주의[2]나 실증주의[3]로 대표되는 전통적 인식론에서는 과학적 사실을 지각 경험으로부터 파생되고 증명되는 절대적인 진리로 간주한다. 전통적 인식론의 관점에 따르면, 과학적 사실이란 사물이 존재하는 객관적인 상태이며, 우리가 살고 있는 세계를 관찰하여 얻은 불변의 자료다(Collette & Chiappetta, 1989). 과학적 사실은 추론, 추측, 허구 등과 달리 관찰을 통해 밝혀진 진실로서 실제로 일어났거나 관련된 주장과 일치하는 경험적 데이터를 의미한다(Dawkins, 2009). 조건 반사를 발견한 것으로 유명한 파블로프(Ivan Pavlov, 1849-1936)는 마지막 유언에서도 과학적 사실의 중요성을 강조했다.

> 새의 날개가 완벽하다고 할지라도, 공기가 없다면 날개는 결코 새를 들어 올릴 수 없다. 과학자에게는 사실이 그 공기에 해당한다. 사실 없이는 결코 날 수 없다. 사실이 없다면, '이론'은 헛된 시도에 다름없다.
>
> (Brockman, 2004, p. 20)

한편, 실증주의에 따르면 관찰을 통해 얻은 자료가 과학적 사실로 입증되기 위해서는 직접적으로 관찰이 가능해야 하고 언제든지 증명할 수 있어야 한다는 두 가지 기준이 만족되어야 한다(조희형, 박승재, 1994). 일반적으로 전통적 인식론에서는 과학적 사실에 대해 다음과 같이 가정한다.

(a) 과학적 사실은 논쟁이 불가능한 절대적 진리이며 실재다.
(b) 관찰 결과가 검증을 거쳐 일단 과학적 사실로 확립되면, 그 사실의 가치나 의미는 주위의 영향을 받지 않는 중립적인 속성을 지닌다.

---

2) 이 책에서 경험주의(經驗主義, empiricism)는 과학 지식의 기원을 권위나 직관 또는 상상이 아닌 경험에 두는 인식론을 지칭한다. 근대적 경험주의의 선구자는 베이컨(Francis Bacon, 1561-1626)과 로크(John Locke, 1632-1704) 등이라고 할 수 있다. 베이컨은 참다운 학문은 경험에서 출발한다고 했으며, 자연 세계에 대한 경험적 지식을 중시했다. 로크는 감각이 지식의 시작이라고 하여 경험의 중요성을 강조했다. 경험주의는 이후의 실증주의에 영향을 미쳤다.

3) 이 책에서 실증주의(實證主義, positivism)는 과학적 현상의 이유로 초월적 존재나 형이상학적 원인을 설정하지 않고, 관찰 사실들 사이의 관계를 있는 그대로 받아들여서 해명하려는 인식론적 입장을 지칭한다. 실증주의를 확립한 사람은 콩트(Auguste Comte, 1798-1857)인데, 콩트는 실증적인 과학이 형이상학적인 철학을 대신해야 한다고 생각하고 과학의 방법을 인간 지식의 원천으로 인정하는 태도를 실증주의라고 했다.

(c) 과학적 사실은 과학적 이론이나 과학적 법칙을 검증하는 기준이 되므로 과
학 지식의 확고한 바탕을 구성한다.

(2) 과학적 개념(scientific concept)과 과학적 법칙(scientific law)

과학적 사실이 축적되면 사실들 사이에 일정하게 반복되는 패턴이 나타나는
데, 이러한 패턴에 대한 기술이 과학적 개념이다(Collette & Chiappetta, 1989). 일
반적으로 과학적 개념은 일련의 사물이나 현상에서 추출된 공통적인 속성으
로 정의할 수 있는데, 동물, 원자, 힘, 에너지 등이 과학적 개념의 예다. 과학
적 개념을 사용하면 자연 세계로부터 얻은 수많은 데이터를 정리하여 단순화
시킬 수 있으므로, 자연 현상들 사이의 관계를 이해하고 설명할 때 유용하다.
전통적 인식론에 의하면, 과학적 개념은 관찰된 과학적 사실을 바탕으로 구성
되며, 과학적 사실은 과학적 개념에 의해 기술되는 관계라고 할 수 있다. 그런
데 관찰된 과학적 사실은 실재하는 사물이나 현상에 대한 기술이므로, 전통
적 인식론의 입장에서는 과학적 사실에 근거하여 형성된 과학적 개념도 실재
한다는 결론에 도달한다.

과학적 법칙이란 실험이나 관찰로부터 얻은 과학적 사실들 사이의 규칙성
에 대한 진술이라고 할 수 있다. 따라서 과학적 법칙은 공식으로 표현되는 경
우가 많으며, 흔히 표나 그래프와 함께 제시된다. 예를 들어, '일정한 압력에
서 기체의 부피는 온도에 비례한다.'라는 진술은 관찰된 과학적 사실(즉, 여러 온
도에서 부피를 관찰한 결과들) 사이에 존재하는 규칙성을 진술한다는 점에서 과학
적 법칙(즉, 샤를의 법칙)이라고 볼 수 있다. 실증주의에 따르면, 과학적 법칙의 가
장 뚜렷한 특징은 가정이나 가설에 바탕을 두지 않고 실제로 관찰한 과학적
사실의 규칙성을 있는 그대로 진술한다는 점이다. 전통적 인식론의 입장에서
는 과학적 개념과 마찬가지로 과학적 법칙도 과학적 사실에 근거하므로 실재
한다고 주장한다.

(3) 과학적 이론(scientific theory)과 과학적 가설(scientific hypothesis)

과학적 이론은 특정한 사물이나 자연 현상을 설명하는 체계를 지칭한다. 과
학적 이론은 자연 현상의 속성이나 과정에 대한 원인을 제시하므로, 그 현상
을 설명하거나 새로운 현상을 예측하는 바탕이 된다. 전통적 인식론에서는 과
학적 이론이 객관적으로 관찰된 사실들을 바탕으로 한 귀납적으로 일반화된

설명이므로, 뒷받침하는 증거가 많아질수록 과학적 이론이 더욱 확실하게 정립된다고 생각한다. 또한 과학적 이론이 설명하는 대상이 실재하는 객관적 진리인 과학적 사실이므로, 과학적 이론 또한 실재한다고 주장한다.

한편, 일상생활에서 가설은 사변적인 주장, 즉 어떤 주장을 실제로 뒷받침해주는 근거가 부족한 추측이라는 의미를 담고 있는 경우가 많다(Giere, 2004). 즉, 논란이 벌어지고 있는 주장에 대해 "그것은 하나의 가설일 뿐이야."라고 말을 할 때처럼, 가설은 일종의 주관적이고 불확실한 추측을 의미한다. 이와 달리, 과학적 가설은 특정한 자연 현상이 기존의 지식으로 설명되지 않을 때, 그 현상을 설명하기 위해 도출해낸 잠정적인 추측이나 설명 체계라고 정의할 수 있다. 따라서 일종의 설명 체계라는 점에서 과학적 이론과 과학적 가설의 구분은 쉽지가 않다.

전통적 인식론에서는 관찰이나 실험 등을 통해 과학적 사실과의 일치성이 검증되면, 과학적 가설이 진리로 인정받아서 과학적 법칙이나 과학적 이론의 위치에 도달한다고 주장한다. 즉, 과학적 가설은 달리 설명할 길이 없는 현상을 설명하기 위한 임시방편으로 볼 수 있고, 과학 연구를 통해 보다 높은 지위를 얻으면 가설의 유효 기간이 끝나게 된다는 것이다.[4] 실제로 과학사에서도 유사한 예를 찾을 수 있는데, 오늘날 화학을 공부한 사람이라면 누구나 당연하게 받아들이는 아보가드로의 법칙도 처음에는 과학적 가설로 출발했다. 1811년 아보가드로(Amedeo Avogadro, 1776-1856)가 '일정한 압력과 온도에서 일정한 부피 속에는 기체의 종류에 무관하게 같은 수의 분자가 존재한다'는 가설을 제안했다. 그러나 크기가 다른 여러 종류의 분자가 같은 부피를 차지한다는 이 아보가드로의 가설은 당시의 과학자 사회에 받아들여지지 않았다. 이 주장이 제안되고 49년이 지난 후(아보가드로가 죽은 지도 수년이 지났다.), 비로소 아보가드로의 가설이 과학자들에게 인정을 받았다. 1860년 화학 기호의 통일 문제를 협의하기 위해 독일에서 열렸던 세계화학자회의에서 아보가드로의 제자였던 칸니차로(Stanislao Cannizzaro, 1826-1910)가 이 가설을 다시 소개했고, 이때

---

4) 실증주의자들은 과학적 가설과 과학적 이론의 차이점에 대해 또 다른 논리를 제시하기도 한다. 과학적 가설은 관찰 가능한 명제로 진술되므로 직접적인 검증이 가능하지만, 과학적 이론은 관찰될 수 없는 속성을 지니기 때문에 직접적인 검증이 사실상 불가능하다는 것이다. 따라서 과학적 이론은 과학적 가설을 통해 간접적으로 검증되는 위치에 있다고 본다(조희형과 박승재, 1994).

부터 아보가드로의 가설은 인정을 받게 되었다. 이처럼 아보가드로의 가설이
받아들여지기까지 꽤 오랜 시간이 걸렸기 때문에, 한동안 아보가드로의 주장
은 '법칙'임에도 불구하고 '가설'이라는 명칭이 굳어져버렸다. 예전의 과학 교
과서에서 이 주장이 '아보가드로의 가설'이라는 용어로 소개되었던 것도 이 때
문이다.

관찰은 객관적일까?

전통적 인식론에서는 모든 과학 지식의 토대가 과학적 사실이며, 과학적 사
실은 객관적인 불변의 진리임을 가정한다. 그런데 과학적 사실은 관찰이라는
지각 경험을 통해 형성된다. 따라서 관찰은 모든 과학 지식의 근거이자 출발점
이 된다고 볼 수 있다. 그런데 관찰이 객관적이고 절대적인 지식을 얻는 방법
이라고 볼 수 있을까?

Activity 2-1

움직이는 용

전개도(그림 2-1)대로 종이를 자른 뒤, 접거나 풀로 붙여서 용을 만든다. 만든 용
을 세워놓고, 머리를 상하좌우로 움직이면서 용을 관찰해보자. 어떤 현상이 나타
나는가? 한쪽 눈을 감고 머리를 상하좌우로 움직이면서 용을 관찰하면, 더 뚜렷
이 현상을 관찰할 수 있다. 관찰 결과를 바탕으로 시각을 통해 얻은 정보의 신뢰
성에 대해 토의해보자.

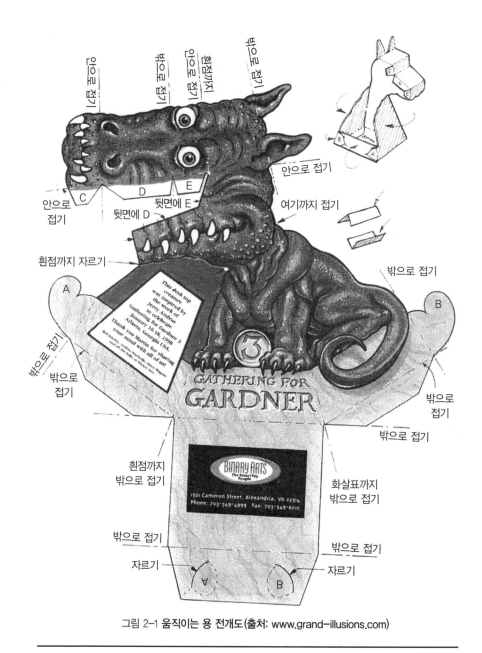

그림 2-1 움직이는 용 전개도(출처: www.grand-illusions.com)

(1) 모두에게 똑같이 보이지는 않는다

우리는 눈으로 보고, 귀로 듣고, 코로 냄새 맡는 등 감각 기관을 통해 관찰 결과를 얻는다. 전통적인 인식론에서는 인간이 오감을 통해 얻은 관찰 결과는 중립적이므로 모든 과학 지식의 출발점이라고 주장한다. 우주의 별은 감정이 없고 원자가 걱정거리가 있을 리 없으므로, 과학자가 큰 노력을 기울이지 않아도 관찰은 객관적으로 이루어진다고 생각할 수 있다. 그러나 관찰 결과를 정말 믿을 수 있을까? 자동차의 바퀴는 일정 속도를 넘어서면 어느 순간 거꾸로 도는 것처럼 보인다. 불연속적인 장면도 초당 24장 정도의 속도로 연속해서 돌리면 움직이는 것처럼 보이는 영화가 된다. 눈을 가린 상태에서 신선한 커피 향기를 맡게 하고 뜨거운 물을 주면 사람들은 자신이 뜨거운 커피를 마시고 있다고 확신한다. 또한 같은 음식을 먹더라도 손가락을 벨벳에 올려놓았을 때와 사포 위에 올려놓았을 때에 느끼는 음식의 부드러움이 완전히 다르다고 한다(Fisher, 2008).

이와 같은 현상들이 단순히 관찰하는 사람의 실수 때문일까? 실수를 하지 않는다면, 누가 관찰하더라도 관찰 결과가 항상 같을 수 있을까? 다른 사람의 관찰 결과와 나의 관찰 결과가 달라질 가능성은 없을까? 아래 그림이 어떻게 보이는가? 사람에 따라서는 오르막 계단으로 보일 수도 있고, 내리막 계단으로 보일 수도 있다. 위쪽 사람은 계단을 내려가는 것처럼 보이지만, 아래쪽 사람은 계단을 올라가는 것처럼 보인다. 즉, 그림이라는 실체는 오직 하나임에도 불구하고, 관찰 결과는 관찰자에 따라 두 개가 되는 셈이다.

UC 버클리 대학의 스트래턴(George Stratton, 1865-1957)은 위아래가 거꾸로 보이는 렌즈를 설치한 장치를 오른쪽 눈에 착용하고 일주일 동안 자신의 뇌가

쉬 어 가 기

피카소와 사진

하루는 피카소(Pablo Picasso, 1881-1973)가 기차를 타고 어딘가로 가고 있었다. 잠시 후, 피카소는 옆 좌석의 승객과 얘기를 나누게 되었다. 그 승객은 자신과 대화를 나누고 있는 상대가 피카소라는 것을 알고 나서, 현대 예술이 실재를 왜곡하고 있다면서 불평을 늘어놓기 시작했다. 그러자 피카소는 그 승객에게 정말 실재라는 것이 존재한다면 믿을 만한 예를 보여줄 수 있냐고 물었다. 그 승객은 지갑에서 사진을 한 장 꺼내며 이렇게 말했다. "바로 이거예요! 진짜 사진이죠. 내 아내와 정말 똑같은 사진이라오." 피카소는 그 사진을 위에서, 아래에서, 옆에서 이리저리 주의 깊게 들여다보았다. 그리고 말했다. "당신 부인은 끔찍하게 작군요. 게다가 납작하기까지 하군요."

작고 납작하군!

새로운 장치에 어떻게 적응하는지 실험을 했다. 처음에는 사물이 뒤집혀 보였기 때문에 행동 하나하나를 끊임없이 다시 해야 했다. 그러나 시간이 조금 지나자 뒤집혀 보이는 상에 뇌가 적응하기 시작했고, 렌즈를 착용하기 전과 마찬가지로 사물의 위치를 올바르게 인식하여 행동하는 데 불편이 사라졌다. 스트래턴이 이 장치를 벗었을 때도 처음에는 약간 낯설게 느껴지긴 했지만 세상은 똑바로 서 있었고, 물건을 잡을 때 몇 번 실수를 했지만 이 문제도 하루가 지나자 사라졌다(Ladyman, 2003; Schneider, 2008). 즉, 사람이 본다는 것은 외부의 세계가 망막을 통해 단순히 전달된 것이 아니라, 우리의 두뇌에서 만들어낸 이미지에 가깝다(김용준, 2005; Ladyman, 2003). 따라서 사람의 망막에 맺힌 상이 동일하더라도, 뇌에서 이 상은 관찰자에 따라 다르게 해석될 가능성이 있다. 관찰자의 지식, 선행 경험, 신념, 습관이나 의도 등은 일종의 기대를 형성하는데, 이 기대가 외부 정보의 수용 과정에 영향을 미칠 수 있기 때문이다. 예를 들어, 그림 2-2(a)는 삼각형의 꼭짓점 부근만 나타냈을 뿐이지만, 삼각형 모양에 익숙한 사람에게는 마치 투명한 삼각형이 위에 포개진 삼각형 두 개로 보일 수도 있다. 이러한 현상은 그림 2-2(b)와 (c)로 갈수록 점점 더 확실해진다.

'인간은 아는 만큼 느낄 뿐이며, 느낀 만큼 보인다.'라는 명언에서 알 수 있듯이, 사람들은 관찰을 할 때 자신의 배경지식이나 관심에 따라 특정한 부분에 주목하므로, 관찰자에 따라 전혀 다른 것을 보게 된다. 라파엘로(Raffaello Sanzio, 1483-1520)의 유명한 그림 『아테네 학당(The school of Athens)』을 예로 들어보자. 문외한의 눈에는 그저 한 폭의 멋있는 그림으로만 보이겠지만, 예술가에게는 원근법을 사용한 표현 기법이, 철학자에게는 플라톤(Platon, B.C. 423-B.C. 348)의 이상주의와 아리스토텔레스(Aristoteles, B.C. 384-B.C. 322)의 현실주의 철학 사조가, 건축가에게는 고전 건축의 비례와 조화가, 그리고 과학자에게는

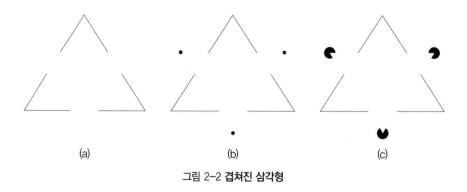

(a)   (b)   (c)

그림 2-2 **겹쳐진 삼각형**

그림 2-3 라파엘로의 「아테네 학당」

피타고라스(Phythagoras, B.C. 570-B.C. 495), 유클리드(Euclid, 약 B.C. 330-B.C. 275), 프톨레마이오스(Klaudios Ptolemios, 약 90-168) 등의 모습이 먼저 눈에 띨 수도 있다.

Activity 2-2

양치기 소년의 부활

미국의 심리학자 로젠한(David Rosenhan, 1929-2012)은 가짜 환자를 정신병원에 보낸 뒤, 정신과 의사들이 이 가짜 환자들에게 어떤 진단을 내리는지에 대해 실험했다. 로젠한은 이 실험 결과를 바탕으로 정신병 진단의 타당성에 의문을 제기했다. 로젠한의 실험 내용과 결과를 자세히 읽고 물음에 답해보자.

스탠퍼드 대학의 심리학자 로젠한은 정신병 경력이 전혀 없는 화가, 대학원생, 소아과 의사, 정신과 의사, 주부, 심리학자 3명 등 총 8명으로 흥미로운 실험을 했다. 로젠한은 실험 참가자들에게 정신병원을 찾아가 이명(耳鳴, 외부의 소리 자극이 없는데도 소리가 들리는 것) 현상을 겪었다고 말하도록 시켰다. 실험 참가자들은 정신과 의사와의 면담에서 로젠한의 지시대로 이상한 소리가 들린다고 말했지만, 다른 질문에는 정상적으로 대답했다. 그런데 놀랍게도 8명 모두 정신병 진단을 받았고, 일주일에서 52일까지 입원 조치를 받았다. 정신과 의사들은 누구도 가짜 환자를 알아채지 못했다.

8명의 실험 참가자는 입원한 뒤 약도 처방 받았다. 이 가짜 환자들을 담당한 정신과 의사들은 성실하게 환자의 정신을 분석하고 행동을 관찰했다. 실험 참가자들은 로젠한의 지시에 따라 치료받은 내용을 상세히 기록했다. 그런데 이를 보고 어떤 간호사가 관찰일지에 '기록 행위에 집착함'이라고 적었다. 담당 의사들에게는 기록하는 행위 자체도 정신병 증상의 일부로 받아들여졌던 것이다. 일단 환자로 낙인찍힌 실험 참가자는 잘못된 진단으로부터 벗어날 수 없었다. 그냥 심심해서 복도를 왔다 갔다 했을 뿐인데도 불안 증상을 보인다고 평가받았다.

만약 정신과 의사들이 가짜 환자가 찾아올 가능성이 있다는 것을 안다면 어떻게 될까? 로젠한은 이번에는 정신병원에 가짜 환자를 보낼 것이라고 미리 알려주었다. 그러자 그 병원에 보낸 환자 193명 중 83명이 가짜 환자로 판정받았다. 그러나 정신과 의사들은 이번에도 틀렸다. 사실 로젠한은 가짜 환자를 1명도 보내지 않았던 것이다.

첫 번째 실험에서 정신과 의사들은 환자들이 나타내는 수많은 증상 중에서 진짜 환자의 신호를 해독하는 데 실패했다. 두 번째 실험에서 정신과 의사들은 반대로 과잉 진단이라는 정보 오독 문제를 해결하려 시도했지만 마찬가지로 실패했다. 즉, 이 실험은 인간의 정보 처리 과정에서 생길 수밖에 없는 전형적인 문제들을 여실히 보여주고 있다.

(1) 정신과 의사들이 정확한 진단에 실패할 수밖에 없었던 이유를 설명해보자.
(2) 로젠한의 실험에 근거할 때, 전통적 인식론에서 주장하는 객관적이고 절대적인 관찰이 가능할지 토의해보자.

(2) 관찰의 이론 의존성

현대의 인식론에 따르면 관찰은 관찰자의 지식이나 경험에 의존하므로, 전통적 인식론에서 주장하듯이 객관적이고 중립적인 관찰이란 본질적으로 불가능하다. 과학에서의 관찰도 현상을 있는 그대로 보는 것이 아니라 관찰자의 선행 지식과 부합하는 것만을 선택적으로 받아들인다고 하는 것이 보다 정확한 표현일 것이다. 아침에 떠오르는 찬란한 태양은 아리스토텔레스에게는 지구의 한 위성(태양)이 일주 운동을 시작하는 것으로 보였겠지만, 코페르니쿠스 (Nicolaus Copernicus, 1473–1543)에게는 지구가 자전축을 중심으로 회전하는 증거 로 보였을 것이다. 즉, 인간은 본질적으로 자신의 경험을 바탕으로 선택적으로 받아들인 정보를 재조직하여 관찰 경험을 구성한다. 이러한 현상을 관찰의 이 론 의존성(theory-ladenness)이라고 한다. 핸슨(Norwood Hanson, 1924–1967)의 설명 에 따르면, 'x에 대한 관찰은 x에 대해 가지고 있는 사전 지식에 의해 형성'되는 것이다(Ladyman, 2003). 즉, 본다는 것은 일종의 경험 상태, 즉 '…으로 보는 것 (seeing as …)'이 아니라 '…을 보는 것(seeing that …)'이라는 주장이다(Hanson, 1972).

Activity 2-3

바로 된 계단? 거꾸로 된 계단?

착시의 예로 가장 잘 알려진 것은 네커(Louis Necker, 1786–1861)의 정육면체[그림 2-4(a)]인데, 이것은 선으로 그린, 속이 비어 있는 정육면체다. 종이 위에 그려진 그 림은 이차원 형태지만, 사람들은 흔히 이 그림을 삼차원의 입체로 본다(Dawkins, 2008). 그림 2-4(a)와 (b)를 자세히 관찰한 뒤, 물음에 답해보자.

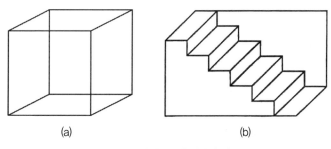

(a)   (b)

그림 2-4 **네커의 정육면체와 계단**

(1) 그림 2-4(a)를 관찰할 때, 정육면체가 갑자기 뒤집히는 현상을 느낄 수 있는가?
(2) 그림 2-4(b)를 관찰할 때, 정상적인 계단과 천장에 거꾸로 매달린 계단이 보 이는가?
(3) 위의 관찰 결과를 바탕으로 과학 연구에서 발생할 수 있는 오류 가능성과 그 원인에 대해 설명해보자.

그림 2-5 STM 사진
(출처: IBM Corporation)

그림 2-5는 주사 터널링 현미경(Scanning Tunneling Microscopes, STM)으로 찍은 사진이다. 구리판 위에 새겨진 원자(原子)라는 글자는 철 원자로 새겼다고 한다. 얼마 전까지만 해도 원자는 너무 작아서 눈으로 직접 볼 수 없다는 생각이 지배적이었다. 그러나 1989년 시료와 탐침 사이에 흐르는 터널 전류를 측정하여 시료 표면을 삼차원적으로 그려내는 STM이 개발됨으로써, 불가능할 것으로 생각했던 원자의 관찰마저 가능하게 되었다. 그런데 STM을 이용하여 관찰한 원자의 모습은 실제로 존재하는 과학적 사실일까? STM이라는 기기도 원자의 존재에 대한 가정을 바탕으로 도출된 양자역학적 터널 효과에 근거한 것이므로, 결국은 과학적 이론에 의존한 관찰 결과라고 할 수 있다. 과학적 이론이 틀리다면 그것에 근거한 관찰도 틀릴 수 있다. 또한 대부분의 측정기기는 특정한 목적에 맞도록 만들고 발전시켜온 인공물이므로, 목적에 따라서는 기기를 이용한 측정 결과가 항상 정확하고 객관적이라고 하기가 어렵다. 한편, 과학자들은 실험을 할 때 무엇을 관찰할 것인지 미리 어느 정도 결정을 내린 상태에서 연구를 하는 경우가 많다. 따라서 관찰 대상이나 방법을 선택할 때 불가피하게 관찰자의 결정이 개입될 수밖에 없으며, 관찰 결과를 기술할 때도 선호하는 특정 개념이 포함될 수밖에 없다.

(3) 과학자도 예외는 아니다

신문에는 UFO를 목격했다고 주장하는 사람이 종종 나오는데, 정체를 알 수 없는 빛이 순간적으로 번쩍거리는 것을 보았다고 말하는 경우가 많다. 그러

앰비그램 *ambigram*

소설 『다빈치 코드(*The Da Vinci Code*)』에는 앰비그램 (ambigram)이라는 흥미로운 기호가 나온다. 앰비(ambi)는 '두 가지' 혹은 '양쪽 모두'를 의미하는데, 똑바로 보거나 뒤집어서 보아도 같은 모양이 나타나는 기호를 앰비그램이라고 한다. 여러 개의 문자로 이루어진 단어는 앰비그램을 만들기가 쉽지 않으므로, 단어를 이용한 앰비그램은 비밀스러운 단체나 신비로운 힘을 상징한다.

소설 속에는 교황선거회의에서 유력한 교황 후보로 추대된 4명의 추기경이 일루미나티에 의해 살해되는 장면이 나온다. 그런데 추기경들은 고대 과학의 4원소인 흙 (earth), 공기(air), 불(fire), 물(water)에 의해 살해되고, 사건 현장에서 4원소 각각의 앰비그램과 4원소를 조합한 일루미나티 다이아몬드가 발견된다.

소설 속에 등장하는 일루미나티(illuminati)는 '개화된 사람들의 집단'을 지칭하는데, 이들은 1500년경 이탈리아에서 교회가 지식을 독점하고 오직 교회의 논리만 강요하는 것에 위협을 느껴 교회에 대항한 과학자 집단이다. 교회의 무자비한 탄압에 과학자들은 잔인하게 살해되었고, 일루미나티는 지하로 숨어들었다. 그러나 세월이 흐르면서 일루미나티는 새로운 회원들을 흡수하여 매우 위험한 반교회 세력으로 성장했다. 위협을 느낀 교회는 일루미나티를 '샤이탄(shaitan)'이라고 규정했다. 샤이탄은 이슬람 어로 '적'을 의미하는데, 오늘날의 '사탄(satan)'이라는 단어의 뿌리가 되었다. 즉, '사탄'은 처음에는 '악마'를 뜻했던 것이 아니라, 일루미나티로 대표되는 반기독교 집단을 지칭하는 것이었다. 일루미나티를 나타내는 로고도 앰비그램이다.

일루미나티 로고

흙(earth)

공기(air)

불(fire)

물(water)

일루미나티 다이아몬드

그림 2-6 **일루미나티의 앰비그램**

나 사실은 금성에서 반사된 태양 빛이 지구 대기층에 도달하는 과정에서 산란되기 때문에 이러한 현상이 발생하는 경우가 가끔 있다고 한다. 훈련받은 과학자들이라고 해서 이와 같은 실수에서 예외일 수는 없다.

독일의 과학자 뢴트겐(Wilhelm Röntgen, 1845-1923)은 1895년 진공 방전을 연구하던 중 새로운 형태의 복사선을 발견하고 이를 X선이라고 이름 붙였다. 발견한 복사선의 물질 투과력이 커서 거울이나 렌즈에서도 쉽게 반사나 굴절을 일으키지 않는 등 그 정체를 분명히 알기 어렵다는 의미에서 수학에서 미지수를 뜻하는 X를 사용한 것이다. 많은 과학자들이 뢴트겐의 실험을 재현하여 X선의 존재를 확인했는데, 프랑스의 과학자 블론로(Prosper-René Blondlot, 1849-1930)도 그런 과학자 중 한 명이었다. 1903년 블론로는 X선 편광 실험을 하던 중 새로운 광선을 발견하고, 자기 대학이 있던 도시인 낭시(Nancy)의 이름을 따서 이 광선에 N선이라는 이름을 붙였다. 이후 프랑스의 여러 과학자들은 N선이 X선에서뿐 아니라 자장, 화학 약품, 그리고 심지어 인간의 신경 조직에서도 나오는 것을 발견했고, 1904년 프랑스 과학아카데미는 N선을 발견한 블론로에게 가장 명예로운 상인 르콩트 상(prix Leconte)을 수여하기에 이른다(Zankl, 2006).

그러나 미국의 물리학자 우드(Robert Wood, 1868-1955)는 N선의 존재에 대해 의문을 가졌다. 블론로는 N선을 분리할 때 프리즘을 사용했는데, 하루는 블론로가 실험을 하기 전에 우드가 장치에서 프리즘을 몰래 제거했다. 그러나 프리즘이 제거된 장치를 통해서도 블론로는 여전히 N선을 검출했고, 우드는 이러한 사실을 과학 학술지 「네이처」에 보고했다. 과학자들은 이 사건 이후 N선에 대해 더 이상 논의하지 않았지만, 이 사건은 과학자의 선입견이 과학자 자신마저 속인 불명예스러운 예로 과학사에 남았다.

Activity 2-4

새끼를 살해하는 부모

부모가 고의로 새끼를 살해하는 동물이 있을까? 놀랍게도 부모가 새끼를 죽이는 것으로 보고된 사례는 적지 않다고 한다. 1978년 클로소브스키 형제(Grzegorz Kłosowski & Tomasz Kłosowski)는 먹황새가 새끼를 살해하는 현장을 선명하게 촬영했다. 그런데 클로소브스키 형제가 이 사진을 조류학 학술지에 투고한 것은 이로부터 무려 24년이 지난 뒤였다(Mock, 2005). 다음 글을 읽고, 클로소브스키 형제가 사진을 세상에 공개하지 않았던 이유를 설명해보자.

폴란드 출신의 뛰어난 사진작가인 클로소브스키 형제는 1978년 6월 18일, 새끼가 다섯 마리 있는 먹황새 둥지를 관찰하고 있었다. 사냥에서 돌아온 부모가

먹이를 게워 새끼들을 먹이고 20분쯤 지났을 때였다. 갑자기 부모가 가장 작은 새끼의 머리를 물어 둥지 밖으로 던져버렸다. 10미터 아래의 바닥에 떨어진 새끼는 즉사했다.

이 먹황새가 정말 살해된 새끼의 부모가 맞을까? 클로소브스키 형제는 새끼를 살해한 부모에게 식별 밴드를 붙이지도 않았고 성을 확인하지도 않았다. 하지만 이 먹황새의 둥지는 다른 먹황새의 둥지와 3킬로미터 이상 멀리 떨어져 있었고, 살해된 새끼는 자기를 살해한 새로부터 먹이를 받아먹었다는 정황으로부터 이 먹황새가 살해된 새끼의 친부모라고 추측할 수 있다. 낯선 어른 새가 먼 거리를 날아와서 '묻지 마 살해'를 저지르기 전에 새끼들에게 먹이를 먹인다는 것은 말이 되지 않기 때문이다.

부모가 새끼를 살해하는 현상은 많은 거부 반응을 일으킨다. 새끼 살해는 대부분의 동물 집단에서 흔하게 볼 수 있는 광경이 아닐뿐더러 사람의 눈에는 사악해 보이기까지 한다. 따라서 새끼 살해 광경을 목격하더라도 우연히 나타나는 병리 현상쯤으로 생각하여 발표하지 않는 경우가 많다. 클로소브스키 형제가 사진을 찍은 후에 용기를 내서 조류학 잡지에 발표하기까지도 24년이라는 긴 세월이 걸렸다. 새끼 살해의 가능성이 학문적으로 인정되지 않았다면, 클로소브스키 형제는 자신들이 찍은 사진을 발표했을까?

(Mock, 2005, pp. 321–322)

음극선관 실험 결과에 대한 톰슨(Joseph Thomson, 1856-1940)과 카우프만(Walter Kaufmann, 1871-1947)의 해석은 관찰의 이론 의존성을 극명하게 보여준다. 1897년에 톰슨이 음극선관 실험에서 전자를 발견했을 때, 사실은 카우프만도 더 좋은 장비로 똑같은 실험을 수행했다. 그러나 카우프만은 마흐(Ernst Mach, 1838-1916)의 추종자였다. 마흐는 직접 관찰할 수 없으므로 원자는 실재하지 않는다고 생각했다. 마흐를 거스를 수 없었던 카우프만은 실험 결과를, 전기를 띤 입자가 아니라 대전된 에테르의 흐름으로 설명했다. 반면에 톰슨은 음극선이 대전된 입자, 즉 전자의 흐름이라고 해석했다. 톰슨은 이 해석이 로렌츠(Hendrik Lorentz, 1853-1928)가 확립한 전자기 이론과 잘 들어맞기 때문에 가장 적절한 설명이라고 생각했던 것이다. 결국 카우프만은 철학적 편견 때문에 노벨상을 놓쳤다(Miller, 2001).

일곱 색깔 무지개

무지개의 색깔은 정말 7가지일까? 무지개의 색깔에 대한 뉴턴(Isaac Newton, 1642-1727)의 에피소드를 읽고 '무지개는 7가지 색깔로 구성되어 있다'는 관찰 결과를 믿을 수 있을지 관찰의 이론 의존성을 바탕으로 설명해보자.

무지개는 햇빛이 빗방울을 통과할 때 굴절되는 정도의 차이로 분산되어 생기는 현상이다. 무지개나 프리즘을 통과한 빛이 빨주노초파남보 7가지 색깔을 띤다는 것은 누구나 알고 있다. 그런데 햇빛은 정말 7가지 빛으로 이루어졌을까? 무지개를 관찰해보면, 빨강부터 보라까지 무수히 많은 색깔의 빛들이 있음을 알 수 있다. 그렇다면 왜 우리는 무지개가 7가지 색깔로 이루어졌다고 생각하게 되었을까? 뉴턴은 음악의 한 옥타브가 도레미파솔라시 7개의 음으로 이루어진 것에서 아이디어를 얻어 무지개의 색깔을 7가지로 분류했다. 사실 햇빛은 백색광으로 모든 색깔의 빛이 관찰될 수 있지만, 우리 눈에는 무지개가 여전히 7가지 색으로 보인다.

⑷ 관찰 대상을 변화시키는 관찰

관찰이라는 행위에서 관찰자와 관찰 대상을 떼어놓고 생각할 수 없다. 관찰자의 존재 자체가 관찰 대상에 영향을 주기 때문이다. 예를 들어, 기자들이 지니고 있는 시각이 보도하는 사건에 영향을 미치고, 인류학자의 존재가 그들이 조사하는 문화의 형태 자체를 간섭한다. 관찰 대상에 아무런 영향을 미치지 않는 관찰은 존재하지 않는다고 말할 수 있다. 관찰 행위 자체가 어떤 것이 관찰되고 어떤 것이 관찰되지 않을지에 영향을 미친다는 것이다. 예를 들어, 현대 물리학 이론에 따르면, 빛은 파동이면서 동시에 입자라고 한다. 그런데 관찰자가 파동으로 보려는 의도를 가지고 관찰하면 빛은 파동으로 보이고, 입자로 보려는 의도를 가지고 실험하면 빛은 입자로 보이게 된다. 또 다른 예로, 전자의 위치를 알고 싶을 때 우리가 사용할 수 있는 유일한 방법은 전자가 있는 곳에 빛을 쏘는 것이다. 빛은 전자와 충돌한 뒤 반사되므로 전자의 위치를 알 수 있다. 그러나 빛과의 충돌로 인하여 전자는 운동량이 변해버린다. 따라서 빛과 충돌하기 이전의 위치 정보는 얻을 수 있지만 이미 운동량은 달라진다. 즉, 관찰 행위가 관찰 대상을 변화시켜버린 결과를 낳은 것이다. 바로 이것이 근본적으로 관찰이 지니고 있는 한계다.

과학 지식에 대한 현대 인식론의 입장

일반적인 믿음과 달리, 관찰이 독립적이고 객관적일 수 없다면, 전통적 인식론에서 주장하듯이 관찰에 토대를 둔 과학 지식은 독립적이고 객관적일 수 있을까? 이러한 질문을 염두에 두었던 것일까, 베이컨은 과학 탐구를 할 때 우리의 마음이 모든 선입견들로부터 자유롭게 벗어날 수 있어야 함을 강조했다 (Ladyman, 2003). 콩트도 지식의 객관성을 유지하기 위해서는 대상과 감정적인 거리를 유지해야 한다고 주장했다. 관찰자가 관찰 대상에 관련될수록 객관적인 질문을 던지기가 어려워지기 때문이다(최영주, 2006). 그런데 정말 객관적인 관찰이라는 것이 가능할까? '과학적 사실을 진술한 명제는 그 명제가 진술되기 전에 이미 이해해야 하는 개념을 포함하고 있다(Richardson & Boyle, 1979).'라는 말에서 알 수 있듯이, 관찰 혹은 관찰을 통해 얻은 과학적 사실에는 이미 특정한 가정이 내포되어 있다. 예를 들어, '물은 산소와 수소로 이루어져 있다.'라는 과학적 사실을 이해하기 위해서는 우선 '산소'와 '수소'가 무엇인지 알고 있어야 한다. 따라서 현대의 인식론[5]에서는 이론에 의존하지 않는 중립적인 과학적 사실이란 존재할 수 없다고 주장한다. 이론은 어둠을 밝혀주는 등불과 같이 우리가 관찰을 할 수 있도록 안내해준다. 우리가 무엇을 보아야 하는지 그리고 어떻게 보아야 하는지 모른다면 주의를 집중하여 관찰하는 것이 불가능하다. 영국의 심리학자 그레고리(Gregory, 1998)에 따르면, 본다는 것은 우리가 외부의 현상에 대한 가설을 세운 후 감각 기관에서 받아들인 정보를 바탕으로 그 가설을 검증하는 뇌의 능동적인 처리 과정이다.

현대의 인식론에서는 과학적 개념 또한 객관적으로 실재하는 것이 아니며, 과학자에 의해 만들어진 구성물이라고 주장한다. 앞에서 살펴보았듯이, 과학적 개념이란 일련의 현상에서 추출한 공통된 준거 속성을 추상적으로 일반화한 관념이다. 즉, 개념은 경험한 것에 대한 추상적인 구성물일 뿐 물체, 성질, 현상, 사건 등의 본질 그 자체는 아니다(조희형, 박승재, 1994). 예를 들어, 과학에서 '운동'은 물체의 위치가 시간의 흐름에 따라 변하는 현상을 의미하는 과학적 개념이다. 그러나 어떤 과학적 이론을 받아들이는가에 따라 운동의 개념은 달라질 수 있다. 아리스토텔레스에게 운동은 물체의 고유한 본성이겠지만, 뉴턴에게 운동은 특정한 조건에서 가해진 힘의 작용으로 이해될 것이다. 반

면, 아인슈타인(Albert Einstein, 1879~1955)은 아리스토텔레스나 뉴턴과는 전혀 다른 방식으로 시간과 공간을 동시에 고려한 운동을 생각할 것이다. 이와 같이, 과학적 개념은 관련된 과학적 이론의 틀 안에서만 의미를 가지기 때문에, 과학적 개념 역시 이론 의존적이라고 볼 수 있다.

자연 현상의 규칙성을 진술한 과학적 법칙도 현대 인식론의 입장에서는 객관적이라고 볼 수 없다. 관찰이라는 행위는 본질적으로 이론에 의존

---

5) 현대의 인식론은 상대론적 인식론, 도구주의적 인식론 등 학자에 따라 명칭뿐 아니라 정의나 포괄하는 범위도 매우 다양하다. 이 책에서는 하나의 (자연) 현상에 대해 절대적 진리인 단 하나의 이론만 존재하는 것이 아니라 여러 가지 이론이나 설명이 가능하다는 상대주의적 인식론의 입장(홍성욱, 2004)을 현대의 인식론으로 칭한다. 현대의 인식론에서는 상황을 초월한 객관성은 인정하지 않지만, 주관과 주관 사이에서 합의된 상호주관성(intersubjectivity)이 객관성의 역할을 대신할 수 있다고 믿는다. 또한 시간의 흐름과 무관한 절대 불변의 진리는 인정하지 않지만, 진리가 여럿일 수도 있고 변할 수도 있다고 믿음으로써 과학의 진보를 설명한다.

할 수밖에 없으므로, 관찰을 통해 밝혀낸 자연 현상의 규칙성이 실제로 자연
계에 존재하는 것인지, 아니면 우리의 상상이 만들어낸 것에 불과한지는 밝힐
수가 없다. 따라서 현대의 인식론에서는 과학적 법칙도 결국은 인간이 만들어
낸 하나의 구성물이라는 입장을 취한다. 또한 '예외 없는 법칙은 없다.'라는 말
이 암시하듯이, 과학적 법칙은 결코 절대적인 진리가 아니며 체계가 복잡해질
수록 더 많은 예외가 존재한다. 즉, 과학적 법칙이 수많은 관찰을 통하여 만
들어졌더라도 본질적으로는 특수 사례로부터 얻은 경향성에 불과하므로, 모
든 현상에 완벽하게 적용된다고 단언할 수는 없다. 예를 들어, 기체의 압력과
부피가 반비례한다는 보일(Robert Boyle, 1627–1691)의 법칙은 기체의 압력이 높
아질수록 잘 들어맞지 않는다. 물론, 자연 현상에 어느 정도의 규칙성이 존재
한다는 것은 사실이지만, 이러한 규칙성은 단지 근사치일 뿐이고 과학적 법칙
은 여전히 제한적이라는 것이 현대 인식론의 입장이다(Collette & Chiapetta, 1989).

과학적 이론의 기능과 본성에 관해서도 현대의 인식론은 전통적 인식론과
근본적으로 다른 입장을 취한다. 일반적으로 사람들은 과학적 이론을 불변의
진리로 받아들이는 경향이 강하다. 특히, 과학적 이론이 많은 증거로 뒷받침
되고 확립되어 있을 경우, 이러한 생각은 더욱 강해진다. 전통적 인식론에서는
과학적 이론의 토대가 관찰된 과학적 사실과 과학적 법칙이므로, 과학적 이론
도 객관적인 실재라고 주장한다. 그러나 현대 인식론의 관점에서 과학적 이론
은 자연 현상을 설명하기 위해 구성된 하나의 추상적인 설명 체계일 뿐이며 객
관적인 진리가 아니다.

한편, 앞에서도 살펴보았듯이, 전통적 인식론의 입장에서도 과학적 이론과

과학적 가설을 구분하기는 쉽지가 않다. 그러므로 현대의 인식론에서 과학적 이론과 과학적 가설을 명백히 구분하는 것은 불가능하며, 한발 더 나아가 두 유형의 지식을 구분하려는 시도 자체에 아무런 실익이 없다는 견해를 보이는 것은 당연하다고 볼 수 있다. 전통적 인식론에서 주장하듯이 과학적 사실과의 일치성이 충분히 검증되지 않은 상태의 설명 체계를 과학적 가설이라고 한다면, 과학적 이론이 되기 위해 필요한 실험적 증거가 얼마나 되어야 하는가에 대해 사람에 따라 그 기준이 달라질 수밖에 없다는 문제점이 있기 때문이다. 과학적 가설도 일종의 설명 체계라고 본다면, 과학적 이론과 유사한 속성을 지닌다고 할 수 있다. 따라서 모든 과학적 주장은 일종의 과학적 가설이라고 할 수 있는데, 어떤 과학적 가설은 증거에 의해 충분히 뒷받침되지만 어떤 것은 그렇지 않다는 점에서 차이가 있을 뿐이다(Giere, 2004).

Activity 2-6

생물학자와 인문학자의 대담

생물학자와 인문학자가 '진화론'에 대해 나눈 대담(도정일과 최재천, 2005)을 읽은 후, 현대 인식론적 관점에서 두 학자의 과학 지식의 본성에 대한 입장을 비판적으로 토의해보자.

> **최재천:** 진화론은 지극히 간단한 이론이지만 엄청난 응용력을 지닌 이론입니다. 몇 가지 조건만 충족되면 반드시 일어날 수밖에 없는 일이죠. 우리는 한때 다윈의 이론을 '자연 선택설'이라고 부른 적이 있습니다. 가설(hypothesis)이란 말이죠. 그러나 거의 한 세기 반 동안의 검증을 이겨낸 이제는 엄연한 이론(theory)의 경지에 이른 겁니다. 저는 한걸음 더 나아가 이제는 이론의 단계도 넘어 원리(principle)의 수준에 이르렀다고 생각합니다. ……
>
> **도정일:** …… 진화론이 단순 가설이 아니라는 건 창조론자나 지적 설계론자들을 빼곤 다들 인정하는 일입니다. 그러나 진화론의 진리가 최종적으로 입증되었다고 말할 순 없지 않겠어요? 그렇게 말하면 그건 '과학의 도'가 아닐 것 같아요. 수없이 자료를 모으고 검증에 검증을 거치고 테스트해본 결과, 현재로선 아무도 부정할 수 없을 만큼 검증의 결과가 확인되었다고 말해야 하지 않을까요? 과학적 '원리'라는 것도 이런 의미에서만 원리일 겁니다. 과학에 최종 입증이란 건 없죠.
>
> (도정일, 최재천, 2005, p. 134)

(1) 최재천의 말 중에는 과학 지식의 유형 중 과학적 이론과 과학적 가설의 관계에 대한 내용이 있다. 현대의 인식론적 관점에서 이 입장에 대해 비판해보자.

(2) 과학 지식의 성격에 대해 도정일이 취한 입장을 포퍼(Karl Popper, 1902-1994)가 주장한 '반증주의'와 비교해보자. 과학 지식의 성격을 설명하는 반증주의의 장점과 한계는 무엇일까?

그래도 관찰은 중요하다

하이젠베르크(Werner Heisenberg, 1901-1976)는 자연 세계를 이해하려는 인간의 탐구에 대해 "우리가 관찰하는 것은 자연 자체가 아니라 우리의 탐구 방법에 노출된 자연이다."라고 말했다. 현대 인식론의 입장에 따르면, 관찰에 기초한 과학 지식은 결코 객관적이지도 절대 불변의 진리도 아니다. 우리가 행하는 관찰은 자연에 이미 존재하는 실재를 발견하는 것이 아니라, 자연에 존재할 것이라고 생각하는 가상의 허구를 만들어내는 과정이기 때문이다. 해질녘 강물 위로 뛰어오르는 물고기의 퍼덕거리는 소리와 눈부시게 아름다운 반짝임은 물리적인 현상으로 관찰하고 측정할 수도 있다. 그러나 이러한 소리의 파장이나 반짝이는 빛은 각각의 에너지가 우리의 신경 세포를 거쳐 뇌에서 적절한 감각 정보로 변환되기 전까지는 결코 우리가 알고 있는 그 소리도 그 반짝임도 아니다. 이처럼 관찰이 주관적이고 불확실한 것이라면, 관찰은 과학에서 어떠한 역할도 하지 못하는 것일까?

훅(Robert Hooke, 1635-1703)은 자신이 만든 현미경을 통해 코르크 조각이 수많은 작은 칸들로 이루어져 있음을 발견하고, 이것을 세포라고 이름 지었다. 영국의 챌린저호는 3년 6개월 동안 세계 곳곳을 항해하면서 바닷물의 성분을 조사하여 바닷물 속의 염류 비율이 일정함을 알아냈다. 모두 관찰이 없었다면 존재하지 못했을 지식이다. 위대한 과학적 이론의 확립 과정에서도 관찰은 중요한 역할을 담당한다. 아인슈타인은 일반 상대성 이론을 제안하고, 이를 뒷받침하는 증거로 일식 때 지구 근처를 지나는 별빛이 약 1.75″ 정도

휠 것이라고 예측했다. 일식이 있었던 1919년, 영국의 천문학자 에딩턴(Arthur Eddington, 1882-1944)은 영국 천문학계에서 가장 영향력이 있었던 다이슨(Frank Dyson, 1868-1939)과 함께 실제로 관측대를 구성했다. 이들은 각각 서아프리카의 프린시페(Príncipe) 섬과 브라질에서 관측을 했고, 아인슈타인의 예측대로 별빛이 휘는 관측 결과를 얻어냈다. 이들이 얻은 관측 자료의 오차가 컸기 때문에 논란의 여지가 있었음에도 불구하고, 1919년 11월 6일 긴급 소집된 영국 왕립학회와 왕립천문학회 합동 회의에서는 관측 결과를 검토한 끝에 아인슈타인의 예측이 확증되었다고 발표했다. 실제로 에딩턴은 아인슈타인의 이론을 마음속에 품고 있었기 때문에 아인슈타인의 이론을 객관적으로 확증했다고 보기는 어렵다. 즉, 이론이 먼저 존재하고 이에 대한 실험을 통해 확증이 된 것이 아니라, 실험과 이론이 상호 확증의 순환 고리로 연결되어 있었던 것이다. 그러나 사람들에게는 아인슈타인의 예측이 에딩턴의 관측을 통해 확증된 것으로 받아들여졌고, 에딩턴의 관찰은 기존 뉴턴 이론에서의 절대 공간 개념을 대신하여 아인슈타인의 상대 공간 개념이 확고히 자리매김하는 계기가 되었다.

과학자는 실험을 통해 과학적 사실이나 개념, 이론 등을 뒷받침하는 증거를 수집하는데, 이 과정에서 때로는 기대하지 않았던 정보를 얻는 경우도 있다. 예상했던 실험의 결과에 대해서만 이루어지는 배타적인 관찰이 아니라 예기치 않았던 결과도 경시하지 않는 능동적인 관찰은 과학에서 중요한 역할을 담당해왔다. 예를 들어, 플레밍(Alexander Fleming, 1881-1955)이 연구의 본래 목적이었던 박테리아의 독성에만 치중하여 관찰했다면, 오염된 실험기구를 그냥 버리고 말았을 것이다. 그러나 플레밍은 곰팡이 주변에서 박테리아가 사라진 현상을 무시하지 않고, 이 관찰 결과에 대해 더 깊이 연구했기 때문에 이후 수많은 사람들의 생명을 구한 페니실린을 발견할 수 있었다.[6]

물론 과학자들이 관찰 과정에서 중요한 것을 빠뜨리기도 하고 자기도 모르게 오류를 저지를 수도 있다. 그러나 과학 지식이 결코 절대적이지 않다는 개

---

6) 플레밍이 페니실린의 발견을 가로챘다는 주장도 있다. 실제 페니실린의 발견자인 플로리(Howard Florey), 체인(Ernst Chain), 히틀리(Norman Heatley) 세 사람이 제2차 세계대전 중에 분주하게 활약하고 있을 때, 그 소식을 들은 플레밍은 신문의 인터뷰를 자청하여 '자신의' 기적의 약에 대해 자랑했다. 플레밍이 1928년에 최초로 페니실린의 원료인 곰팡이를 관찰한 것은 사실이다. 그러나 당시에 그는 자기가 관찰한 것이 무엇인지 그리고 그 곰팡이의 이름이 무엇인지도 몰랐다. 또한 플레밍은 곰팡이의 관찰 이후로 페니실린을 언급한 적도 없었다(Fischer, 2009).

방적 태도와 결론에 부합하는 새로운 근거를 찾기 위한 꾸준한 도전과 노력이 있다면, 과학에서 차지하는 관찰의 역할은 결코 가볍게 생각할 수 없다. 노벨상을 수상한 생물학자인 로렌츠(Konrad Lorenz, 1903–1989)는 『야생 거위와 보낸 일 년(*Das Jahr der Graugans*)』이라는 책 서문에서 과학에서의 관찰의 중요성을 다음과 같이 말하고 있다(Lorenz, 2004).

> 저를 비롯한 모든 학자들은 언제나 직접적인 관찰을 통해서만 새롭고 기발한 연구 결과를 얻습니다. 실험실에 앉아 자연에 대해 문제 제기를 하는 학자는 언제나 자신이 확인하고자 하는 가설을 갖고 있기 마련입니다. 그러나 이런 가설이 탄생하기까지는 위에서 말한 것처럼, 모든 선입견에서 벗어난 '직접적인 관찰'이 선행되어야 합니다. 이런 직접적인 관찰이 없는 한 어느 누구도 자연에 대해 의미 있는 질문을 제기할 수 없습니다. 만약 누가 그럴 수 있다고 주장한다면, 그는 인간의 인식 능력을 지나치게 과대평가하는 사람일 것입니다.

우리가 관찰하는 현상은 우리에게 자연의 어떤 비밀도 알려주지 않는다. 현상을 통해 자연의 비밀을 밝혀내는 것이 바로 과학자의 역할이다. 자연의 비밀을 알기 위해서 과학자는 올바른 이성적 추론을 바탕으로 질문을 던질 수 있어야 한다. 좋은 관찰이란 가정, 즉 선행된 설명을 유발할 수 있는 관찰이다(최영주, 2006). 때로는 다른 사람들이 당연하게 받아들이던 상황에서 아무도 발견해내지 못했던 것을 찾아내거나, 무관해 보이는 관찰 결과 사이에서 훌륭한 아이디어를 이끌어내는 경우도 있다. 원소들끼리 결합할 때 특정한 비율

오줌 맛보기

의과대학의 교수가 학생들에게 당뇨병에 대해 가르치고 있었다. 교수는 당뇨병에 걸린 환자의 오줌을 갖다 놓고, 손가락을 담갔다 뺀 뒤 맛을 봤다. 그리고 모든 학생들에게 자기를 따라 맛을 보도록 지시했다. 학생들은 인상을 찌푸리면서 마지못해 맛을 본 후, 맛이 달다고 동의했다. 그때, 교수가 미소를 지으며 말했다. "나는 이 실험을 통해 자세히 관찰하는 것이 중요하다

는 점을 가르치고 싶었습니다. 만일 여러분이 내 행동을 주의 깊게 관찰했더라면, 내가 중지를 오줌에 담갔으나 실제로는 검지를 빨았다는 것을 알아차렸을 겁니다!"

이 존재한다는 사실은 오래전부터 관찰되었으나, 이것이 일정 성분비의 법칙으로 정립된 것은 물질이 작은 입자로 구성되어 있을 것이라는 입자론적 관점을 적용했을 때였다. 프랭클린(Benjamin Franklin, 1706-1790)은 인공 방전과 자연의 번개가 비슷하다는 생각에서 연구를 시작하여 번개를 전기 현상으로 설명할 수 있었다.

생각해볼 문제

1. 옆의 그림을 보고 있으면 그림 속의 삼각형들
이 꿈틀거리는 것처럼 느껴진다. 이처럼 어떤
사물의 크기나 형태와 같은 실제 성질과 눈
으로 보는 성질 사이에 차이가 있는 것을 착
시(錯視, optical illusion)라고 한다. 착시 현상을
바탕으로, 전통적 인식론에서 주장하는 '관
찰을 통해 얻은 사실은 객관적인 불변의 진
리다.'라는 가정의 타당성을 설명해보자.

2. 옆의 그림이 무엇으로 보이는가? 어른들
에게는 'FLY'라는 영어 단어로 보이겠지
만, 서너 살짜리 꼬마에게는 레고 블록
조각으로 보일 것이다. 하나의 동일한 실

체가 보는 사람에 따라 다르게 보이는 이유는 무엇일까? 관찰의 이론 의존성을 바탕으로 설
명해보자.

3. 갈릴레이(Galileo Galilei, 1564-1642)가 피사의 탑에서 질량이 서로 다른 공 2개를 동시에 떨어
뜨렸더니 두 공이 동시에 땅에 떨어졌다는 실험은 널리 알려져 있다. 그런데 당시의 사람들
은 아리스토텔레스의 주장을 반박하는 이 실험 결과를 직접 목격하고도, 갈릴레이의 주장
을 받아들이기보다는 기존의 아리스토텔레스의 주장에 대한 믿음을 고수했다. 관찰의 이론
의존성 관점에서 그 이유를 설명해보자.

4. 임사 체험을 경험한 사람들 중에는 '죽어서 신을 만난 뒤 새로운 삶의 기회를 얻어서 현실
로 되돌아왔다'고 주장하는 이들이 있다. 그런데 이 사람들이 만난 신의 모습은 각자 자신
이 믿고 있는 종교에서 흔히 말하는 신의 모습과 일치한다. 사람의 종교에 따라 임사 체험에
서 만난 신의 모습이 변하는 이유를 관찰의 이론 의존성 관점에서 설명해보자.

5. 아인슈타인은 "우리가 무엇을 관찰할 수 있을지 결정하는 것은 이론이다."라고 말했다. 아인
슈타인의 주장을 이 장의 마지막에 제시된 로렌츠의 주장과 비교하고, 과학에서 관찰의 역
할에 대해 설명해보자.

6. 다음 글을 읽고, 글쓴이가 생각하는 과학 지식 유형의 위계가 무엇인지 설명하고, 이에 대
한 전통적 인식론과 현대 인식론의 입장을 비교하여 설명해보자.

> 진화론은 지극히 간단한 이론이지만 엄청난 응용력을 지닌 이론입니다. 몇 가지 조건만 충족되면 반드시 일어
> 날 수밖에 없는 일이죠. 우리는 한때 다윈의 이론을 '자연 선택설'이라고 부른 적이 있습니다. 가설(hypothesis)
> 이란 말이죠. 그러나 거의 한 세기 반 동안의 검증을 이겨낸 이제는 엄연한 이론(theory)의 경지에 이른 겁니
> 다. 저는 한걸음 더 나아가 이제는 이론의 단계도 넘어 원리(principle)의 수준에 이르렀다고 생각합니다.
>
> (도정일, 최재천, 2005, p. 134)

7. 그림 2–7은 프랑스의 화가 제리코(Théodore Géricault, 1791–1824)의 작품 『엡섬의 경마(The Epsom
Derby)』다. 사진기가 발명되기 전까지 화가들은 보통 달리는 말의 모습을 이 그림처럼 앞발과
뒷발을 쭉 뻗고 있는 형태로 그렸다. 육안으로는 그 모양으로 보이기 때문이다. 그런데 19세
기 후반에 마이브리지(Edward Muybridge, 1830–1904)가 달리는 말의 모습을 연속 사진으로 찍
는 데 성공하고 난 이후, 달리는 말을 그리던 전통적인 방식이 사라졌다. 연속 사진을 통해
눈으로 보이는 것과 실제 말이 달리는 모습이 다르다는 것이 밝혀졌기 때문이다. 그렇다면
연속 사진은 현실을 있는 그대로 포착했을까? 자신의 입장을 설명해보자.

그림 2–7 **제리코의 『엡섬의 경마』**

8.   사이먼스(Daniel Simons)는 선택적 주의를 증명하기 위한 흥미로운 실험을 했다(Dawkins, 2009).
다음 실험 결과를 읽고, 실험 참가자들이 고릴라를 보지 못한 이유를 설명해보자.

> 실험 참가자들에게 관찰력을 테스트할 것이라고 알려준 뒤, 영상 속에서 하얀 옷을 입은 사람이 공을 패스하
> 는 횟수를 세라고 지시했다. 영상에서는 흰 셔츠를 입은 사람 3명과 검은 셔츠를 입은 사람 3명이 둘러서서
> 농구공 2개를 불규칙적으로 주고받는 장면이 나왔다. 영상 속의 사람들은 안팎으로 드나들고 자리를 바꿔가
> 면서 공을 주고받았기 때문에, 영상은 전체적으로 매우 역동적이고 복잡했다. 실험 참가자들은 영상을 보고
> 나서 패스 횟수를 종이에 써서 제출했다. 하지만 이것은 진짜 테스트가 아니었다.
> 종이를 회수한 뒤, 실험 참가자들에게 "영상 속에서 고릴라를 보았습니까?"라고 질문했다. 실험 참가자들은
> 황당하다는 표정을 지었다. 실험 참가자들에게 영상을 다시 보여주었다. 놀랍게도 고릴라 복장을 한 사람이
> 흰 셔츠와 검은 셔츠를 입은 사람들 사이로 태연하게 걸어 들어와서 주먹으로 가슴을 때리는 시늉을 한 뒤,
> 들어올 때와 마찬가지로 어슬렁거리며 걸어 나갔다. 그러나 실험 참가자의 대다수는 고릴라 복장을 한 사람을
> 보지 못했다. 공의 패스 횟수를 세어야 했기 때문에 실험 참가자들은 분명히 25초 내내 평소보다 훨씬 집중
> 해서 관찰했을 것이다. 다시 영상을 보지 않았다면, 영상 속에 고릴라는 절대 없었다고 맹세라도 했을 것이다.

9.   갈릴레이가 망원경으로 달을 관찰하여 달이 울퉁불퉁하다고 주장하기 이전까지 유럽의 모
든 사람들은 달이 수정구처럼 매끄럽다고 생각했다. 아리스토텔레스의 우주관에 따르면, 달
은 지상계와 천상계의 경계에 위치한 완벽한 천체였기 때문이다. 그러나 갈릴레이는 달의 밝
은 부분과 어두운 부분의 경계선이 울퉁불퉁하며 달의 밝은 영역에 어두운 점이 있거나 어
두운 영역에 밝은 점이 있음을 발견하고, 이것이 달에 계곡이나 봉우리가 있기 때문이라고
결론지었다. 그런데 갈릴레이 이전에도 망원경으로 달을 관측한 사람이 있었다. 망원경으로
달을 관측하여 스케치한 최초의 천문학자인 해리엇(Thomas Harriot, 1560-1621)은 1609년에 달
의 밝은 부분과 어두운 부분의 경계선이 울퉁불퉁하다는 것을 확인했지만 그 이유를 이해
할 수 없었다(홍성욱, 2012). 갈릴레이와 해리엇이 망원경을 통해 동일한 관찰을 했지만, 달의
모양에 대한 해석이 달랐던 이유를 설명해보자.

10. 만약 전류(electricity)가 전자(electron)가 아닌 다른 무엇인가의 작용으로 발생한다는 사실이 밝
혀진다면, 현재의 전기 장치들을 모두 버리고 새로운 전기 장치를 설계해서 사용해야 할까?
그 이유를 설명해보자.

참고 문헌

김용준 (2005). 과학과 종교 사이에서. 파주: 돌베개.

도정일, 최재천 (2005). 대담—인문학과 자연과학이 만나다. 서울: 휴머니스트.

조희형, 박승재 (1994). 과학론과 과학교육. 서울: 교육과학사.

최영주 (2006). 세계의 교양을 읽는다 3. 서울: 휴머니스트.

홍성욱 (2004). 과학은 얼마나. 서울: 서울대학교출판부.

홍성욱 (2012). 그림으로 보는 과학의 숨은 역사. 서울: 책세상.

Brockman, J. (2004). 우리는 어떻게 과학자가 되었는가. 이한음 역, 서울: 사이언스북스.

Collette, A. T., & Chiappetta, E. L. (1989). Science instruction in the middle and secondary schools (2nd ed.). Ohio: Merrill Publishing Company.

Dawkins, R. (2008). 무지개를 풀며. 김산하, 최재천 역, 서울: 바다출판사.

Dawkins, R. (2009). 지상 최대의 쇼. 김명남 역, 파주: 김영사.

Fischer, E. P. (2009). 과학을 배반하는 과학. 전대호 역, 서울: 북하우스.

Fisher, L. (2008). 과학 토크쇼. 강윤재 역, 서울: 시공사.

Giere, R. N. (2004). 학문의 논리: 과학적 추리의 이해. 남현, 이영의, 여영서 역, 서울: 간디서원.

Gregory, R. L. (1998). Eye and brain: The psychology of seeing (5th ed.). Princeton: Princeton University Press.

Hanson, N. R. (1972). Observation and explanation: A guide to philosophy of science. London: Allen and Unwin.

Ladyman, J. (2003). 과학철학의 이해. 박영태 역, 서울: 이학사.

Lorenz, K. (2004). 야생 거위와 보낸 일 년. 유영미 역, 서울: 한문화멀티미디어.

Miller, A. I. (2001). 천재성의 비밀: 과학과 예술에서의 이미지와 창조성. 김희봉 역, 서울: 사이언스북스.

Mock, D. W. (2005). 살아남은 것은 다 이유가 있다. 정성묵 역, 서울: 산해.

Richardson, M., & Boyle, C. (1979). What is science? Hartfield: The Association for Science Education.

Schneider, R. U. (2008). 매드 사이언스 북. 이정모 역, 서울: 뿌리와 이파리.

Zankl, H. (2006). 과학의 사기꾼. 도복선 역, 서울: 시아출판사.

3 과학적 이론이
중요한 이유는?

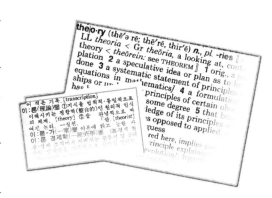

과학이라는 말을 들을 때 가장 먼저 떠오르는 것은 무엇인가? 어떤 사람들은 과학책에서 보았던 흥미로운 현상이나 실험 결과를 떠올릴 것이다. 또 어떤 사람들은 과학 시간에 배웠던 전기, 열, 운동, 에너지와 같은 추상적인 과학적 개념 혹은 유전 법칙, 대륙이동설, 상대성 이론과 같은 유명한 과학적 법칙이나 이론을 떠올릴 것이다. 즉, 과학 하면 가장 먼저 떠오르는 것은 과학 지식이라고 할 수 있다. 그런데 과학 지식에 대한 입장은 과학 지식의 본성에 대한 인식론에 따라 달라진다. 전통적 인식론에서는 과학 지식이 과학적 사실, 개념, 법칙, 가설, 이론 등으로 구분되며, 각 지식 유형은 나름대로의 뚜렷한 특징을 지니고 있다고 주장한다. 전통적 인식론에서는 한발 더 나아가, 과학 지식의 유형 사이에 위계가 존재한다고 주장하기도 한다. 반대로, 현대의 인식론에서는 과학 지식은 자연 현상을 설명하기 위해 과학자들이 구성한 설명 체계일 뿐이므로, 엄격하게 지식의 유형을 구별하거나 위계를 논하는 것은 현실적으로 실익이 없다고 반박한다. 이처럼 전통적 인식론과 현대의 인식론은 과학 지식에 대해 상이한 입장을 취하고 있다. 그런데 과학 지식의 본질이 과학적 이론이라는 데는 전통적 인식론과 현대의 인식론 사이에도 이견이 없다. 과학적 이론에 최고의 가치를 두는 이유는 무엇일까?

Activity 3-1

과학적 이론이란?

과학적 이론의 정의에 대한 학생들의 생각을 조사한 결과(Kang et al., 2004)와 생명의 기원에 대한 학생들의 대화를 자세히 읽고, 물음에 답해보자.

> **문제** 과학적 이론은 무엇일까?
>
> (a) 그럴듯하지만 아직까지 확실히 증명되지 않은 사실이다.
>
> (b) 어떤 현상이 왜 일어나는지 설명하는 것이다.
>
> (c) 실험이나 관찰을 통해 사실로 증명된 것이다.
>
> (d) 기타

그림 3-1 과학적 이론의 정의에 대한 학생들의 응답(%)

학생들이 생명의 기원에 대해 이야기하고 있다.

민수: 어제 『미션 투 마스(*Mission to Mars*)』(브라이언 팔마 감독, 2000년 작)라는 영화를 봤는데, 마지막에 외계인이 지구에 DNA를 전달해서 지구에 생명체가 생긴다는 황당한 장면이 나오더라구!

민지: 그래? 나는 그 영화를 못 봤지만, 비슷한 이야기를 들은 적이 있어. 외계인이 존재한다고 주장하는 어떤 단체에서는 외계인의 DNA 조작으로 인류가 탄생되었다고 한대. 그런데 생명체는 어떻게 나타났을까?

상화: 난 잘 모르겠어. 신화나 종교에서는 신이 창조했다고 말하지 않니?

민수: 여기 일반 생물학 책에는 유기물 분자가 변해서 원시 생물체가 되었다고 나와 있어. 자연발생설은, 원시 지구의 대기와 유사한 조건에서 아미노산 합성에 성공한 실험으로 이미 증명이 되었고, 이 이론을 주장한 밀러(Stanley Miller) 교수는 노벨상을 받았어.

민지: 나는 우주에서 날아온 운석에 생물체가 있었다는 주장도 일리가 있다고 생각해. 폴 데이비스(Paul Davies) 교수가 이러한 이론을 뒷받침할 증거를 찾기 위해 계속 연구한다는 뉴스를 본 적이 있어. 생명의 기원에 대해서는 아직까지 확실하게 밝혀진 게 없고 어차피 모두 이론이잖아?

상화: 그래도 외계 생명의 유입으로 설명하든 자연 발생으로 설명하든, 모두 생명의 탄생을 설명하려는 점에서는 이론이라고 할 수 있지.

(1) 대화 속에 등장하는 학생들이 과학적 이론에 대해 어떤 입장을 지니고 있는지 설명해보자. 학생들의 입장을 처음에 제시된 문제의 보기와 연결하고, 그 이유를 설명해보자.

(2) 학생들의 견해에 대한 연구 결과와 학생들의 대화 에피소드를 참고하여, 과학적 이론에 대한 자신의 입장을 설명해보자.

이론의 지위와 특성

'이론'이라는 용어는 과학과 일상생활에서 다른 의미로 사용되는 경우가 많다. 예를 들어, 사람들이 어떤 주장에 대해 "그것은 하나의 이론일 뿐이야."라고 말하는 경우가 있는데, 이때 이론은 설명을 하기 위해 제안된 가설로서 개인적이고 임시적인 의견이나 견해를 의미한다(Dawkins, 2009; Griffiths & Barman, 1995). 창조론 혹은 지적설계론을 주장하는 사람들이 진화생물학에 대해 '이론에 불과하다'고 폄하할 때에도 이론은 비슷한 의미로 사용된다(Hitchens, 2008). 그러나 과학의 언어는 일상생활의 언어와 다른 의미로 사용되는 경우가 있다. 과학에서 이론은 자연 현상을 설명하기 위해 제안된 생각이나 진술들의 체계로서 많은 관찰이나 실험 결과로 뒷받침된다(Dawkins, 2009). 한편, 과학에서 사용하는 '설명'이라는 용어의 의미도 일상생활에서의 의미와는 구별할 필요가 있다. 일상생활에서는 단어나 문구의 뜻을 명확히 기술하는 것, 현상을 상세히 기술하는 것, 자신의 신념이나 행동을 정당화하는 것, 그리고 상황의 전후 관계나 배경을 자세히 풀어놓는 것을 설명이라고 하지만(최경희, 송성수 2011), 과

쉬 어 가 기

뉴턴은 사과가 떨어지는 것을 보았을까?

뉴턴(Isaac Newton, 1642-1727)이 사과나무 아래에서 생각에 잠겨 있다가, 사과가 떨어지는 것을 보고 만유인력 법칙을 발견했다는 에피소드는 모르는 사람이 없을 정도로 유명하다. 그런데 역사적인 기록을 검토해보았더니, 뉴턴이 사과에 대해 언급한 적이 전혀 없다고 학자들은 주장한다. 그렇다면 떨어지는 사과 에피소드는 어떻게 나왔을까? 사과 이야기는 뉴턴의 과학에 심취했던 볼테르(Francois-Marie Voltaire, 1694-1778)가 뉴턴의 조카에게 들었다고 전해지기도 하고, 뉴턴의 주치의가 뉴턴과 대화한 내용이라는 기록이 남아 있기도 하다.

뉴턴이 정말 떨어지는 사과를 보았는지는 아무도 알 수 없다. 그러나 이 에피소드는, 다른 사람들은 그냥 지나쳐버릴 수도 있는 평범한 현상에도 의문을 가지고, 이를 과학적 문제와 연관시켜 새로운 개념을 만들어내는 전형적인 과학자의 자세를 잘 보여준다. 실제로 뉴턴의 생가에는 사과나무가 있는데, 이 뉴턴의 사과나무는 전 세계로 분양되었고, 우리나라에도 대전에 있는 표준연구원을 비롯한 여러 군데에 뉴턴의 사과나무가 있다.

학에서는 일반적으로 자연에서 일어난 현상의 원인에 대한 진술, 즉 인과관계에 대한 주장을 설명이라고 한다.

'한 시대의 과학은 그 시대의 핵심 이론으로 알 수 있다.'라는 말이 의미하듯이, 이론이 과학에서 차지하는 위치는 매우 중요하다. 과학적 이론은 자연 세계에 대한 최상의 합리적인 신념을 표현한 것으로서, 목적, 방법과 더불어 과학 활동을 구성하는 중요한 요소다(Laudan, 1984). 과학 목표 체계(goal of science hierarchy)는 과학의 탐구 과정과 발달 과정에서 이론의 위상을 잘 보여준다.

(1) 과학 목표 체계

과학 목표 체계는 자료, 자료의 유형이나 법칙적 관계, 과학적 이론, 과학적 설명, 그리고 과학적 이해 사이의 관계를 보여준다(Duschl, 1990).

모든 과학 탐구 활동은 과학 목표 체계의 가장 기저에 있는 자료 수집에서부터 시작된다. 과학은 자료 수집을 통해 처음으로 자연 세계와 구체적인 관계를 맺게 되며, 이렇게 수집된 자료는 과학 전반에 걸친 광범위한 데이터베이스를 이룬다. 자료는 크게 두 가지 종류로 나눌 수 있는데, 하나는 볼 수 있거나

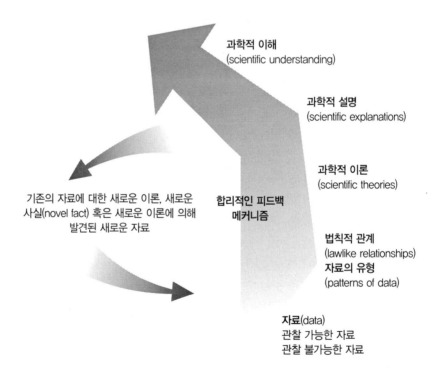

그림 3-2 과학 목표 체계(Duschl, 1990)

측정이나 관찰이 가능한 형태의 자료이고, 다른 하나는 통계적 확률로부터 추론된 결과와 같이 관찰 불가능한 자료다.

그런데 이러한 자료를 단순히 수집하여 쌓아놓기만 한다면 자연 세계에 대한 단순한 기술적인 정보밖에 얻을 수 없을 것이다. 자연 현상을 단순히 기술하는 상식 수준의 지식과 달리, 과학 지식은 어떤 현상이 왜 일어나는지 혹은 왜 그렇게 존재하는지, 그리고 어떻게 일어났는지 이해하려고 노력한다는 특징이 있다. 낱낱의 데이터나 사실들은 우리가 자연 세계를 이해하는 데 도움을 주지 못한다. 예를 들어, 고대 바빌로니아 문명이나 고대 그리스 문명에서는 모두 천체 관측이 많이 이루어졌지만, 그리스에 대해서만 과학의 출생지라는 칭호가 붙는다. 그 이유는 바빌로니아에서는 수백 년 동안 별자리의 이동에 대해 기록했음에도 불구하고 천체의 운동을 설명하거나 모델을 만들려는 시도가 없었지만, 그리스에서는 관측 결과에 대한 원인과 이해를 추구했기 때문이다. 자연 현상에 대해 과학적으로 이해하기 위해서는 우선 수집한 자료를 바탕으로 일정한 유형이나 관계를 정립해야 하는데, 이것이 과학 목표 체계의 두 번째 단계다.

다음으로, 어떤 현상이 왜 그리고 어떻게 발생하는지 이해하기 위해서는 법칙적 관계를 바탕으로 일반화를 해야 하는데, 이것이 과학 목표 체계의 세 번째 단계인 과학적 이론이다. 법칙적 관계를 정립하면 어떤 일이 일어나는지에 대해서는 일반화를 할 수 있지만, 왜 그런 일이 일어나는지는 이해할 수 없다. 예를 들어, 이상 기체 법칙(ideal gas law)을 통해 온도, 부피, 압력이 변할 때 기체가 어떻게 행동하는지에 대해서 수학적 관계로 나타낼 수 있을 정도로 자세히 알 수 있지만, 왜 이런 관계가 나타나는지는 이해할 수 없다(Bell, 2008). 이 관계를 이해하기 위해서 필요한 것이 과학적 이론이다. 이상 기체 법칙이 나타나는 이유는 기체 분자 운동론이라는 이론을 통해서만 이해할 수 있는 것이다.

　과학적 이론은 자연 현상에 대한 종합적인 설명 체계로서, 과학의 궁극적인 목표인 자연 세계에 대한 과학적 이해에 도달하기 위한 필수적 요소다. 과학적 이론은 충분히 증거가 뒷받침되고 충분히 시험을 거친 일반화로서, 일련의 관찰들을 설명해낸다(Shermer, 2008). 때로는 관찰한 현상을 설명할 수 있는 이론이 어렴풋하게라도 나오기 전까지는 관찰 결과 자체가 이해되지 않는 경우도 있다(Lindley, 2009). 영국의 식물학자 브라운(Robert Brown, 1773-1858)은 꽃가루의 작은 입자가 수면 위를 끊임없이 돌아다니는 것을 현미경으로 관찰했으나 그 결과가 나타나는 이유를 이해할 수 없었다. 몇십 년이 지난 후, 몇몇 과학자들이 브라운 운동을 설명할 방법을 알아내기 시작했고, 브라운 운동은 원자론이나 분자론을 뒷받침하는 결정적인 증거로 받아들여졌다. 즉, 타당한 과학적 이론을 발전시키는 것은 과학 탐구 활동의 가장 핵심적인 단계라고 볼 수 있다.

Activity 3-2

기도의 효과

　옷매무새를 단정히 한 후 장독대에 정화수를 떠놓고 천지신명에게 두 손 모아 기도하는 어머니의 모습은 자식에 대한 어머니의 무한한 사랑을 보여주는 상징적인 장면이다. 꼭 어머니가 아니더라도, 사람들은 달리 어떻게 손을 쓸 수 없는 어려운 상황에 처하면 간절한 마음으로 기도를 한다. 그런데 기도가 정말 효과가 있을까? 재미있으면서도 한편으로는 안타까운 질문이지만, 실제로 기도의 효과를 조사한 과학자들이 있다. 두 가지 연구 결과에 대한 다음의 글 (A)와 (B)를 읽고, 물음에 답해보자.

> **(A)** 1999년 미국의 저명한 의학 학술지에 중보 기도(仲保祈禱, 남을 위한 기도)가 실제로 치료에 효과가 있다는 논문이 실렸다. 즉, 낯선 사람의 중보 기도를 받고 있지만 그 사실을 모르는 심장병 환자는 기도를 받지 않은 환자에 비해 합병증이 적었다는 것이다. 해리스 등(Harris et al., 1999)은 미국의 심장병 환자 990명을 무작위로 실험 집단과 통제 집단으로 나누었다. 환자들과 아무 관계가 없는 자원봉사자들이 실험 집단의 환자들을 위해 병이 빨리 낫고 합병증이 없

도록 1개월 동안 기도를 했다. 물론 환자들은 이러한 사실을 전혀 몰랐다. 실험 결과, 기도를 받은 환자들은 기도를 받지 않은 환자들보다 합병증 발병률이 10% 줄어들었다. 즉, 기도의 효과가 나타난 것이다. 해리스 등(Harris et al., 1999)의 논문에서는 연구의 한계점으로 모든 변인을 통제할 수 없었음을 명시하고 있는데, 예를 들자면 두 집단 환자들의 50% 이상이 특정 종교를 믿었고 실험이 시작되기 전 이미 가족이나 친지의 기도를 받고 있었을 가능성도 있다. 그리고 합병증이나 통증을 계량화하는 방법이 의학적으로 타당했는지에 대해서도 논란의 여지가 있다(Gallucci, 2004).

2001년에는 우리나라의 차병원 연구팀이 미국 컬럼비아 대학과 공동으로 중보 기도의 효과에 관한 연구를 수행한 결과를 발표했다(Cha et al., 2001). 멀리 떨어진 미국의 기독교 신자가 시험관 아기 임신을 위해 차병원을 찾은 환자의 사진을 놓고 기도를 한 결과, 기도를 받지 않은 환자에 비해 임신 성공률이 26%에서 50%로 약 2배 높아졌다고 한다. 논문의 제1저자인 차광렬은 컬럼비아 차 불임센터를 통해 컬럼비아대 의대의 연구원 신분이며, 제2저자는 기도 효과 연구에 경험이 있는 변호사이며, 제3저자는 컬럼비아대 의대 산부인과 과장이다. 이 연구 결과가 「뉴욕타임스」 등 언론에 널리 보도되자 기독교계의 환영도 있었으나, 실험 설계의 애매함과 실험의 근간인 이론의 문제 등으로 인해 많은 비판을 받았다. 연구를 사전에 윤리위원회에 보고하지 않았다는 점이 문제로 지적되어 공동저자 중의 한 사람이었던 컬럼비아 의대 로보 교수가 논문에서 이름을 삭제하는 소동이 있었다(강건일, 2006).

(B) 다윈의 사촌인 골턴(Francis Galton, 1822-1911)은 기도가 효험이 있는지를 과학적으로 분석한 최초의 인물이었다. 골턴은 일요일마다 영국 전역의 교회에 모인 군중들 전부가 왕실의 건강을 비는 공개 기도를 한다는 점에 주목했다. 그렇다면 왕실 가족은 가까운 사람들의 기도만 받는 나머지 사람들보다 더 건강해야 하지 않을까? 골턴은 조사를 했고, 통계학적으로 아무런 차이가 없다는 사실을 밝혀냈다(Dawkins, 2007).

(1) 과학은 초자연적 요소를 개입시키지 않는 자연주의적인 탐구여야 하고, 설혹 기도라는 행위에 따른 효과가 실제로 존재하더라도 그 원인을 신으로 돌릴 필요는 없다는 반박이 있다. 기도의 효과에 대한 자신의 생각을 설명해보자.

(2) 기도의 효과에 대한 주장이 과학적 이론이 될 수 있을지 설명해보자.

(2) 발견인가 창조인가?

하이젠베르크(Werner Heisenberg, 1901-1976)는 파티에서 친구들에게 베토벤의 마지막 피아노 소나타인 작품 제111번을 연주하고 난 뒤, 연주에 푹 빠진 친구들에게 이렇게 얘기했다고 한다(Crease, 2006). "내가 태어나지 않았더라도 누군가는 불확정성의 원리를 수립했겠지. 하지만 베토벤이 없었더라면 아무도 작품 제111번을 쓰지 못했을 거라네." 하이젠베르크의 말 속에는 음악이나 미술과 같은 예술 작품은 인간의 창의적인 활동에 의한 결과물이지만, 과학 지식은 이미 존재하는 실체이므로 누구에 의해서 언제 발견되는가의 문제일 뿐 결국에는 이 세상에 나타날 운명이라는 의미가 들어 있다.

Activity 3-3

발견인가, 창조인가?

광부는 금을 발견한다. 왜냐하면 광부가 찾아내는 금은 원래부터 땅속에 묻혀 있었기 때문이다. 반대로 작곡가는 음악을 창조한다. 왜냐하면 음악은 작곡가의 상상력을 통해 처음으로 만들어졌기 때문이다. 그렇다면 과학자는 과학적 이론을 발견하는 것일까, 아니면 창조하는 것일까(Aikenhead et al., 1989)? 다음의 보기 중에서 자신의 생각과 가장 비슷한 것을 하나 선택하고, 그렇게 생각한 이유를 설명해보자.

(a) 과학자들은 이론을 발견한다. 왜냐하면 이론은 단지 드러나지 않았을 뿐 언제나 존재하고 있었기 때문이다.

(b) 과학자들은 이론을 발견한다. 왜냐하면 이론은 실험적인 사실에 근거를 두기 때문이다.

(c) 과학자들은 이론을 발견한다. 하지만 이론을 발견하는 방법은 발명한다.

(d) 어떤 과학자들은 우연히 이론과 마주치는 경우가 있기 때문에 이론을 발견하

는 것이다. 그러나 어떤 과학자들은 이미 알고 있는 사실에서 이론을 발명하기도 한다.

(e) 과학자들은 이론을 발명한다. 이론은 과학자들이 발견한 실험적인 사실에 대한 해석이기 때문이다.

(f) 과학자들은 이론을 발명한다. 이론은 사람의 머릿속에서 나오는 것, 즉 창조되는 것이기 때문이다.

(g) 과학자들은 이론을 발명하지도, 발견하지도 않는다. 단지 일정한 형식으로 정리할 뿐이다.

과학적 이론의 성격에 대해 크게 '발견된다(discover)'와 '창조된다(invent)'는 두 가지 관점이 존재한다(Kang et al., 2004). 사람들은 흔히 예술가는 여러 가지 재료로 미적인 가치를 지닌 독창적 형상을 만들어내는 창조가라고 말하지만, 과학자들은 이미 존재하는 자연의 법칙을 발견할 뿐 창조하지는 않는다고 생각한다(최영주, 2006). '발견된다'는 입장에 따르면 과학적 이론은 자연 세계 속에 실제로 존재했으며, 과학자들은 실험이나 그 밖의 과학적인 방법을 통해 그 지식을 찾아낸 것이라고 한다(Larochelle & Désautels, 1991). 즉, 과학적 이론은 이제까지 우리가 몰랐을 뿐 이미 짜여진 세상의 구조 속에서 항상 작동하고 있었기 때문에, 과학자들의 노력에 의해 발견될 운명이었다는 것이다. 이러한 관점은 유명한 수학자인 에르되시(Paul Erdös, 1913–1996)가 한 말 속에서 잘 드러난다.

> 우리가 수학을 창조하는 것인지 아니면 단지 그것을 발견하는 것인지에 대한 해묵은 논쟁이 있다. 다른 말로 하면, 진리는 우리가 그것을 아직 알지 못하더라도 저기 어딘가에 있는 것이 아닌가 하는 것이다. …… 수학적 진리는 절대적 진리들의 목록 속에 이미 들어 있는 것이고, 우리는 그것들을 단지 재발견하는 것이다.
>
> (Barabasi, 2002, p. 35)

이 관점은 과학적 이론이 설명하는 자연 현상은 독립적으로 실재하므로 과학적 이론도 실재한다는 것이며, 결과적으로 과학 지식은 객관적이고 신뢰할 수 있다는 실재론적 견해와 일맥상통한다(Larochelle & Désautels, 1991). 또한 이러한 관점은 한발 더 나아가 자연 현상이 어떻게 일어날지는 이미 정해져 있다는 결정론으로 발전할 수도 있다(Stein & McRobbie, 1997). 과학자 이야기에 단골로 등장하는 에피소드인 우연한 발견도 이와 같은 과학적 이론의 발견 관점에 영향을 받았다고 볼 수 있다.

반대로 '창조된다'는 입장에 따르면, 과학 지식은 실제로 존재하는 것이 아니라, 인간이 사고 활동을 통해 만들어낸 구성물이라는 것이다. 즉, 과학적 발견은 콜럼버스가 아메리카 대륙을 발견하는 식의 발견이 아닌 창조적 발견이다. 과학자들은 과학적 이론을 통해 새로운 구조와 논리를 창조한다(최영주, 2006). 과학적 이론의 창조 관점에 따르면, 예술가가 작품을 창조하듯이 과학자는 과학적 이론을 창조한다고 볼 수 있다. 자연이 어떻게 작동하는지 상상하여 설명 체계인 과학적 이론을 만들어내고, 그 과학적 이론이 실제 세계를 얼마나 잘 설명하는지 검증하는 과정은 매우 창의적인 일이다. 따라서 과학적 발견은 우연히 과학자의 손에 쥐어지는 것이 아니라, 과학자가 현상을 설명하기 위해 만들어낸 것이다(Fischer, 2009). 그런데 과학자가 만들어낸 이론은 이제까지 세상에 존재하지 않았으므로, 과학적 이론은 단순히 이미 존재하는 것을 발견했다기보다는 인간 지성의 산물이라고 할 수 있다.

자식이 부모를 닮는 유전 현상을 규명한 멘델(Gregor Mendel, 1822–1884)의 연구 과정을 살펴보자. 멘델은 완두의 유전 현상을 설명하기 위해 직접적인 관찰은 불가능하지만 완두의 외형적인 형질에 영향을 미치는 가상적인 존재를 설정했다. 멘델의 유전 이론의 핵심이며 오늘날의 '유전자'에 해당하는 이 가상적인 존재는 멘델이 실제로 관찰하여 확인한 것이 아니라 머릿속에서 구성한 것이다. 만약 DNA 이중나선이 발견되었다면 이중나선이 그전에도 존재했어야 한다. 그러나 세포 속에서는 이중나선을 발견할 수 없다. 세포 속에는 무정형의 핵산만 있다. DNA 이중나선은 기존의 지식을 조합하여 얻은 새로운 발명이다(Fischer, 2009). 과학 지식에 대한 현대 인식론의 관점은 존재하고 있는 사실의 발견보다는 인간에 의해 창의적으로 구성된 설명 체계라는 주장에 가깝다(Ryan & Aikenhead, 1992). 실제로 실험적 자료보다 창의적인 상상력이 이론의 형성 과정에 더 중요할 때가 많다. 아인슈타인(Albert Einstein, 1879–1955)은 "새로운 과학적 이론에는 창조적인 상상력이 필요하므로, 일종의 예술성이 관련되어 있다."라고 말했다. 어떤 풍경을 보고 감명을 받은 화가가 그 풍경에 새로운 이미지를 부여하듯이, 새로운 자연 현상을 보고

영감을 얻은 과학자는 그것을 설명할 수 있는 방법을 상상해낸다(최영주, 2006).

Activity 3-4

그림 맞추기

서류용 파일로 다음의 과정(Lederman & Abd-El-Khalick, 1998)에 따라 장치를 만들어보자. 다른 사람이 만든 장치와 바꾼 후, 뚫린 구멍으로 보이는 모양과 색깔만으로 다른 사람이 그린 그림을 추측해보자.

(a) 서류용 파일을 펼쳐서 한쪽 면에만 펀치로 구멍을 뚫는다.

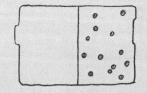

(b) 서류용 파일을 접은 후, 위와 아래를 테이프로 붙인다.

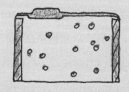

(c) 흰 종이에 여러 색깔을 사용하여 원하는 그림을 그린다.

(d) 그림을 서류용 파일 속에 넣는다.

(1) 구멍을 더 많이 뚫은 장치를 하나 더 만들어 같은 그림을 넣은 후, 그림의 모양을 추측해보자. 어느 쪽이 쉬운가? 그 이유는 무엇인가?

(2) 구멍으로 보이는 모양만으로 전체 그림을 추측하기 위해서는 어떤 능력이 필요할까? 그 능력이 과학에서 담당하는 역할은 무엇일까?

(3) 구멍으로 보이는 모양으로 전체 그림을 추측하는 것은 과학자의 탐구 활동과 비슷한 면이 있다. 그 공통점은 무엇일까?

과학적 모형

일반적으로 과학적 이론은 매우 추상적이기 때문에, 직관적으로 이해하기 쉽도록 구체적인 사물이나 현상에 빗대어 설명하는 경우가 많다. 이와 같이 우리에게 잘 알려져 있고 친숙한 실제 세계의 물리적 사물이나 과정을 '모형'이라고 한다. 과학자들이 하는 일은 모형을 만드는 것이라고 할 수 있을 정도로 과학적 모형은 과학에서 중요한 역할을 담당한다. 과학에서 모형은 새로운 아이디어의 탄생이나 이론의 발전, 실험에 의한 사실이나 오류의 증명 등과 밀접한 관계가 있다(Root-Bernstein & Root-Bernstein, 2007). 과학적 모형은 과학의 탐구과정에서 그 대상이 너무 작아서 눈으로 볼 수 없거나 반대로 너무 커서 조작이 불가능하거나 혹은 여러 가지 이유로 실제 실험이 쉽지 않은 경우에 우리가 아이디어나 개념을 구체화하는 데 도움을 준다. 수십 년간 모형을 이용해 단백질의 구조를 연구하여 노벨 화학상을 수상한 폴링(Linus Pauling, 1901-1994)은 정밀한 모형이 곧 정밀한 사고라고 주장하며 모형에 대해 다음과 같이 말했다.

> 모형이 가지고 있는 가장 큰 가치는 새로운 생각이 태어나는 과정에 기여하는 것이다. 나는 모형이 언어를 구성한다고 말하곤 한다.
>
> (Root-Bernstein & Root-Bernstein, 2007, p. 311)

과학에서 모형은 몇 가지 용도로 사용된다(Giere, 1997). 척도 모형(scale model)은 모형 비행기나 인형 집과 같이 모양이나 구조는 본체(target)와 같으나 그 크기만 확대하거나 축소한 것이다. 사람의 신체 구조를 나타낸 인체 모형이나 태양계의 행성 모형은 대표적인 척도 모형이다.

다음으로 비유 모형(analog model)이 있다. 비유(analogy)는 공통점을 가진 두 사물이나 현상 중 익숙한 것의 특성이 그렇지 않은 것에도 존재할 것이라고 추정하는 사고방식이다. DNA의 이중나선 구조를 밝힌 왓슨(James Watson, 1928-)은 나선형 계단을 보고 DNA의 구조가 그것과 비슷할지도 모른다는 생각을 했다고 한다. 이때 왓슨은 나선형 계단을 DNA 분자의 비유 모형으로 사용했다고 볼 수 있다. 본체와 모형 사이의 유사점에 기초한 비유 모형을 사용하면, 자연 현상이 일어나는 복잡한 양상을 단순화시키고 추상적인 요소들을 눈에 보이게 할 수 있다. 또 다른 유명한 비유 모형으로 태양계를 모형으로 사용한 원자 모형이 있다. 러더퍼드(Ernest Rutherford, 1871-1937)는 원자의 구조를 설명하기 위해, 중력과 원심력에 의해 행성들이 일정한 궤도를 공전하는 태양계의 비유를 사용했다. 즉, 러더퍼드의 원자 모형에서는 전기력에 의해 전자들이 일정한 궤도를 따라 원자핵 주위를 돌고 있는 것으로 표현되었다. 비유 모형은 일반적으로 과학자들이 어떤 주제에 대해 처음 다루기 시작하는 연구의 초기 단계에서 유용하게 사용된다. 그러나 새로운 모형이 현실과 얼마나 잘 맞는지를 평가할 때는 그 유용성이 떨어진다. 행성의 궤도와 관련된 사실이 원자의 태양계 모형이 옳다는 증거로 사용되지는 않는 것이다(Giere, 1997).

마지막으로, 이론적 모형(theoretical model)은 추상적인 구조나 아이디어를 표현하는 모형인데, 물질적·시각적·언어적·수학적인 방식 등으로 표현될 수 있다(Boulter & Buckley, 2000). 이론적 모형은 실험 결과 해석의 토대를 제공하고,

쉬 어 가 기

DNA 구조가 밝혀지기까지

DNA가 유전 물질이라는 사실이 알려진 후, 유전자의 구조를 밝혀내기 위해 많은 과학자들이 노력했다. 그중에서도 킹스 칼리지 연구팀의 윌킨스(Maurice Wilkins, 1916-2004)와 프랭클린(Rosalind Franklin, 1920-1958), 케임브리지 대학 연구팀의 크릭(Francis Crick, 1916-2004)과 왓슨, 그리고 캘리포니아 공대의 폴링이 경쟁적으로 연구를 진행하고 있었다. 케임브리지 대학 연구팀은 연구 경력이 부족하고 연구의 진척 상황도 많이 뒤져 있었다. 그럼에도 불구하고 크릭과 왓슨 팀이 DNA 구조를 최초로 발견하는 영광을 차지할 수 있었던 것은 모형 덕분이다. 크릭과 왓슨은 직접 판지를 잘라 염기 모양을 만들어 이중나선 구조 모형을 세웠다. 이 모형은 DNA의 성분에 대한 샤가프(Erwin Chargaff, 1905-2002)의 실험 결과를 훌륭히 설명할 수 있었고 DNA 구조에 대한 프랭클린의 X선 자료와도 일치했으므로 다른 과학자들에게도 인정을 받았다.

설명을 발전시키며, 나아가 미래의 현상에 대한 예측을 가능하게 한다(Justi & Gilbert, 2002). 돌턴(John Dalton, 1766-1844)은 질량 보존의 법칙과 일정 성분비의 법칙을 설명하기 위해, 모든 물질은 더 이상 쪼개지지 않는 작은 알갱이로 구성되어 있다는 원자 모형을 제안했다. 원자 모형을 사용할 경우 화학 반응이 일어날 때 질량의 변화가 잘 설명되었고, 원자 모형을 바탕으로 배수 비례의 법칙이 유도되었다.

이론적 모형은 과학자의 마음속에만 혹은 과학자들이 말이나 글로 설명할 수 있는 추상적인 주제로서만 존재한다. 과학적 모형과 과학적 이론은 모두 현상의 설명을 목적으로 인간이 창조한 구성물이라는 공통점을 지닌다. 사실, 엄밀한 의미에서 과학적 모형과 과학적 이론은 별개의 존재다. 그러나 실제로는 과학적 모형과 과학적 이론이 혼용되는 경우가 많은데, 과학적 이론의 중요한 특징들이 과학적 모형에 반영되는 경우가 많기 때문이다. 예를 들어, 아보가드로(Amedeo Avogadro, 1776-1856)가 주장한 분자 모형은 물질의 특성은 특정한 원자들의 결합에 의해 결정된다는 분자론의 중요한 특징과 주장들을 함축하고 있다.

Activity 3-5

미스터리 원통

그림 3-3과 같이, 4개의 구멍에 끼운 줄이 원통 안에서 연결되도록 제작한 미스터리 원통(Gega & Peters, 1998)이 있다. 여러 가지 순서나 방법으로 미스터리 원통의 줄을 당겨보면, 어떤 순서로 줄을 당기더라도 항상 직전에 빠져나와 있던 줄이 당겨져 들어간다. 원통에 연결된 줄을 여러 가지 순서와 방법으로 당겨보면서 그 움직임을 관찰하자.

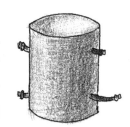

그림 3-3 **미스터리 원통**

(1) 관찰 결과를 바탕으로 원통 속의 구조를 예측하고, 그 구조를 그려보자.
(2) 원통 대신 마분지를 사용하고 줄 대신 노끈을 사용하여 예측한 구조대로 모형을 만들어보자.
(3) 미스터리 원통의 모형을 만드는 활동과 과학자들의 탐구 활동 사이의 공통점과 차이점을 비교하여 설명해보자.

과학적 이론과 모형의 실재성

현상을 설명하기 위한 과학적 이론이나 모형은 본체와 궁극적으로 어떤 관계가 있을까? 예를 들어, 전자라는 개념은 전기가 흐르는 현상을 설명하기 위해 도입한 개념이다. 그런데 직접적인 관찰이 불가능한 전자라는 개념을 친숙하고 이해하기 쉽도록 공 모양의 입자로 나타낸다면, 전자는 정말 공 모양으로 생겼을까? 모형과 실제 세계와의 관계는 어떠할까? 공 모양은 아니더라도 전자는 실제로 존재하는 것일까?

Activity 3-6

가상 세계, 매트릭스

『매트릭스(*The matrix*)』(앤디 워쇼스키, 라나 워쇼스키 감독, 1999년 작)라는 영화에서는 우리가 사는 세상이 거대 컴퓨터의 조작으로 만들어진 가상적인 공간으로 그려진다. 이 세상이 영화에서처럼 가상이 아니라 실제로 존재하는 현실임을 증명할 수 있을지 토의해보자.

매트릭스란 원래 어머니의 자궁을 뜻하는 라틴 어의 'mater'에서 유래된 말로, 컴퓨터 내의 가상공간을 의미한다. 영화 『매트릭스』는 인간을 인큐베이터에 가두어 허상의 세계에 살게 하면서 인류의 생체 전기 에너지를 에너지원으로 이용하려는 거대한 네트워크 '매트릭스'에 대항하여 싸우는 인간 저항군의 이야기다.

영화 속에서 사람들은 시뮬레이션된 가상현실 속에 살고 있지만 그 사실을 알지 못한다. 매트릭스는 사람들에게 현재를 살고 있다는 환상을 주입시켜 불만이 없는 상태로 평온하게 살아가도록 다스리고 있다. 사람들은 각각 인큐베이터 안에서 각자의 목적대로 프로그램화되어 살아가고 있다. 예를 들어, 음식을 먹을 때도 인간이 그 맛을 느끼는 것이 아니라 매트릭스에서 전해지는 맛있다는 신호를 받았기 때문에 맛을 느낄 수 있는 것이다.

현대에 와서 인터넷이 급속도로 발달되고 보급되면서 이와 같은 가상 세계가 실제로 만들어지고 있다. 많은 사람들이 진짜 현실보다 웹사이트의 시뮬레이션 속에서 시간을 보내기를 더 좋아한

다. 인터넷과 현실 세계를 혼동하여 불행한 사고가 발생하는 경우도 있다. 만약 우리가 일관된 법칙에 따라 시뮬레이션된 가상 세계에 있다면, 우리가 경험하는 실재의 배후에 또 다른 실재가 있는지 알아낼 수 있는 방법이 있을까(Hawking & Mlodinow, 2010)?

(1) 실재론

콩트(Auguste Comte, 1798-1857)는 '현상의 법칙 속에 과학은 실제로 존재한다.' 라고 말했다. 실재론에서는 과학적 이론을 자연 세계 속에 내재하는 구조라고 가정한다. 즉, 실재론에 따르면 과학적 모형이 표상하는 본체, 즉 과학적 이론은 실제로 존재하는 자연 세계의 특정한 측면을 정확하게 기술하고 있다고 한다. 기체 분자 운동론의 설명처럼 실제로 기체 분자들이 존재해서 서로 충돌하거나 용기의 벽과 충돌하면서 불규칙하게 운동하고 있고, 자석 근처에는 전기가 흐르면 로렌츠의 힘을 받는 전하가 실제로 존재한다는 것이다. 그렇지 않다면, 공기를 불어 넣으면 왜 풍선이 부풀어 오르는지, 그리고 전동기나 발전기가 작동하는 이유가 무엇인지 설명할 길이 없다는 것이다. 과학자들이 제안한 모형들이 세월이 지남에 따라 기기의 발전에 힘입어 직간접적으로 관찰되는 것은 이러한 주장을 뒷받침한다. 예를 들어, 케쿨레(August Kekule, 1829-1896)가 벤젠의 성질을 설명하기 위해 고안했다는 고리 구조는 오늘날에는 사실로 받아들여지고 있다.

실재론은 필연적으로 실제 자연 세계와 과학적 모형의 일치 정도에 대한 논의로 이어질 수밖에 없다. 경우에 따라 그 정도는 다를 수 있지만, 모든 과학적 이론이나 모형은 진리에 대응된다는 것이 실재론의 기본적인 입장이다. 더 나아가, 과학적 이론의 가치는 얼마나 참에 가까운가에 의해 결정되며, 이와 같이 진리에 가까워지는 과정이 곧 과학의 발전이라고 주장한다. 실재론에 따르면, 과학적 이론은 과학자가 발견하기 전에 이미 존재하므로 과학자가 그것을 창조했다고 볼 수 없게 된다. 과학자는 현상의 본질을 변형할 수도 창조할 수도 없으며 단지 그것을 이해할 수 있을 뿐이다(최영주, 2006).

Activity 3-7

모형? 이론?

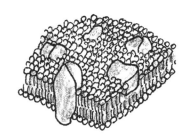

세포막에 대한 여러 설명 중 인지질의 이중막 사이로 단백질 분자가 움직인다는 유동 모자이크(fluid mosaic) 모형이 현재는 많은 지지를 받고 있다. 유동 모자이크 형태의 세포막은 실제로 존재할까, 아니면 단순히 과학자들이 상상해낸 허구에 불과할까? 다음 글을 읽고, 유동 모자이크 세포막의 실재성에 대한 자신의 생각을 설명해 보자.

세포를 둘러싸고 있는 세포막의 역할은 세포 내부와 외부 사이의 경계를 이루며, 세포로 드나드는 물질의 이동을 통제하는 것이다. 세포막을 구성하는 주된 성분은 인지질과 단백질인데, 이 성분들이 어떤 구조를 이루고 있는지에 대해 여러 가지 모형이 제안되었지만 결정적인 것은 없다.

그림 3-4 세포막

세포막을 전자현미경으로 보면, 가운데 밝게 보이는 층이 있고 양쪽으로 어둡게 보이는 두 개의 층이 있다. 이것은 두 개의 인지질 층이 친수성 부분을 바깥쪽으로 하고 소수성 부분은 마주 보고 있기 때문이다. 그래서 1970년대 초까지만 해도 세포막이 단순히 인지질 이중층 표면에 단백질이 부착되어 있는 샌드위치 모양의 구조일 것이라고 생각하여, 이를 단위막(unit membrane) 구조라고 불렀다.

1972년 싱어(Seymour Singer)와 니콜슨(Garth Nicolson)은 냉동파손법을 이용하여 세포막의 내부와 외부를 별도로 연구한 결과, 세포막은 인지질의 이중층 구조 속에 구형의 단백질이 모자이크처럼 파묻혀서 자유롭게 관통하거나 표면에 자리 잡고 있다고 주장했다. 이러한 구조를 유동 모자이크(fluid mosaic)라고 부른다.

(2) 도구주의

이탈리아의 한 시의회에서는 금붕어를 둥근 어항에서 키우는 행위를 금지했다고 한다. 어항 속에서 밖을 보는 물고기는 실재와 다른 왜곡된 상을 보게 되는데, 이렇게 금붕어를 키우는 것은 잔인한 행위라는 것이다(Hawking & Mlodinow, 2010). 이들의 주장대로 만약 금붕어가 인식 능력이 있다면 금붕어는 자신이 왜곡된 상을 본다는 사실을 알 수 있을까? 우리에게는 직선 운동으로 보이는 것이 둥근 어항 속의 금붕어에게는 곡선 운동으로 보일 것이다. 그렇다면 금붕어에게 그 운동의 실재는 직선 운동일까, 아니면 곡선 운동일까?

실재론과 반대로, 과학적 모형에 대해 실제로 존재한다기보다 관찰한 현상을 설명하고 예측하기 위해 인간이 고안한 일종의 도구라고 보는 입장이 있다. 이러한 입장을 도구주의라고 하는데, 이 입장에 따르면 움직이는 분자나 전자는 실제로 존재하는 것이 아니라 과학자들이 현상을 설명하고 예측하는 데 사용하는 편리한 도구에 불과하다. 즉, 과학적 모형의 역할은 공사장에서의 비계(飛階)나 크레인에 해당한다는 것이다(Root-Bernstein & Root-Bernstein, 2007). 비계나 크레인이 없으면 건물을 지을 수 없지만, 건물이 완성되고 나면 필요가 없어지므로 해체된다. 도구주의에서는 과학적 모형이나 이론에 대한 실재론이 어떤 사물에 대한 설명을 그 사물 자체인 것처럼 보는 실수를 저지르는 것이라고 주장한다(Castel & Sismondo, 2006). 과학이 자연에 대한 절대적이고 타당한 모형을 만들어낸다는 주장은 잘못되었는데, 과학적 이론은 시간이 흐름에 따라 변화해왔으며, 이전 이론과 전혀 다른 토대에 근거를 둔 최근의 이론이 더 낫거나 더 폭넓은 예측을 할 수 있다는 사실이 이를 뒷받침한다(Bowler & Morus, 2008). 과학이란 인간이 자연을 해석하는 활동이므로, 해석의 과정이자 결과물인 과학적 이론은 결국 과학자가 만들어낸 의도적인 창작 도구이며, 우리의 머릿속에 있는 것이지 자연 현상 속에 실제로 내재한다고 보기는 어렵다(최무영, 2008).

도구주의에서는 분자나 전자와 같은 모형이 참인가 거짓인가에 관심을 두기보다는 도구로서의 유용성을 더 중요하게 여긴다(Chalmers, 1985). 예를 들어, 원자 모형이 딱딱한 공 모형에서 건포도 푸딩, 행성, 궤도, 전자구름 모형 등으로 변화해온 것은 원자의 모습을 좀 더 사실적으로 묘사하기 때문이 아니라 새로운 모형이 이전 모형에 비해 보다 유용했기 때문이다. 결국 과학적 모형은 자연 현상의 이해라는 주어진 목적을 잘 달성할 수 있으면 합리적이고 그것으로 충분하다는 입장이다(최무영, 2008). 워커(Walker, 1963)는 성공적인 모형을 판단하는 기준은 실재하는지가 아니라 단순하고 편리하며 성공적으로 예측이 이루어지는가라는 점이라고 주장했다. 호킹(Stephen Hawking, 1942-)의 이론 중에는 '허시간(虛時間) 가설'이라는 것이 있는데, 허시간을 사용하면 우주의 탄생에 대한 계산이 잘되기 때문에 도입했다고 한다. 즉, 호킹에게는 실제로 시간이 허수인지 실수인지는 별로 중요하지 않았던 것이다. 이와 같이, 도구주의의 입장을 따른다면 모형은 관찰 가능한 것과 관찰 가능하지 않은 것 사이의 간격을 메우고 보다 나은 설명을 하기 위한 수단의 성격을 지닌다.

도구주의는 역사 속에서 등장했다가 사라진 여러 과학적 이론의 성격을 이해하는 데도 도움이 된다. 과학사를 살펴보면, 플로지스톤[1]이나 에테르와 같이 한때는 성공적으로 사용되었지만 오늘날에는 더 이상 사용되지 않는 개념이나 이론들이 많이 있다. 이러한 개념이나 이론들은 그 당시에는 관찰할 수 없지만 특정한 존재를 지칭하는 것으로 간주되었다. 그러나 현대 과학에서는 '용'이나 '요정'이 지칭하는 대상이 없는 것처럼, 이러한 개념이나 이론들도 지칭하는 대상이 실제로 존재하지 않는 것으로 본다(Ladyman, 2003). 따라서 시간이 흐름에 따라 과학적 개념이나 이론이 없어지고 대신 새로운 개념이나 이론이 생겨나는 현상을 설명할 때는 도구주의적 입장을 취함으로써 실제로 존재하던 대상이 일순간에 사라지는 모순을 피할 수 있다.

사람들은 과학 지식은 실재의 복사본처럼 당연히 그 모습으로 존재할 것이라고 생각하는 경향이 있다(Carey et al., 1989; Grosslight et al., 1991; Kang et al., 2004). 따라서 과학 지식은 과학자들이 자연 현상을 탐구하는 과정에서 고안해낸 아이디어나 설명이라는 견해는 일반인에게 생소하다. 과학 관련 서적이나 매스컴에서는 과학을 소개할 때 독자의 흥미를 끌 수 있는 우연한 발견을 위주로 다루고 있다. 또한 말하는 로봇이나 전자현미경에는 발명했다는 말을 사용하지만, 새로운 과학적 이론은 어느 과학자가 최초로 '만들어냈다'고 하지 않고 '발견했다'고 말하는 경향이 있다. 이러한 경향은 과학이 실재하고 과학자가 이를 발견한다는 관점을 강화시킨다. 그러나 과학적 이론은 자연 세계에서 일어나는 현상 자체가 아니라, 현상 사이의 상호작용과 관계를 밝히는 것이

---

1) 플로지스톤(phlogiston)이란 말은 그리스 어로 불꽃이라는 단어에서 기원한다. 18세기 초, 연소 현상을 설명하기 위해 독일의 베허(Johann Becher, 1635-1682)와 슈탈(Georg Stahl, 1660-1734) 등이 제안한 플로지스톤 이론에 따르면, 가연성(可燃性) 물질이나 금속에 플로지스톤이라는 성분이 포함되어 있고, 숯·황·기름 등 연소하기 쉬운 물질은 대부분 플로지스톤으로 이루어져 있다. 플로지스톤 이론에 따르면, 연소는 원래의 물질에서 플로지스톤이 빠져나가는 현상이다. 플로지스톤설은 여러 가지 화학 현상을 통일적으로 설명할 뿐 아니라 불이 타면서 무엇인가가 빠져나간다는 우리의 일반적인 관념과도 일치하여 상당한 기간 동안 지지를 받았다.

다(Larochelle & Désautels, 1991). 궁극적으로 과학이 다루는 것은 자연 세계가 아니라 자연에 대한 우리의 앎이다(Fischer, 2009). 따라서 과학적 이론은 이미 존재하는 것을 발견해낸 것이라기보다는 과학자들이 만들어낸 유용한 허구라고 보는 것이 타당할 것이다. 새로운 과학적 이론의 형성에는 과학 지식의 양적인 축적보다는 오히려 과학자의 창의적 사고가 중요한 역할을 한다는 점도 이러한 견해를 뒷받침해준다. 하나의 자연 현상에 대해 여러 가지 과학적 이론이 존재할 수 있는 것도 과학적 이론이 실재와는 거리가 있기 때문이다.

논쟁이 되고 있는 문제에 대해 과학자들이 완전히 상반되는 두 가지 과학적인 주장을 펼치는 경우, 이 상황을 이해하지 못하는 사람들이 많다. 세상의 작동 방식을 정확히 반영하는 지식이 동시에 두 가지 이상 존재한다는 것은 모순이기 때문이다. 따라서 우리에게는 과학이 세상의 작동 방식에 대해 합리적인 지식을 제공한다는 것을 인정하면서 동시에 과학이 절대적이고 객관적인 참인 지식을 제공한다는 주장은 거부하는 입장이 중요하다(Bowler & Morus, 2008). 이런 입장을 지님으로써, 과학자들이 문제에 대한 즉각적인 답을 내놓지 못하는 이유나 동일한 상황에 대해 서로 논쟁을 펼치는 상황이 존재하는 이유를 이해하는 데 도움이 되기 때문이다.

쉬 어 가 기

정확하게!

박물관의 공룡 화석을 관람하던 사람들 중 한 명이 경비원에게 물었다. "이 화석은 얼마나 오래되었나요?" 경비원이 우쭐한 표정으로 대답했다. "9,800만 4년하고도 6개월 되었습니다." 질문을 했던 사람이 놀란 표정으로 물었다. "참, 정확한 숫자군요. 어떻게 화석의 나이가 그렇게 정확할 수 있나요?" 경비원이 대답했다. "그러니까, 내가 여기 온 지가 4년 6개월 되었는데, 내가 처음 왔을 때 이 공룡 화석의 나이가 9,800만 년이었거든요."

생각해볼 문제

1. 모건(Thomas Morgan, 1866~1945)은 유전자의 위치를 지도화하여 초파리의 염색체 지도를 작성했다. 그런데 모건은 염색체에 유전자들이 연관되어 있다는 것을 실제로 관찰한 적은 없었다. 모건이 관찰에 기반을 두지 않고 작성한 초파리의 염색체 지도가 과학 지식이 될 수 있을지 설명해보자.

2. 전자기에 관련된 과학적 이론은 발견되지만 인공위성이나 휴대용 전화에 관련된 과학적 이론은 창조된다고 주장하는 사람이 있다. 즉, 자연 속에 원래 존재했던 과학적 이론은 발견되지만 이제까지 존재하지 않았고 인간이 새로 만들어낸 과학적 이론은 창조된다는 것이다. 이 주장의 타당성에 대해 현대 인식론의 입장에서 설명해보자.

3. 도플갱어(doppelganger)는 독일어 'Doppel(이중)'과 'Gänger(걸어가는 사람)'라는 단어에서 나왔다. 이것은 자신의 분신을 만나는 일종의 심령 현상인데, 현대의 정신의학 용어로는 자기상환시(自己像幻視, autoscopy)라고도 한다. 도플갱어를 본 사람은 자신을 보았다는 충격 때문에 심장마비를 일으키기도 하고, 서서히 몸이 망가지거나 정신적 장애를 겪다가 죽기도 하며, 정신적 충격을 견디지 못해 자살하는 등 대부분 죽음을 맞이한다고 한다. 도플갱어는 자신에게만 보이기 때문에 정신 이상이라는 말을 들을까 봐 다른 사람들에게 말하지 않는 경우가 많고, 후에 일기나 메모를 통해 진상이 알려진다. 이러한 현상을 설명하는 이론 중 하나는 도플갱어가 '영혼'이라는 주장이다. 영혼이 육체에서 빠져나갔으므로, 영혼을 잃은 육체가 오래 살지 못한다는 것이다. 도플갱어가 영혼이라는 주장을 과학적 이론이라고 할 수 있을지 설명해보자.

4. 옛날 사람들이 자연 현상이 나타나는 이유로 제시한 것 중에는 오늘날의 시각에서 볼 때 재미있고 기발한 설명이 많다. 해마다 제비가 사라졌다가 다시 나타나는 것을 보고 16세기 서양 사람들은 제비가 호수 밑바닥에서 조약돌처럼 모여 앉아 꼼짝도 않고 겨울을 보내기 때문으로 믿었다고 한다(이종호, 2006). 당시에는 이 주장이 과학적 이론이었을까? 그 이유를 설명해보자.

5. 2008년, 미국산 쇠고기 수입 문제는 수많은 대중들이 참여하는 촛불 시위로 이어져 우리나라에 큰 파문을 일으켰다. 당시 대중들은 변형 프리온(prion)에 의한 인간 광우병의 위험성을 염려했다. 언론에서는 프리온의 변형 과정을 3차원 컴퓨터 그래픽의 과학적 모형으로 설명했으나 여전히 일반 대중들이 구별하거나 이해하기에는 어려웠다. 그림 3-6은 광우병 논쟁 당시 인터넷 블로그 등에 널리 퍼진 이미지다(홍성욱, 2012). 잘 접힌 종이비행기는 정상 프리온이고, 구겨진 종이비행기는 광우병을 유발하는 변형 프리온이다. 이 그림은 과학적 모형으로는 알기 어려운 차이를 극적으로 시각화하는 데는 효과적이지만, 실제 변형 프리온의 형성 과정을 정확하게 나타내지는 못한다. 프리온의 변형 과정에 대한 종이비행기 모형을 바탕으로 모형의 장점과 한계를 설명해보자.

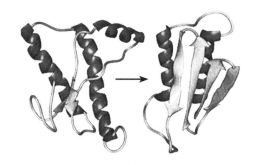

그림 3-5 **프리온의 3차원 모형**
(**출처:** www.bikaken.or.jp/english/project/prionase.html)

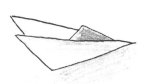

 정상 단백질   프리온

그림 3-6 **정상 단백질과 프리온의 종이비행기 모형**

6. 19세기 초반, 빛의 본성을 두고 오랜 논쟁이 시작되었다. 뉴턴 이론을 지지하는 과학자들은 빛은 매우 빠른 속도로 움직이는 입자로 이루어져 있다고 주장했다. 그러나 이에 대항하여 다른 과학자들은 빛이 호수에 퍼지는 파문과 같은 파동의 하나라고 주장했다. 이처럼 빛의 본성에 대해 입자와 파동이라는 서로 다른 과학적 이론이 존재할 수 있는 이유를 설명해보자.

7. 18세기의 과학자였던 프리스틀리(Joseph Priestley, 1733–1804)는 나무와 같은 가연성 물질이 연소되면 플로지스톤이라는 물질이 빠져나간다는 플로지스톤설을 지지했다. 플로지스톤은 함유된 물질에서 빠져나올 때만 검출할 수 있는 미묘한 물질로서, 불이나 열 그리고 빛의 형태로 나타난다고 생각했다(Hudson, 2005). 반면, 같은 시대에 살았던 라부아지에(Antoine Lavoisier, 1743–1794)는 연소에 대해 다른 견해를 지니고 있었다. 라부아지에는 연소가 어떤 기체와 결합하는 현상이라고 생각하고, 그 물질이 산을 만드는 것이라고 생각하여 산소(酸素, oxygen)라고 이름을 붙였다. 이와 같이, 같은 시대에 살았던 두 과학자가 서로 다른 이론을 받아들이게 된 이유를 과학적 이론의 특성을 바탕으로 설명해보자.

8. 제2차 세계대전 때 멜라네시아(Melanesia)의 작은 섬에 일본군과 연합군이 수송기를 이용하여 군수품을 조달하는 경우가 많았다. 군인들은 옷, 의약품, 통조림, 텐트, 무기 등의 물건을 원주민에게도 나누어주었고, 그 결과 원주민의 삶은 극적으로 바뀌었다. 그러나 전쟁이 끝나자 물품의 공급이 끊겼다. 좋은 물품을 다시 받기 원하는 원주민들의 바람은 '수송기 숭배(cargo cult)'라는 현상으로 이어졌다. 수송기 숭배에 대한 다음 에피소드(Goldacre, 2011)를 읽고, 수송기 숭배가 통하지 않은 이유를 과학적 이론의 특성을 바탕으로 설명해보자.

> 전쟁 때 물건을 잔뜩 실은 비행기를 본 뒤로 원주민들은 지금도 같은 일이 일어나기를 바란다. 그래서 원주민들은 활주로 비슷한 것을 만들어 활주로를 따라 양쪽에 불을 피워놓고 한 사람이 들어가 앉을 수 있는 나무 오두막을 짓는다. 그 안에 들어가는 사람은 머리에 헤드폰인 양 나무 조각 두 개를 얹고 안테나처럼 삐죽 튀어나온 대나무 막대를 쥐고 있다. 관제사인 셈이다. 그리고 비행기가 착륙하기를 기다린다. 어떤 원주민들은 가슴에 USA라고 쓰고, 모형 소총을 어깨에 걸친 채 행진하며 성조기를 게양하기도 한다. 원주민들은 모든 과정을 정확한 형식을 갖춰서 재현한다. 그러나 의식은 통하지 않는다. 자신들이 원하는 물건을 싣고 착륙하는 비행기가 한 대도 없다.

9. 에모토(Masaru Emoto)는 정보를 전사(傳寫)한 물을 마시고 건강을 회복하는 독자적인 요법을 실천하면서 물과 파동의학 분야의 독창적인 연구를 해왔고, 물 결정이 물의 진정한 본질을 보여준다고 주장하는 학자다. 에모토의 저서 『물은 답을 알고 있다(水は答えを知っている)』는 25개국 이상의 나라에서 번역되었으며, 우리나라에서도 큰 인기를 끌었다. 다음은 책의 일부분이다. 에모토의 주장을 과학적 이론이라고 볼 수 있을지 설명해보자.

내가 일본에 처음 소개한 파동 측정기는 …… 물질이 자체적으로 갖고 있는 고유한 진동을 측정해서 물 등에 전사하는 기계다. 나는 이 기계를 이용해 많은 사람의 파동을 측정해보았다. 그리고 인간의 부정적인 감정의 파동이 각 원소가 갖고 있는 파동과 대응한다는 것을 알게 되었다.

예를 들면, 초조한 감정은 수은과 파동이 같고, 분노는 납, 슬픔과 외로움은 알루미늄과 거의 같은 파동을 보였다. 마찬가지로 근심과 불안은 카드뮴, 망설임은 철, 인간관계에서의 스트레스는 아연과 각각 같은 파동을 나타내었다.

알루미늄으로 만든 냄비와 식기를 사용하면 알츠하이머병이 생길 수도 있다는 사실이 최근 들어 지적되고 있다. 그러나 이것은 알루미늄의 파동이 외로움, 슬픔의 파동과 거의 같기 때문에 노인의 외로움과 슬픔이라는 감정이 알루미늄을 끌어들여 알츠하이머로 결부되는 것이다.

(Emoto, 2008, p. 106)

10. 율곡 이이는 과거 시험에서 우수한 답변을 제시하여 장원급제를 했다. 답변 중 가장 유명한 것으로 천도책(天道策)이라는 문제와 답이 있다(정재승 등, 2007). 다음에 제시된 천도책 중의 한 질문과 대답을 읽고, 율곡의 대답을 과학적 이론이라고 볼 수 있는지 설명해보자.

- 눈송이는 모두 여섯 모가 나 있는데, 꽃잎은 대부분 다섯 조각으로 되어 있으니, 그 이유가 무엇인가?
- 눈송이는 음(陰)의 기운을 지니고 있으니 음의 수인 여섯 모가 나 있고, 꽃잎은 양(陽)의 기운을 타고나는 존재이므로 양의 수인 다섯 조각으로 되어 있다.

참고 문헌

강건일 (2006). 흥미있고 진지한 과학 이야기. 서울: 참과학.

이종호 (2006). 과학으로 여는 세계 불가사의. 서울: 문화유람.

정재승, 김정욱, 유명희, 이상엽 (2007). 우주와 인간 사이에 질문을 던지다. 파주: 해나무.

최경희, 송성수 (2011). 과학기술로 세상 바로 읽기. 서울: 북스힐.

최무영 (2008). 최무영 교수의 물리학 강의. 서울: 책갈피.

최영주 (2006). 세계의 교양을 읽는다. 서울: 휴머니스트.

홍성욱 (2012). 그림으로 보는 과학의 숨은 역사. 서울: 책세상.

Aikenhead, G. S., Ryan, A. G., & Fleming, R. W. (1989). Views on science-technology-society. Saskatchewan, Canada: Department of Curriculum Studies.

Barabasi, A.-L. (2002). 링크. 강병남, 김기훈 역, 서울: 동아시아.

Bell, R. L. (2008). Teaching the nature of science through process skills: Activities for grades 3-8. Boston: Pearson.

Boulter, C., & Buckley, B. (2000). Constructing a typology model for science education. In J. K. Gilbert & C. J. Boulter (Eds.), Developing models in science education. Dordrecht, The Netherlands: Kluwer.

Bowler, P. J., & Morus, I. R. (2008). 현대과학의 풍경. 김봉국, 서민우, 홍성욱 역, 서울: 궁리출판.

Carey, S., Evans, R., Honda, M., Jay, E., & Unger, C. (1989). 'An experiment is when you try it and see if it works': A study of grade 7 students' understanding of the construction of scientific knowledge. International Journal of Science Education, 11(5), 514-529.

Castel, B., & Sismondo, S. (2006). 과학은 예술이다. 이철우 역, 서울: 아카넷.

Cha, K. Y., Wirth, D. P., & Lobo, R. A. (2001). Does prayer influence the success of in vitro fertilization-embryo transfer? Report of a masked, randomized trial. Journal of Reproductive Medicine, 46, 781-787.

Chalmers, A. F. (1985). 현대의 과학 철학. 신일철, 신중섭 역, 서울: 서광사.

Crease, R. P. (2006). 세상에서 가장 아름다운 실험 열 가지. 김명남 역, 서울: 지호.

Dawkins, R. (2007). 만들어진 신. 이한음 역, 파주: 김영사.

Dawkins, R. (2009). 지상최대의 쇼. 김명남 역, 파주: 김영사.

Duschl, R. A. (1990). Restructuring science education. New York: Teachers College Press.

Emoto, M. (2008). 물은 답을 알고 있다. 홍성민 역, 서울: 더난출판.

Fischer, E. P. (2009). 과학을 배반하는 과학. 전대호 역, 서울: 북하우스.

Gallucci, K. (2004). Prayer study: Science or not? Journal of College Science Teaching, 33(4), 32-35.

Gega, P. C., & Peters, J. M. (1998). How to teach elementary school science (3rd ed.). Upper Saddle River: Prentice-Hall.

Giere R. N. (1997). Understanding scientific reasoning (4th ed.). New York: Harcourt Brace College Publishers.

Goldacre, B. (2011). 배드 사이언스. 강미경 역, 서울: 공존.

Griffiths, A. K., & Barman, C. R. (1995). High school students' views about the nature of science: Results from three countries. School Science and Mathematics, 95(5), 248-255.

Grosslight, L., Unger, C., Jay, E., & Smith, C. L. (1991). Understanding models and their use in science: Conceptions of middle and high school students and experts. Journal of Research in Science Teaching, 28(9),

799–822.

Harris, W. S., Gowda, M., Kolb, J. W., Strychacz, C. P., Vacek, J. L., Jones, P. G., Forker, A., O'Keefe, J. H., & McCallister, B. D. (1999). A randomized, controlled trial of the effects of remote, intercessory prayer on outcomes in patients admitted to the coronary care unit. Archives of Internal Medicine, 159(19), 2273–2278.

Hawking, S., & Mlodinow, L. (2010). 위대한 설계. 전대호 역, 서울: 까치글방.

Hitchens, C. (2008). 신은 위대하지 않다. 김승욱 역, 파주: 알마.

Hudson, J. (2005). 화학의 역사. 고문주 역, 서울: 북스힐.

Justi, R. S., & Gilbert, J. K. (2002). Modelling, teachers' views on the nature of modelling, and implications for the education of modellers. International Journal of Science Education, 24(4), 369–387.

Kang, S., Scharmann, L. C., & Noh, T. (2004). Examining students' views on the nature of science: Results from Korean 6th, 8th, and 10th graders. Science Education, 89(2), 314–334.

Ladyman, J. (2003). 과학철학의 이해. 박영태 역, 서울: 이학사.

Larochelle, M., & Désautels, J. (1991). "Of course, it's just obvious": Adolescents' ideas of scientific knowledge. International Journal of Science Education, 13(4), 373–390.

Laudan, L. (1984). Science and values. Berkely: University of California Press.

Lederman, N., & Abd-El-Khalick, F. (1998). Avoiding de-natured science: Activities that promote understandings of the nature of science. In W. McComas (Ed.), The nature of science in science education: Rationales and strategies. Dordercht, The Netherlands: Kluwer.

Lindley, D. (2009). 불확정성. 박배식 역, 서울: 마루벌.

Root-Bernstein, R., & Root-Bernstein, M. (2007). 생각의 탄생. 박종성 역, 서울: 에코의 서재.

Ryan, A. G., & Aikenhead, G. S. (1992). Students' preconceptions about the epistemology of science. Science Education, 76(6), 559–580.

Shermer, M. (2008). 왜 다윈이 중요한가. 류운 역, 서울: 바다출판사.

Stein, S. J., & McRobbie, C. J. (1997). Students' conceptions of science across the years of schooling. Research in Science Education, 27(4), 611–628.

Walker, M. (1963). The nature of scientific thought. Englewood Cliffs: Prentice-Hall.

4

과학적 이론 사이에는 차이가 없을까?

자 연 현상이 일어나는 이유나 과정에 대
한 설명 체계인 과학적 이론은 과학 탐
구 과정에서 중요한 역할을 담당한다. 전통적
인식론에서는 과학적 이론은 객관적이고 일
반화된 진리이지만, 가설은 아직까지 검증되
지 않는 잠정적인 설명 체계라고 생각한다. 반
면, 현대의 인식론에서는 과학적 이론과 가설
은 자연 현상을 설명하기 위한 하나의 구성물
이라는 점에서 명확히 구분할 수 없다고 주장
한다. 예를 들어, 20세기를 대표하는 아인슈
타인(Albert Einstein, 1879–1955)의 상대성 이론도
하나의 이론이고, 목성에서 떨어져 나온 큰
혜성이 지구에 접근하면서 성경에 나오는 것
과 같은 이집트의 역병 창궐이나 개구리와 메
뚜기 대발생 등의 대재앙이 발생했다는 벨리

코프스키(Immanuel Velikovsky, 1895–1979)의 주장도 하나의 설명 체계라는 점에서
는 이론이라는 것이다. 그러나 상대성 이론은 과학적 이론으로 대접을 받지만,
벨리코프스키의 이론은 비과학으로 취급된다. 자연 현상을 설명하는 설명 체
계라는 점에서는 동일하지만, 과학적 이론으로 인정받는 이론과 인정받지 못
하는 이론이 있다. 이론들 사이에는 어떤 차이가 있을까?

Activity 4-1

경쟁하는 이론

19세기 말, 멀리 떨어져 있는 남아메리카 대륙과 아프리카 대륙에서 같은 종류
의 화석이 발견되었다. 이 현상에 대해 다음과 같은 여러 가지 설명이 제안되었다.
이 설명들이 모두 과학적으로 타당한가? 이 설명 중 어떤 것이 과학적 이론일까?

(a) 예전에는 대륙과 대륙 사이에 작은 섬들이 있었고, 이 섬들을 이용하여 동물
　　이 건너갔을 것이다.
(b) 동물이 통나무에 매달려 바다를 건너갔을 것이다.
(c) 예전에는 대륙과 대륙 사이에 좁은 길이 육교처럼 있었을 것이다.

(d) 예전에는 남아메리카 대륙과 아프리카 대륙이 붙어 있었는데, 오늘날 떨어진 것이다.

(a)

(b)

(c)

(d)

과학적 이론의 수준

과학자들이 제안했던 이론이 항상 같은 대접을 받았던 것은 아니다. 특히, 우주의 탄생이나 생명의 기원과 같이 아주 오래전에 일어난 현상이나, 원자나 분자의 운동과 같이 눈에 보이지 않는 미시 세계 차원의 현상을 설명하려고 했던 초기의 이론들은 직접적인 경험적 증거를 제시할 수 없었으므로, 다른 과학자들의 공격을 받거나 무시당하기 일쑤였다. 과학자들은 무엇을 기준으로 다른 과학자가 제시한 새로운 이론을 지지하거나 반대했을까?

(1) 과학적 이론의 수준 구분 기준

과학적 이론의 수준을 구분하기 위해 여러 기준들이 제시되었는데, 두실 (Duschl, 1990)은 경험적 문제(empirical problem) 해결 능력, 개념적 문제(conceptual problem)의 회피 정도, 그리고 새로운 자료의 산출을 기준으로 제안했다. 경험적 문제와 개념적 문제의 구분은 라우든(Laudan, 1970)이 제안했는데, 과학을 문제 해결 체계로 가정하고 과학적 문제를 경험적 문제와 개념적 문제로 나누었다.

경험적 문제는 일련의 자료, 사실, 규칙적인 경향과 같이 과학적 이론이 설명해야 하는 문제로서, 많은 경험적 문제를 설명할 수 있는 이론이 좋은 과학적 이론이다. 반면, 개념적 문제는 과학적 이론이 직면하게 되는 논쟁이나 이견들로서, 내적으로 논리적 일관성이 부족하거나 개념이 불확실할 때 그리고 외적으로 다른 이론과 일관되지 않을 때 발생한다. 개념적 문제가 적은 이론은 그렇지 않은 이론보다 높은 평가를 받는다. 중세의 천문학자 프톨레마이오스(Klaudios Ptolemaios, 약 90-168)는 천동설로 천체의 운동을 설명하려고 시도했다. 그런데 천동설은 태양의 이동 경로와 같은 현상은 쉽게 설명했지만, 행성의 배열 순서와 주기 변화, 행성의 역행 운동, 태양과 내행성 간의 거리 등과 같은 경험적 문제를 해결하기 위해서는 주전원이나 이심원 등과 같은 복잡한 개념들을 추가해야만 했다. 반면, 코페르니쿠스(Nicolaus Copernicus, 1473-1543)가 제안한 지동설에서는 천동설이 직면했던 문제점들을 복잡한 개념을 추가하지 않고도 간단하게 설명할 수 있었다.[1]

일반적으로 과거, 현재, 미래의 경험적 문제를 더 많이 해결하고 개념적 문제를 적게 지닐수록 진보하는(progressive) 이론으로 간주된다. 반대로, 경험적 문제들을 해결하지 못하고 개념적 문제에 많이 봉착할수록 그 이론은 퇴보하게(degenerative) 된다. 이론의 형성 과정에 따라 연구 활동을 진보적 연구 활동과 퇴보적 연구 활동으로 구분할 수 있다. 진보적 연구 활동은 연구 진행 과정에서 더 많은 자료를 설명하고 개념적 문제를 줄여나가겠지만, 퇴보적 연구 활동에서는 이론이 해결하지 못하는 경험적 문제와 그 이론 자체의 개념적 문제

---

1) 역사적으로 문제 해결 능력이 큰 이론이 반드시 받아들여지는 것은 아니다. 지동설도 제안되었을 당시에는 인정을 받지 못했는데, 이는 사람들이 지구의 회전을 직접 느낄 수 없었고 지구가 세상의 중심이라는 종교관을 바꾸기도 힘들었기 때문이다.

가 여전히 존재한다.

마지막으로, 한 이론이 경쟁 관계에 있는 다른 이론보다 우위를 차지하기 위해서는 그 이론에 기초해서 아직까지 발견되지 않았던 새로운 자료를 예측할 수 있어야 한다. 러커토시(Imre Lakatos, 1922–1974)는 이론을 근거로 예측하고 실제로 관찰된 새로운 자료를 '새로운 사실(novel fact)'이라 불렀는데, 좋은 이론일수록 새로운 사실을 예측하고 실제로 검증할 수 있어야 한다고 주장했다. 역사적으로도 새로운 사실의 예를 어렵지 않게 찾을 수 있다. 아인슈타인은 일반 상대성 이론으로부터 중력에 의한 빛의 굴절을 예측했고, 이후에 실제로 이 예측에 부합하는 별빛의 관찰 결과가 보고되었다. 멘델레예프(Dmitrii Mendeleev, 1834–1907)가 주기율표에 근거하여 당시에 발견되지 않았던 원소의 존재를 예측한 뒤, 이후에 실제로 그 원소들이 발견된 것도 새로운 사실의 대표적인 예다.

(2) 과학적 이론의 수준

더치(Dutch, 1982)는 과학적 이론을 중심(center) 이론, 경계(frontier) 이론, 주변(fringe) 이론으로 분류할 수 있다고 제안했다. 중심 이론은 한 시대의 주류 과학을 구성하는 핵심적인 설명 체계로서, 경쟁할 만한 대안 이론이 존재하지 않는다. 중심 이론에는 그 이론을 뒷받침하는 수많은 경험적 증거가 존재하고, 중심 이론은 그 시대의 과학 탐구를 이끌어가는 표준의 역할을 담당한다. 뉴

경계 이론

- 정립된 설명 체계
- 일부 경쟁 이론 존재
- 타당한 데이터베이스
- 해결하지 못한 문제

중심 이론

- 핵심적인 설명 체계
- 경쟁 이론 부재
- 확고한 데이터베이스
- 과학 탐구의 표준

주변 이론

- 새로운 설명 체계
- 조야한 아이디어
- 다양한 경쟁 이론 존재
- 광범위한 탐색 활동

상대성 이론
세포설
케플러의 법칙

판구조론
빅뱅이론
쿼크물리학

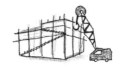

창조론
육감론
바이오리듬

턴의 운동 법칙, 상대성 이론, 케플러의 법칙, 진화론, 세포설, 원소의 주기율 이론 등이 대표적인 중심 이론이다.

두 번째 수준인 경계 이론은 잘 정립된 설명 체계로서, 중심 이론과 더불어 과학의 주류를 이룬다. 경계 이론은 타당한 과학적 증거를 바탕으로 하고 있으며, 경험적 자료에 대한 설명력이나 새로운 자료를 예측하는 능력이 검증되어 있다. 그러나 경계 이론은 아직 해결하지 못한 경험적 문제들이 일부 남아 있기 때문에 대안적인 설명 체계인 경쟁 이론이 존재한다. 그 결과, 경계 이론은 중심 이론만큼 독자적이고 확고한 위치를 점유하지는 못한 상태다. 그러나 경계 이론도 그 시대의 과학 연구에서 합리적인 설명을 제시하는 역할은 충분히 달성할 수 있다. 경계 이론의 대표적인 예로, 소행성 충돌설, 사회생물학 이론, 빅뱅 이론, 쿼크물리학, 판구조론 등이 있다.

한 시대의 과학은 중심 이론과 경계 이론의 합으로 구성된다고 볼 수 있다. 즉, 중심 이론과 경계 이론은 과학자들의 연구 활동에서 준거가 되고, 과학 활동의 방향을 안내하는 지표가 된다. 즉, 연구 문제의 가치, 실험에 적합한 방법, 관찰 가능한 것으로 취급하는 기준, 증거 채택 여부 등에 대한 판단이 중심 이론과 경계 이론의 테두리 내에서 이루어진다고 볼 수 있다.

한편, 대부분의 과학적 이론은 처음에는 주변 이론의 수준으로 등장한다. 사실 과학적 이론이 처음 제시되었을 때는 다소 엉성하고, 다른 과학자의 인정을 이끌어낼 만큼 매력적이지 못한 경우도 많다. 예를 들어, 다윈(Charles Darwin, 1809–1882)의 이론도 처음에는 동료 과학자들에게 그다지 환영받지 못했다. 당시의 유명한 동물학자 아가시(Louis Agassiz, 1807–1873)는 다윈의 이론이 "학문적인 오류이며, 증명 가능한 사실의 관점에서 볼 때 거짓이고, 방법적인 측면에서는 비학술적일 뿐 아니라, 경향 면에서 볼 때는 유해하다."라고 말했다(Zankl, 2006). 그러나 한편으로는 과학 발달의 무한한 잠재력이 바로 이 주변 이론에 있다고도 할 수 있다. 이론의 세 번째 수준인 주변 이론은 탐색적인 사고 체계로서, 증거에 의해 확실히 뒷받침되지 못하는 설명 체계라고 볼 수 있다. 주변 이론은 문제 해결을 위한 광범위한 탐색 과정에서 형성된 새로운 설명 체계이기 때문에 아직은 완결성이 부족한

엉성한 이론이다. 주변 이론은 타당성이 확립되지 않았으며, 경험적 문제 해결력은 부족하고, 개념적 문제를 많이 안고 있다. 육감론, 창조론, 점성술, 바이오리듬, 피쉬바흐(Ephraim Fischbach, 1942-)의 제5의 힘,[2] 폰 데니켄(Erich von Däniken, 1935-)의 고대 외계인 가설 등이 대표적인 주변 이론이다.

Activity 4-2

육감 이론

인간의 다섯 가지 감각(시각, 청각, 후각, 촉각, 미각)으로 설명할 수 없는 직관이나 예감, 영감을 일컬어 흔히 육감이라고 한다. 다음 신문 기사를 읽고, 육감에 대한 주장이 과학적 이론으로서 어떤 수준에 해당하는지 설명해보자.

인간 육감, 실제로 뇌에 존재

오랫동안 근거 없는 것으로 치부했던 인간의 '육감'이 실제로 뇌의 일부에 존재하고 있다는 조사 결과가 과학잡지 「사이언스」 18일 자에 게재됐다. 미국 미주리 주 세인트루이스 소재 워싱턴대의 조슈아 브라운은 갈등 상황을 처리하는 전두대피질(anterior cingulate cortex; ACC)로 알려진 뇌 부분에 이런 육감이 존재하여, 위험에 대해 경보를 울린다고 설명했다. ACC는 대뇌 전두엽의 위쪽 부근에 위치하고 있으며 좌뇌반구와 우뇌반구를 가르는 벽을 따라 존재하는 부분으로 정신분열증과 강박신경장애 등 심각한 정신질환과 밀접한 관계가 있다. 브라운은 컴퓨터 프로그램을 이용해 건강한 젊은이들에게 모니터에 나타나는 활동에 반응하도록 했으며 자기공명영상(MRI)으로 이들의 뇌 활동을 2.5초 간격으로 측정했다. 브라운은 실험 결과 "우리의 뇌는 이전에 생각했던 것보다 미묘한 경고 신호를

바람 피웠지?!

허걱!

---

2) 미국의 물리학자 피쉬바흐가 현재까지 자연계에 존재하는 것으로 알려진 중력, 전자기력, 강력, 약력의 네 가지 힘 외에 반발력이라는 제5의 힘이 있다고 주장하는 이론이다. 피쉬바흐가 이러한 주장을 하게 된 것은 만유인력 공식에서의 상수 G가 소수 셋째 자리부터 그 값이 천차만별로 관찰된다는 사실 때문이다. 많은 과학자들이 정확한 만유인력 상수를 측정하기 위해 정밀한 실험을 실시했지만 모두 실패했다. 피쉬바흐는 만유인력 상수의 실제 측정값이 뉴턴의 법칙과 오차를 보이는 이유가 지금까지 알려지지 않은 반발력, 즉 제5의 힘 때문이라고 주장했다. 제5의 힘을 뒷받침하는 증거로 호주의 수직 갱도에서의 반중력 발견이나 다른 곳보다 중력이 훨씬 약한 중력 구멍이 인도양에 존재한다는 사실 등이 제시되었다(이종호, 2006).

포착하는 데 훨씬 능숙한 것으로 나타났다."고 설명했다. 그는 "예전에는 사람들이 어려운 결정을 내려야 할 때나 실수를 저지른 뒤에 ACC의 활동을 발견했다. 그러나 이제 ACC는 실제로 실수를 저지를 것 같은 때를 인식할 수 있으며 행동이 부정적인 결과를 가져올 수 있을 때 미리 우리에게 경고할 수 있다."고 말했다. 브라운은 약물중독이나 파킨슨병과 관련된 신경전달물질인 도파민이 ACC가 조기 경보신호를 보내야 할 때를 인식하도록 훈련하는 데 중요한 역할을 하는 것으로 보인다고 덧붙였다.

(연합뉴스, 2005년 2월 18일)

쉬 어 가 기

베스트셀러 작가, 폰 데니켄

폰 데니켄은 세계 곳곳의 문명을 탐사하는 개인 연구가다. 수수께끼로 남아 있는 고대 문명의 기원을 독특한 방식으로 설명한 책 『신들의 전차(*Chariots of the Gods*)』는 전 세계에서 5,000만 부 이상 팔렸고, 책, 영화, 텔레비전 프로그램 등으로도 소개되었다.

세계의 여러 문화에는 하늘에서 내려와 위대한 업적을 남긴 신과 관련된 신화가 있다. 시간적으로 그리고 공간적으로 멀리 떨어진 여러 문화에서 이와 같은 비슷

한 신화가 발견되는 이유는 무엇일까? 폰 데니켄은 외계인이 지구를 방문했기 때문이라고 주장한다(Giere, 1997). 즉, 마야나 고대 이집트 유적에서 발굴되는 조각이나 그림이 외계인의 흔적 혹은 외계인을 신으로 숭배했던 고대 인류의 모방물이라는 것이다. 오래전에 고도로 발달된 과학 문명을 지닌 외계인이 지구에 왔는데, 이들이 인간을 비롯한 지구상의 동식물 진화 과정에 개입했을 뿐 아니라 인류의 문명 발전에 큰 영향을 미쳤다는 것이다. 폰 데니켄은 이 주장을 뒷받침하는 증거로서 마야의 왕 파칼의 석관 뚜껑에 새겨진 조각을 제시한다. 이 조각이 우주선을 조작하고 있는 외계인을 표현하고 있다는 것이다. 또한 고대 이집트 인들이 신성한 존재로 숭배했던 특별한 동물인 아피스 황소는 보통 황소가 아니라 유전자 조작으로 만든 새로운 동물이라고 주장한다(Wiggins & Wynn, 2003).

폰 데니켄은 페루의 나스카 평원에 그려진 엄청난 크기의 문양에 대해서도 외계인이 이용한 우주선의 활주로이거나 우주선을 타고 온 외계인을 신으로 숭배한 인디오들이 신의 행동을 여러 세대에 걸쳐 모방한 결과로 본다(Von Daniken, 2001). 그러나 전문가들은 폰 데니켄이 주장하는 우주선 조종 장치, 마스크, 외계인 비행사는 각각 마야의 태양신, 왕의 장신구, 죽은 마야의 왕을 가리키는 것으로 해석하고 있다. 나스카 문양도 나스카의 토양이 부드럽고 약하기 때문에 종교적 행진으로 인해 닳아서 생긴 도로이거나 인디오 부족의 문양이라고 보는 견해가 더 우세하다.

과학자 개인 혹은 몇몇 과학자로부터 시작된 새로운 설명 체계는 다른 과학자들과 공유될 때 비로소 공적인 과학 지식이 된다. 새롭게 정립된 공적 지식은 주변 이론의 수준으로 등장한다. 대부분의 주변 이론은 기존의 과학적 이론에 의해 타당성이 부족한 것으로 판명되어 그저 하나의 새로운 아이디어 수준에서 멈추고 만다. 그러나 일부 주변 이론은 타당성을 인정받아 더 높은 수준으로 지위가 상승하기도 한다. 이와 같이 타당성을 인정받은 주변 이론은 과학의 한계에 접해 있어 설명하기 힘든 것처럼 보이던 현상들을 점차 과학의 테두리 안으로 편입시키기도 한다. 예를 들어, 천문학자인 세이건(Carl Sagan, 1934-1996)이 처음에 외계 지성(extraterrestrial intelligence)을 탐사하겠다고 나섰을 때는 미치광이 취급을 받았다. 그러나 세이건의 이단(異端)은 그가 죽을 때쯤에는 어느새 정통(正統)이 되어 있었다(Shermer, 2005). 진화론, 판구조론, 중력, 전자기 이론 등도 모두 처음에는 주변 이론으로 출발했으나 세월이 흐름에 따라 그 가치를 인정받아 경계 이론 및 중심 이론으로 지위가 상승했다.

Activity 4-3

소행성 충돌설

중생대에 지구상에서 가장 번성한 종이었던 공룡은 지금으로부터 6,500만 년 전에 갑자기 멸종된 것으로 추정된다. 대부분의 과학 교과서에서는 공룡이 갑자기 멸종된 이유를 소행성 충돌설로 설명한다. 그런데 여전히 신문에는 소행성 충돌설의 증거가 발견되었다는 기사가 보도되곤 한다. 소행성 충돌설은 이미 교과서에 제시된 이론인데, 왜 이런 기사가 아직도 사람들의 관심을 끄는 것일까? 그 이유를 이론의 수준과 관련지어 설명해보자.

'거대 운석 충돌 공룡 멸종론' 증거 발견

6천 5백만 년 전 거대한 운석이 지구와 충돌해 공룡을 비롯한 수백 종의 생물을 멸종시켰다는 '충격의 겨울' 이론을 증명하는 운석 파편이 쿠바에서 발견되었다고 멕시코 유력 일간 「엘 우니베르살」이 AP통신을 인용해 31일 국제면 특집 기사로 크게 보도했다.

쿠바 아바나 자연사박물관의 마누엘 이투랄데 박사(지질학)와 도쿄대의 마쓰이 다카후미 천문학 교수로 구성된 공동연구팀은 직경 10km의 거대한 운석이 6천 5백만 년 전 지금의 멕시코 유카탄 반도 지역인 축수룹에 떨어질 때 충격으로 발생한 2m 두께의 운석 파편들을 발견해 자연사박물관에 보관 중이라고 신문은 전했다. 지난 97년부터 공동 작업을 하고 있는 쿠바-멕시코 연구팀은 멕시코로부터 가장 가까운 쿠바의 서쪽 지역 피나르 델 리오에서 이들 운석 파편을 채취했다면서, 이것들은 공룡 멸종을 가져온 운석이 떨어진 유카탄 반도에서 온 것이라고 설명했다.

…… (중략) ……

6천 5백만 년 전 거대 운석의 지구 충돌을 가리키는 '충격의 겨울' 이론은 거대 운석의 충돌로 점화된 연소물이 야생 식물 등을 모두 없앰으로써 초식성 공룡의 멸종을 가져왔다고 설명한다.

(한겨레신문, 1993년 6월 2일)

두실(Duschl, 1990)은 과학적 이론의 수준에 대한 더치의 분류를 여러 겹의 공으로 과학적 이론의 구조를 표현한 러커토시의 모형에 적용했다. 중심 이론은 내부의 견고한 핵에, 경계 이론은 외부의 부드러운 핵에, 그리고 주변 이론은 껍질의 외부에 해당한다. 내부의 견고한 핵에는 그 시대의 과학자들에게 표준으로 받아들여지는 중심 이론이 존재한다. 외부의 부드러운 핵에 해당하는 경계 이론은 두 가지 기능을 수행하는데, 아직 검증되지 않은 주변 이론들로부터 중심 이론을 보호하고 동시에 새로운 주변 이론들을 검증하는 기준으로도 작용한다.

주변 이론은 공 내부로 들어가 경계 이론으로 수준이 상승할 수 있다. 경계

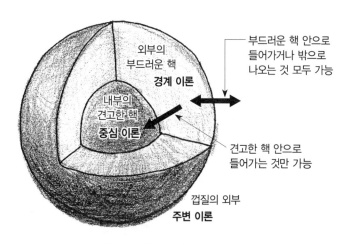

그림 4-1 **과학 이론의 수준**

이론은 주변 이론으로 수준이 하락할 수도 있고, 반대로 중심 이론으로 수준이 상승할 수도 있다. 그러나 중심 이론이 경계 이론이 되는 일은 있을 수 없다. 만약 중심 이론의 문제점이 인정된다면 더 이상 과학의 표준이 될 수 없으므로, 중심 이론은 폐기되어야 한다.

Activity 4-4

아프로테리아 이론

유전학적인 관점에서 태반 포유류의 30% 이상이 아프리카 대륙의 공통 조상에서 유래되었다는 아프로테리아(afrotheria) 이론이 최근에 제안되었다. 아프로테리아 이론은 분지론[3]에 근거하고 있는데, 현재는 많은 과학자들이 분지론을 지지하고 있다. 아프로테리아 이론을 학교에서 가르쳐야 할까? 이론의 수준을 고려하여 설명해보자.

> 아프로테리아는 포유류의 진화에 대한 가장 주목받는 이론 중 하나다. 이 이론에 따르면, 아프리카 대륙이 다른 대륙과 분리되어 있을 때 태반 포유류의 1/3 이상이 하나의 공통 조상에서 진화했다. 이 이론은 생물의 진화 과정에서 DNA의 변화 그리고 단백질의 특정 부분인 분자시계(molecular clock)에 대한 연구 등을 통해 예측되었고, 최근 DNA와 단백질의 서열 정보가 이 이론을 뒷받침하는 증거로 제시되었다.
>
> 분자 진화학자들은 외견상의 특징보다는 유전적인 관련성에 따라 생물을 분류해야 한다고 주장한다. 그동안 전통적인 해부학적 방법으로 분류하는 데 한계가 있었던 포유동물들도 분자 계통 발생 분석을 통해 다른 포유류와 구분할 수 있게 되었다(Hedges, 2001). 아프리카에 살고 있는 작고 통통한 바위너구리는 겉모습은 쥐와 비슷하지만 유전자를 분석해보면 코끼리와 공통점이 더 많다. 한편, 코끼리

---

3) 진화의 역사를 설명할 수 있는 분류를 지향하는 계통 분류학은 1960년대 이루어진 유전학의 진보에 힘입어 분지론(分枝論, cladistics)적 접근을 도입했다. 분지론은 공동 조상에서 갈라진 시기에 따라 생물을 분류하며, 각 생물이 그 후 얼마나 분화되었는가는 고려하지 않는다. 예를 들어, 고전 분류학에서는 계통 간의 분화 정도에 중점을 두기 때문에, 악어는 뱀, 도마뱀과 함께 파충류강으로 묶이고 조류강은 별도로 존재한다(Wallaceet al., 1993). 그러나 분지 계통 분류학에서 악어는 공룡에 가깝기 때문에 새와 같은 조상을 가진 생물군으로 분류되고, 결국 파충류강과 조류강이라는 구분이 없어진다. 또한 비버와 캥거루는 모두 임신을 하므로, 비버는 오리너구리보다 캥거루에 더 가깝다(Campbell, 2001). 이러한 분류는 기존 분류학의 상식과 매우 다르지만 전통적인 분류에 비해 주관의 개입이 적고 관찰된 현상에 대해 가장 간단한 해설을 제공한다는 점에서 많은 계통학자들이 지지하고 있다.

뾰족뒤쥐는 코끼리의 커다란 체형이 아니라 코끼리 코와 비슷한 코를 가지고 있어서 이름이 붙여졌다. 또한 바다소는 생태학적으로나 형태학적으로 코끼리와 거리가 있지만, 해부학적 결과와 화석 기록으로 판단할 때 코가 긴 포유류나 바위너구리와 관련이 있다. 이와 같이 공통 조상에서 유래되었다고 추정되는 포유류로는 바위너구리, 코끼리, 바다소, 땅돼지, 코끼리뾰족뒤쥐, 금빛두더지 등이 있으며, 이러한 생물군을 아프로테리아라고 한다. 놀랍게도 이 포유동물들은 바위너구리를 제외하고 모두 코끼리의 코와 같이 움직일 수 있고 촉감을 느끼는 코가 있다.

아프로테리아 이론은 판구조론에서의 대륙 이동 결과와도 일관된다. 1억 2,000만 년 전 백악기에는 아프리카 대륙이 남아메리카와 연결되어 섬처럼 다른 대륙과 고립되어 있었는데, 이때 조상이 같은 아프로테리아 포유동물이 진화하여 적어도 세 종류의 포유류속이 만들어졌다고 한다. 아프로테리아 포유동물의 후손으로는 설치류, 토끼, 영장류와 박쥐, 발굽이 있는 동물, 고양이와 개와 같은 육식동물, 아르마딜로, 나무늘보 등이 있다(Avise, 2004).

과학적 이론의 평가

이론의 수준이 동일하지 않다면, 더 좋은 이론과 그렇지 않은 이론을 구분할 수 있는 기준이 있어야 할 것이다. 그런데 더 좋은 이론을 가려내는 것은 간단한 문제가 아니다. 예를 들어, 우리는 흔히 지구 중심의 천동설은 행성의 역행을 설명하지 못하므로 틀렸고 태양 중심의 지동설이 더 좋은 이론이라고 생각하기 쉽다. 그러나 천동설도 좀 복잡해지기는 하지만 행성의 역행을 설명할 수는 있다. 좋은 이론을 판단하는 기준은 현상을 얼마나 정밀하게 설명할 수 있는가일 수도 있지만, 반대로 정밀성이 좀 떨어지더라도 얼마나 넓은 범위의 현상을 설명할 수 있는가일 수도 있다. 또한 설명의 능력과 예측의 능력이 다를 수도 있다. 어떤 이론은 현재까지 알려진 현상을 잘 설명하고, 다른 이론은 지금까지의 현상에 대한 설명력은 떨어지지만 예측은 훨씬 잘한다고 가정해보자. 어떤 이론이 더 좋은 이론이라고 할 수 있을까? 어떤 이론이 다른 이론보다 항상 모든 측면에서 반드시 낫다고 말하기는 어려우므로, 이론의 수준에 대한 판단은 쉽지 않은 문제다(최무영, 2008). 이러한 맥락에서 더 좋은 이론과 그렇지 않은 이론을 구분하려는 시도가 끊임없이 이루어져 왔다. 실증주의 입장에서는 더 많은 현상을 예측하고 설명할 수 있어야 좋은 이론이고, 반증주의에서는 기존 이론보다 대담하고 참신한 예측을 할 수 있으면서 동시에 더 엄격한 테스트를 통과한 이론을 신뢰한다. 한편, 상대주의에서는 중요하다고 선호하는 문제를 더 잘 풀어내는 이론에 관심을 가진다(Chalmers, 1985).

(1) 기어리의 논거에 의한 이론 평가

이론을 평가하는 한 가지 방법은 기어리(Giere, 1984)가 제안한 논거(argument)에 의한 이론 평가다. 기어리에 따르면, 과학적 이론은 세상에 대한 설명을 시도하는 하나의 이론적 가설(theoretical hypothesis)로 취급해야 한다. 이 가설은 논거에 의한 결론으로서, 참일 수도 있고 거짓일 수도 있다. 논거는 결론을 이끌어내는 일련의 전제들로 이루어졌는데, 논거가 타당하기 위해서는 모든 전제가 참이어야 하고, 참인 전제들이 모순 없이 내적 일관성을 지녀야 한다. 기어리의 평가 방법의 특징은 과학적 이론을 논거의 형태로 놓은 후, 논거를 이끌어내는 데 사용된 전제들을 조사함으로써 그 논거의 결론을 검증한다는 점이다. 즉, 과학적 이론의 구성 요소들을 평가함으로써 그 이론의 타당성을 검증할 수 있게 된다.

이론적 가설을 검증하기 위한 기본적인 요소들은 가설(hypothesis; THo), 예측(prediction; P), 초기 조건(initial condition; IC), 배경지식(background knowledge; BK)이다.

(a) 가설(THo): 검증될 대상 이론

(b) 예측(P): 이론에 의해서 실제로 나타날 것으로 예측된 사건

(c) 초기 조건(IC): 가설을 고려하기 이전의 체계에 대한 진술과 알려진 사실

(d) 배경지식(BK): 이론적 가설이 논박할 수 없는 중심 이론으로서, 현재의 과
학 지식

이론적 가설의 타당성은 초기 조건이나 배경지식과 모순되지 않으면서 올
바른 예측을 할 수 있는 능력에 의해 결정된다고 할 수 있다. 만약 가설에 따
른 예측이 맞지 않다면, 가설, 초기 조건, 배경지식 중 어느 하나가 잘못된 것
이므로 이에 대한 수정이 필요하다. 그런데 현재 과학자 사회에서 타당성이 인
정되고 있는 배경지식은 쉽게 변할 수 없을 것이므로, 예측이 맞지 않을 때는
가설을 수정하거나 초기 조건에 대한 정보를 다시 수집하는 것이 일반적일 것
이다. 하지만 가설에 따른 예측이 초기 조건이나 기존의 배경지식과 일관되지
않을 경우, 그 예측이 옳음을 밝히기 위해 초기 조건들을 토대로 현재 배경지
식의 한계를 입증한다면, 이 가설은 새로운 과학적 이론으로 발전할 수 있는
가능성을 지니게 된다.

예를 들어, 대륙이동설은 원래 하나로 붙어 있었던 대륙이 시간이 흐름에
따라 갈라지면서 서서히 이동하여 현재와 같은 분포를 이루게 되었다는 주장
이다. 여기서 가설(THo)은 옛날에 대륙이 하나였다는 것이며, 예측(P)은 대륙이
움직인다는 것이다. 이러한 가설은 대서양 양쪽의 해안선 모양이 일치하고, 여
러 대륙에서 같은 시대의 지질 구조와 빙하 퇴적물, 그리고 화석이 발견된다는
초기 조건(IC)을 설명할 수 있다. 그러나 대륙이동설이 제안되었던 1920년대만
하더라도 과학자들은 지구가 고체라는 배경지식(BK)을 가지고 있었기 때문에,
대륙이 움직인다는 예측을 도저히 받아들이지 못했다. 시간이 흐른 후, 지진
과 지진파 연구 결과에 의해 지구 내부가 고체가 아님이 밝혀지자 대륙이 움
직인다는 예측은 재조명을 받을 수 있었다.

(2) 루트번스타인의 이론 평가

루트번스타인(Root-Bernstein, 1984)은 창조 과학을 비판하는 과정에서, 과학적
이론은 논리적(logical) 기준, 경험적(empirical) 기준, 사회학적(sociological) 기준,
역사적(historical) 기준의 네 가지 기본적인 기준에 의해 평가될 수 있다고 제안
했다. 루트번스타인의 평가 기준은 기어리가 논리적·경험적인 측면을 주로 강
조했던 점에서 한발 더 나아가, 이론 변화를 유도하는 외적인 환경에 초점을
둔 사회학적 기준과 내적인 환경에 초점을 맞춘 역사적 기준이라는 두 가지 기

준이 새롭게 추가되었다.

- **논리적 기준**

과학적 이론은 자료에서 발견되는 규칙적인 유형과 자료 사이의 관계를 간결하고 명확하게 설명해야 한다. 과학적 이론은 구성 요소들 사이에 내적으로 모순이 없어야 하며, 입증하거나 반박하고자 할 때 검증 가능해야 한다. 또한 과학적 이론이 적용될 수 있는 영역과 그렇지 않은 영역을 분명히 구분해야 한다.

(a) 과학적 이론은 단순하고 통일된 생각으로서 꼭 필요한 것만을 가정해야 한다.

(b) 과학적 이론은 논리적으로 내적 일관성을 지녀야 한다.

(c) 과학적 이론은 논리적으로 반증 가능(falsifiable)해야 한다. 즉, 그 이론의 타당성에 문제를 제기할 수 있는 사례가 존재할 수 있어야 한다.

(d) 과학적 이론을 확증하거나 반증할 때, 특정한 자료의 적절성 여부가 확실하도록 이론은 경계 조건들이 명확해야 한다.

예를 들어, 뉴턴의 운동 법칙은 아인슈타인의 상대성 이론에 의해 약점이 드러났지만, 적용의 경계를 명확히 규정하여 오늘날에도 여전히 제한된 범위 내에서 사용하고 있다. 적용 범위가 규정되지 않은 이론은 얼마든지 임의적 수정이 가능하여 사실상 반증이 불가능하므로, 결과적으로 어떤 약점이 있는지 밝혀내는 것도 불가능하다.

- **경험적 기준**

경험적 기준은 과학 지식의 토대가 되는 자료의 확립이라는 측면에서 중요하다. 경험적 기준은 과학적 이론의 평가에 사용할 수 있는 관찰 가능하고 측정 가능한 자료가 어떤 것인지에 초점을 맞추고 있다.

(a) 과학적 이론은 경험적으로 검증이 가능하거나, 검증 가능한 사건을 예측할 수 있어야 한다.

(b) 실제로 확인된 예측을 할 수 있어야 한다.

(c) 과학적 이론은 재현 가능한 결과가 나와야 한다.

(d) 과학적 이론은 자료를 사실(fact), 인공적 구성물(artifact), 변칙 사례(anomaly), 또는 관련 없는 것 등으로 판단할 수 있는 기준을 제공해야 한다.

타당한 과학적 이론이라면 경험적으로 검증 가능해야 하고, 실제로 확인된 예측을 할 수 있어야 하며, 그 결과가 반복적으로 나타나야 한다. 그런데 모든 자료들이 경험적으로 검증 가능하거나 신뢰할 수 있는 타당한 자료는 아니기 때문에, 이들을 구별할 수 있는 준거가 필요하다. 네 번째 기준은 과학을 구성하는 자료의 수준이 동일하지 않음을 보여준다. 어떤 자료는 가치가 있지만 어떤 자료는 부적절하다.

• 사회학적 기준

과학은 결코 고립된 개인적 활동이 아니며, 과학자들도 탐구를 수행하는 과정에서 불가피하게 사회의 영향을 받을 수밖에 없다. 즉, 과학자들은 이미 사회적으로 합의된 과학적 이론과 방법들을 활용하여 새로운 지식을 창출하고, 이 지식은 학술지를 통하여 다시 과학자 사회에 소개되어 영향을 미친다. 또한 과학자들 사이에 지식을 교환하는 과정에서 합리적인 지식이 무엇인지, 연구하기에 적절한 문제가 무엇인지, 그리고 연구를 수행하는 적절한 방법이 무엇인지 등에 대한 표준이 정립된다. 따라서 좋은 과학적 이론은 이와 같은 과학의 사회적 기대를 만족시킬 수 있어야 한다.

(a) 과학적 이론은 기존의 이론으로 해결되지 않았던 문제, 역설, 변칙 사례 등을 해결할 수 있어야 한다.
(b) 과학적 이론은 과학자들이 연구할 만한 새로운 과학적 문제들을 제시해야 한다.
(c) 과학적 이론은 새로운 문제들을 해결할 수 있을 만한 패러다임이나 문제 해결 모델을 제시해야 한다.
(d) 과학적 이론은 다른 과학자의 문제 해결에 유용한 개념이나 조작적 정의를 제공해야 한다.

• 역사적 기준

과학사를 살펴보면, 과학적 이론, 과학적 방법, 그리고 과학의 목적 등에 대해 광범위한 합의가 존재했던 때도 있지만, 또 그만큼 불일치가 존재했던 때도 많았다. 시대가 흐름에 따라 과학자 사회에서 합의되는 합리적인 지식, 적절한 연구 문제, 타당한 연구 방법의 정의도 변하므로, 타당한 것으로 인정되는 과학적 이론이나 의미 있는 연구 문제의 기준도 바뀔 수밖에 없다.

(a) 과학적 이론은 과거에 제시된 모든 기준들을 충족시키거나 능가해야 하고, 문제점을 밝힐 수 있어야 한다.

(b) 과학적 이론은 기존 이론의 지위를 포괄해야 한다. 즉, 기존 이론을 바탕으로 수집한 모든 자료들을 설명할 수 있어야 한다.

(c) 이론은 이미 과학적 타당성이 확립된 기존의 모든 보조 이론(ancillary theory)들과 일관되어야 한다.

Activity 4-5

주기율의 평가

주기율은 원소들을 원자량순으로 배열했을 때, 화학적 특징이 주기성을 띠고 나타난다는 이론이다. 주기율에 관련된 다음 증거들(Duschl, 1990)을 바탕으로 루트 번스타인의 네 가지 기준에 따라 주기율 이론의 수준을 평가해보자.

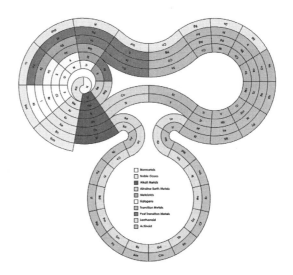

- 주기율표는 원소들을 물리적·화학적 성질에 따라 배열한 간결하고 일관된 아이디어이다.
- 처음 주기율표에는 빈칸이 많았는데, 빈칸에 맞는 원소의 존재와 성질에 대한 예측은 반증 가능성을 보여준다.
- 주기율표에서 빠진 원소들(예를 들어, 게르마늄 등)을 찾아냄으로써 예측이 확인되었다.
- 원소를 상대적인 무게를 가지고 있는 기본 단위로 이해함으로써 정량 분석이

가능해졌다.

- 주기율표에 근거하여 정량 분석(몰 계산)과 물질의 합성이 새로운 문제 해결 모델로 제시되었다.
- 베르셀리우스(Baron Berzelius, 1779-1848)는 처음에 주기율표를 무기 물질에만 적용해야 한다고 주장했다.
- 원소가 사원소설과 같이 본질적으로 어떤 특성을 지닌다는 개념을 배제했고, 설명 모델로서 연금술을 능가했다.
- 기체를 연구한 이전의 과학자들이 수집했던 모든 데이터를 설명하고 이를 통합했다.
- 화합물의 명명법이 통일되었고, 이원자 기체가 설명되었으며, 원소가 물질의 기본적인 단위로 확립되었다.
- 원소와 무게를 가진 분자라는 개념은 기체 분자 운동론을 거쳐 뉴턴의 운동 개념과 연결되고, 보일의 법칙·샤를의 법칙·아보가드로의 법칙 등과 모순되지도 않았다.
- 재현 가능하고, 양을 조절하고 통제할 수 있는 화학 반응이 가능해졌다.
- 고체나 액체 화합물들을 주기율을 따르는 원소들로 분리(예를 들어, 소금을 나트륨과 염소로 분리)할 수 있었다.
- 주기율표를 통해 분자 구조, 원자 구조, 유기 화학과 무기 화학을 구분하는 기준 등에 대한 새로운 질문이 제기되었다.

(3) 쿤의 이론 평가 기준

쿤(Kuhn, 1970)에 따르면, 과학자들은 어떤 이론을 선택해야 하는 상황에서 판단 기준으로 사용하는 특정한 가치를 공유하고 있다고 한다. 이러한 가치는 좋은 과학적 이론이 갖추어야 할 특성이라고 할 수 있다.

(a) 이론은 해당 영역 내에서 정확해야(accurate) 한다. 즉, 이론으로부터 연역되는 결과는 이제까지 알려진 실험 결과나 관찰 결과와 일치해야 한다.

(b) 이론은 내적으로는 물론 현재 받아들여지고 있는 관련 이론과도 일관성이 있어야(consistent) 한다.

(c) 이론은 아우르는 범위가 넓어야(broad scope) 한다. 처음에 의도했던 것 이상의 더 깊고 넓은 영역을 설명할 수 있어야 한다.

(d) 이론은 간결해야(simple) 한다.

(e) 이론은 새로운 연구를 이끌어내는 데 유용해야(fruitful) 한다. 새로운 현상 뿐 아니라 현상들 사이의 새로운 관계도 제시할 수 있어야 한다.

쿤은 이러한 가치들이 이론을 훌륭하게 만드는 요인이긴 하지만, 그렇다고 해서 좋은 이론의 객관적인 기준은 될 수는 없다고 덧붙였다. 과학자들마다 이 기준에 대한 해석이 다를 수 있기 때문이다. 예를 들어, 과학자에 따라 간결성을 다르게 해석할 수도 있고, 설명력이 미치는 넓은 범위와 유용성 중 어느 것이 더 중요한지에 대해서도 의견이 다를 수 있다. 따라서 이론을 평가할 때는 과학적 가치 이외에도 다양한 심리학적·사회학적 요인을 고려해야 한다고 주장한다.

이론의 수준과 과학교육

앞에서 살펴본 것처럼, 과학적 이론을 중심·경계·주변 이론의 세 가지 수준으로 나눔으로써, 우리는 과학적 이론의 발달에 따른 단계를 구별하거나 같은 시대에 제시된 여러 이론들을 비교할 수 있다. 그러나 실제로 과학 교과서나 과학 수업에서는 이론의 수준이 제대로 고려되거나 반영되지 않고 있다. 중심 이론이나 경계 이론과 같이 타당성이 공인된 체계적인 수준의 설명 체계를 과학적 이론이라고 불러야 하지만, 때로는 가능성 있는 하나의 아이디어 수준

에 불과한 것도 과학적 이론으로 취급하는 경우가 종종 있다. 따라서 학생들
의 입장에서는 경쟁 관계에 있는 여러 설명 체계들을 모두 동일한 수준으로
생각할 가능성도 있다.

　예를 들어, 오늘날 공룡 멸종의 원인 중 가장 가능성이 높은 이론으로 인정
받고 있는 소행성 충돌설은 거의 모든 과학 교과서에 제시되고 있다. 이 이론
은 여러 가지 긍정적인 증거에도 불구하고 결점도 있으므로, 경계 이론 혹은
비교적 가능성이 높은 주변 이론에 해당한다고 볼 수 있다. 그러나 대부분의

쉬 어 가 기

공룡이 멸종한 이유

오늘날 지구에 살고 있거나 예전에 지구에 살았던 모든 동물을 통틀어 가장 인기 있는 것을 꼽으라면, 아마 공룡
일 것이다. 공룡은 과학 서적이나 과학관 전시실뿐 아니라 영화나 애니메이션, 그리고 여러 가지 상품의 캐릭터 등
으로도 쉽게 접할 수 있다.

공룡은 약 2억 3,000만 년 전부터 무려 1억 6,500만 년 동안이나 지구상에서 가장 번성한 동물이었다고 한다. 그
런데 이렇게 많던 공룡이 6,500만 년 전에 갑자기 모두 사라져버린 것으로 알려져 있다. 그 원인은 현재까지 정확
하게 밝혀지지 않고 있으나, 가장 유력한 이론은 소행성 충돌설이다. 즉, 거대한 소행성이 지구와 충돌하여 대규모
의 지진과 화산 폭발이 일어났고, 이때 발생한 엄청난 양의 먼지가 햇빛을 가려 기온이 떨어지고 광합성을 하지 못
해 식물들이 죽었으며, 먹이가 부족해진 초식 공룡들이 멸종하고 이어서 육식 공룡도 멸종했다는 것이다. 그런데
소행성의 충돌로 공룡처럼 사라진 종도 있지만, 포유류나 악어, 거북은 고스란히 살아남았다는 점은 수수께끼다.
이 때문에 공룡 멸종의 원인에 대한 흥미로운 여러 가지 이론들이 제안되었다.

ⓐ 화산 활동설/대화재설: 지구 전체에서 화산 활동이 활발하여 화산재가 대기권을 뒤덮고 산성비가 내리면서 지
　 구 환경이 크게 변했거나, 화산 폭발이나 소행성 충돌로 인해 대형 화재가 발생하여 연기에 의해 기온이 낮아
　 졌다는 주장이다.

ⓑ 기온 저하설: 빙하기에 접어들어 대륙에 빙하가 생성되면서 기온이 급격히 떨어져 공룡이 멸종되었다는 주장
　 이다.

ⓒ 성비 불균형설: 파충류는 태어날 때의 온도에 따라 성이 결정되는데, 중생대 말에 기온이 낮아져서 수컷 공룡
　 의 수가 암컷에 비해 급격히 많아졌고 짝짓기를 못해 멸종되었다는 주장이다.

ⓓ 알칼로이드 중독설: 중생대 말에 출현한 새로운 종류의 식물 중에는 공룡에게 치명적인 해를 입히는 알칼로이
　 드라는 독초가 있었는데, 이 식물을 먹고 공룡이 멸종했다는 주장이다.

그 외에도 중생대 말에 초신성 폭발로 방출된 방사선이 공룡의 유전자에 손상을 입혀 암이 유발되었다는 초신성
폭발설, 중생대 말에 출현한 포유류가 크게 번성하면서 공룡의 알을 몰래 먹었다는 알 도난설, 애벌레가 식물 잎을
모두 먹어치워서 공룡이 먹을 것이 없어졌다는 애벌레설도 있다.

교과서에서 운석 충돌설의 한계는 정확히 소개되지 않으므로, 학생들은 소행성 충돌설을 다른 과학적 이론들과 동일한 지위를 지니는 공인된 과학적 이론으로 생각할 가능성이 높다.

과학 시간에 진화론만 가르쳐야 하는지, 아니면 창조론도 가르쳐야 하는지에 관한 분분한 논쟁도 과학적 이론의 수준을 간과했기 때문에 발생한 문제다. 진화론은 일반적으로 중심 이론으로 인정받는 강력한 설명 체계다. 그러나 진화론과 경쟁 관계에 있는 창조론은 여전히 주변 이론에 불과하다. 진화론도 물론 한때는 주변 이론이었다. 그러나 다윈의 자연 선택설, 멘델(Gregor Mendel, 1822-1884)의 유전학, 현대의 공동 진화 연구, 미생물학적 증거 등과 같은 생물학 분야에서의 여러 연구에 의해 지지를 받으면서, 오늘날에는 주류의 과학적 이론으로 인정받고 있다. 따라서 이론의 수준이라는 측면에서 볼 때, 과학 교과서에서 주변 이론의 수준에서 벗어나지 못하는 창조론 대신 중심 이론인 진화론을 가르치는 것은 당연한 결과다.

한편, 과학 교과서에서는 대부분 중심 이론과 경계 이론을 소개하고, 주변 이론은 거의 다루지 않는다. 그렇다면 과학의 주류로 편입되지 못한 주변 이론은 과학교육에서 아무런 의미가 없을까? 학생들은 신문 기사나 잡지, TV, 영화 등을 통해 주변 이론에 대해 알고 있는 상태로, 혹은 한발 더 나아가 주변 이론을 믿거나 이에 매료된 상태로 과학 수업에 들어올 수도 있다. 그렇다면 자신이 알거나 믿는 것과는 전혀 다른 내용이나 이론을 과학 시간에 배우게 되는 학생들은 당연히 의문을 가지게 될 것이다.

우리는 과학 수업에서 주변 이론을 무시하거나 피할 것이 아니라, 오히려 주변 이론을 분석하여 적극적으로 활용할 필요가 있다. 우선 학생들이 믿고 있는 주변 이론들이 무엇이며, 어디에서 어떻게 등장했는지 파악해야 한다. 그리고 어떤 이론이 과학으로 고려될 가능성을 지니고 있고 어떤 이론이 과학의 범주에 포함되어서는 안 되는지에 대해 합리적인 이유에 근거하여 학생들과 토론할 수 있어야 한다. 예를 들어, 소행성 충돌설은 가능성을 인정받지만 고대의 외계인 방문을 주장한 폰 데니켄의 이론은 그렇지 못한 이유에 대해 생각해보도록 한다면, 과학적 이론의 특징이나 수준에 대해 가르칠 수 있는 좋은 기회가 될 것이다.

쉬어가기

남자와 여자의 차이

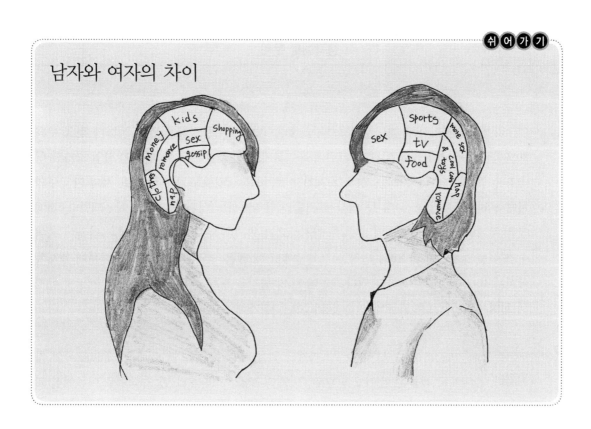

생각해볼 문제

1. 이탈리아의 경제학자 파레토(Vilfredo Pareto, 1848–1923)는 이탈리아 국민의 20%가 전체 부의 80%를 소유하고 있음을 밝혔다. 그런데 흥미롭게도 20 대 80이라는 비율이 산업 국가인 영국과 농업 국가인 러시아 등, 경제 체제가 서로 다른 국가에도 들어맞았고, 로마 제국주의 시대나 빅토리아 왕조 시대 등 역사를 거슬러 올라가서도 성립하는 것이 확인되었다. 전체 상품 중 20%가 전체 매출의 80%를 차지하고 전체 인구의 80%를 20%의 사람들이 먹여 살리는 등 소위 '20 대 80의 법칙'은 오늘날에도 꽤 많은 영역에서 들어맞기 때문에 경제학에서는 100년 이상 사용되고 있다. 20 대 80의 법칙을 경험적 문제 해결 능력, 개념적 문제의 회피 정도, 새로운 자료의 산출을 기준으로 평가해보자.

2. 헨더슨(Bobby Henderson)은 '날아가는 스파게티 괴물교(church of the flying spaghetti monster)'의 창시자다. 스파게티 괴물은 눈이 2개 달린, 미트볼 2개와 스파게티 면 가닥으로 이루어진 괴물이다(Fischer, 2009). 헨더슨은 날아가는 스파게티 괴물이 우주와 인간을 창조했다고 주장하며, 이 이론을 학교에서 진화론이나 지적설계론(창조론)과 동등하게 가르쳐야 한다고 주장했다. 전통적인 창조론자가 주장하는 인류의 기원과 날아가는 스파게티 괴물교에서 주장하는 인류의 기원을 비교하여 평가한다면, 어느 쪽이 더 좋은 이론일까?

그림 4-2 날아가는 스파게티 괴물교(출처: www.venganza.org)

3. 초끈 이론(superstring theory)은 우주를 구성하는 입자의 최소 단위를 끊임없이 진동하는 가느다란 끈으로 보는 이론이다. 초끈 이론은 전자기력과 중력을 포함한 네 종류의 힘을 통합적으로 설명하고자 하는 물리학자들의 시도 중 가능성을 인정받고 있는 대표적인 이론이다.

현재 물리학자들이 활발하게 연구하고 있는 초끈 이론은 더치의 분류에 따른다면 어떤 수준에 해당할까? 현대 물리학의 상대성 이론이나 양자역학과 비교하여 설명해보자.

4. 현재까지 자연계에 존재하는 힘은 크게 네 종류인 것으로 알려져 있다. 만유인력을 설명하는 중력, 전자기 법칙을 설명하는 전자기력, 원자핵 안에서 양성자와 중성자를 결합시키는 강력(strong force), 방사능 반응을 일으키고 양성자와 중성자를 변환시키는 약력(weak force)이 이 네 가지 힘이다. 그런데 미국의 물리학자 피쉬바흐는 제5의 힘을 제안했는데, 지금까지 알려지지 않은 반발력, 즉 제5의 힘 때문에 만유인력 상수의 실제 측정값이 뉴턴의 법칙과 오차를 보인다고 주장했다. 그러나 대부분의 과학자들은 피쉬바흐의 자료 수집 과정에 오류가 있다고 생각하고 제5의 힘을 인정하지 않는다(Sheldrake, 1999). 제5의 힘이 존재한다는 이론은 더치의 과학적 이론 분류에 따른다면 어느 수준에 해당하는지 설명해보자.

5. 바이오리듬(biorhythm)은 생명체 속에 있는 생체시계에 따라 일어나는 주기적인 변화를 가리킨다. 독일의 의사였던 플리스(Wilhelm Fliess, 1858–1928)가 주장한, 사람의 신체·지성·감성 리듬이 가장 대표적이다. 플리스는 환자들의 진료 기록을 조사하여 많은 질병이 23일 혹은 28일 간격으로 발생하는 경향이 있음을 발견했다. 플리스는 여성의 생리 주기와 일치하는 28일을 여성 요인의 주기로 보고, 23일은 남성 요인의 주기라고 해석했다. 플리스는 이러한 주기성을 환자 치료에 이용했다. 주기의 시작을 역으로 계산했을 때 각 개인의 출생일과 일치하며, 학생들의 성적에 영향을 미치는 33일의 주기도 있음이 발견되었다. 이후 세 가지 주기는 각각 감성·신체·지성 주기로 이름 붙여졌다. 바이오리듬 이론에 따르면 출생일을 기점으로 계

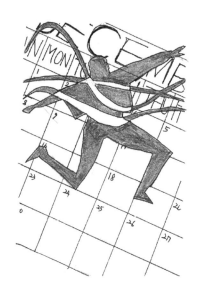

산된 파동 곡선에 따라 사람의 컨디션을 예측하고 조절할 수 있다고 한다. 예를 들어, 운동 경기에서 바이오리듬에 따라 출전 선수를 정하고, 학생들의 학업 스케줄도 바이오리듬을 고려하여 짜야 한다는 것이다. 그러나 바이오리듬 이론에 대한 반론도 만만치 않다. 바이오리듬을 믿지 않는 사람들은 바이오리듬에서 예측된 질병 사고율은 확률적으로도 설명할 수 있으며, 대부분의 연구가 결과에 짜 맞춰졌다는 점을 지적한다. 또한 바이오리듬과 일치하지 않는 사례도 많음을 지적한다. 바이오리듬 이론은 더치의 과학적 이론 수준 중 어떤 수준에 해당하는지 설명해보자.

6. 메스머주의(mesmerism)는 18세기 말 오스트리아의 의사 메스머(Franz Mesmer, 1734–1815)로부터 시작되었다. 메스머는 인간의 몸에 있는 자기류(magnetic fluid)를 조정하면 본인의 의지와 무관하게 팔다리가 움직이거나 마비되고, 흥분하거나 혼수상태에 빠질 수 있다고 주장했다. 메스머의 최면술은 선풍적인 인기를 불러일으켰다. 1830년대 영국에서 런던 대학병원의 의사 앨리엇슨(John Elliotson)은 메스머주의를 이용하여 새로운 치료법을 개발할 수 있다고 생각했다. 앨리엇슨은 마이클 패러데이와 같은 과학자를 증인으로 부르고 자기 병원의 환자들을 대상으로 최면 실험을 실시하기도 했다. 메스머주의는 더치의 과학적 이론 수준 중 무엇에 해당하는지 설명해보자.

7. 골상학(骨相學, phrenology)은 18세기 후반 독일의 의사 갈(Franz Gall, 1758–1858)이 뇌의 물리적 구조와 정신적 상태의 관계를 이해하기 위해 만들어낸 이론이다. 갈은 그림 4–3과 같이, 뇌의 각 부위가 27가지 능력과 성격에 대응하며, 두개골의 튀어나온 정도로 각 능력을 판단할 수 있다고 주장했다. 19세기 후반 미국의 골상학자 웰스(Samuel Wells, 1820–1875)는 대중에게 호소력 있는 설명으로 골상학을 널리 퍼트린 사람이다. 웰스는 성직자의 머리 모양을 비교하여, 종교적 신앙심을 담당하는 머리 윗부분이 튀어나온 사람이 다른 사람에 비해 종교적 신앙심이 월등히 높음을 보였다. 또한 웰스는 골상학으로 백

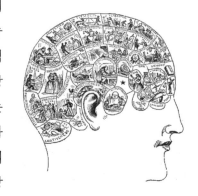

그림 4–3 **골상학 지도**

인 남성의 우월함을 정당화하기도 했는데, 그림 4-4와 같이 백인 남성의 뇌는 여성의 뇌보다 훨씬 크고, 인디언이나 흑인의 두개골은 원숭이의 두개골처럼 턱 부분이 앞으로 돌출되어 있음을 보였다(홍성욱, 2012). 골상학이 더치의 과학적 이론 수준 중 무엇에 해당하는지 설명해보자.

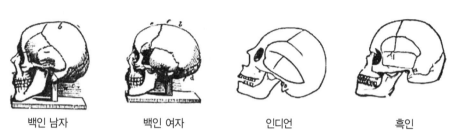

| 백인 남자 | 백인 여자 | 인디언 | 흑인 |

그림 4-4 **웰스의 네 가지 두개골(출처: www.uh.edu/engines/epi2148.htm)**

8. 식물 지각(plant perception)에 대한 다음 에피소드(이재영, 2009)를 읽고, 식물 지각 이론이 더치의 과학적 이론 수준 중 무엇에 해당하는지 설명해보자.

> 미국 중앙정보부 출신으로 사설 학원에서 거짓말 탐지기 사용법을 가르치던 백스터(Cleve Backster)는 흥미로운 발견을 했다. 백스터는 사무실의 고무나무 화분에 물을 주다가 뿌리에서 잎까지 물이 올라가는 속도가 궁금해졌고, 거짓말 탐지기의 전극을 잎의 양쪽에 부착했다. 거짓말 탐지기는 미세한 전기 변화와 수분의 양 등을 측정할 수 있기 때문이다. 그러나 아무것도 나타나지 않았다. 결과에 실망한 백스터는 갑자기 고문을 해보면 어떨까라는 생각이 들었다. 고무나무 잎 하나를 뜨거운 커피 잔 속에 집어넣었지만 아무런 변화가 없었다. 이번에는 성냥으로 잎을 지져보기로 마음먹었는데, 그 순간 그래프가 급격히 상승했다. 생각만 했을 뿐, 식물의 잎을 만지지도 않은 상태였다.
>
> 백스터의 잔인한 호기심은 계속되었다. 살아 있는 새우를 가져와서 식물 앞에서 한 마리씩 끓는 물에 떨어뜨렸다. 백스터는 자신의 감정이 개입되는 것을 막기 위해 새우를 떨어뜨릴 때 자동장치를 사용했다. 식물은 새우가 죽을 때마다 계속 격렬한 곡선을 그렸다. 그러나 이미 죽은 새우를 떨어뜨릴 때는 어떤 변화도 나타나지 않았다. 다른 여러 실험에서도 비슷한 현상이 나타났다. 과일, 야채, 곰팡이, 아메바, 짚신벌레, 효모, 심지어는 사람의 입속에서 긁어낸 상피세포에 이르기까지 모두 다른 생명이 고통받는 것에 대해 민감한 반응을 나타냈다.

9. 태양을 중심으로 지구가 공전하고 있다는 지동설이 과학적 이론으로서 어떠한 위상을 갖는지 루트번스타인의 네 가지 기준에서 평가해보자.

10. 나이를 먹을수록 시간이 점점 빨리 가는 것처럼 느껴지는 이유가 사람의 몸속에 있는 생체 시계(biological clock) 때문이라는 주장이 있다. 사람의 몸속에는 일종의 시계 같은 것이 내장 되어 있어서 시간에 따라 생체리듬을 조절하는데, 이를 생체시계라고 한다. 예를 들어, 사 람의 체온은 하루 종일 누워 있거나 어둠 속에 있더라도 낮과 밤에 일정하게 변한다. 그런 데 죽음이 가까워질수록 사람의 생체시계가 느려진다는 연구가 있다. 신경학자 맹건(Peter Mangan)의 실험에서, 마음속으로 3분을 헤아리게 한 결과, 20대 중반까지의 젊은이들은 3초 이내로 맞히지만, 40대 중반을 넘긴 중년층의 오차는 3분 16초이고, 60세 이상은 3분 40초 의 오차를 보였다(이재영, 2009). 생체시계가 느린 만큼 실제 시간이 빠르게 느껴진다는 것이 다. 이 주장을 루트번스타인의 네 가지 기준에서 평기해보자.

참고 문헌

이재영 (2009). 세상의 모든 법칙. 서울: 도서출판 이른아침.

이종호 (2006). 과학으로 여는 세계 불가사의. 서울: 문화유람.

최무영 (2008). 최무영 교수의 물리학 강의. 서울: 책갈피.

홍성욱 (2012). 그림으로 보는 과학의 숨은 역사. 서울: 책세상.

Avise, J. C. (2004). 유전자의 변신 이야기. 이영완 역, 서울: 뜨인돌.

Campbell, N. A. (2001). 생명과학: 이론과 현상의 이해(제3판). 김명원 등 역, 서울: 라이프사이언스.

Chalmers, A. F. (1985). 현대의 과학 철학. 신일철, 신중섭 역, 서울: 서광사.

Duschl, R. A. (1990). Restructuring science education. New York: Teachers College Press.

Dutch, S. I. (1982). Notes on the fringe of science. Journal of Geological Education, 30, 6-13.

Fischer, E. P. (2009). 과학을 배반하는 과학. 전대호 역, 서울: 북하우스.

Giere R. N. (1997). Understanding scientific reasoning (2nd ed.). New York: Holt, Rinehart and Winston.

Hedges, S. B. (2001). Afrotheria: Plate tectonics meets genomics. Prodeedings of National Academy of Sciences of the United States of America, 98(1), 1-2.

Kuhn, T. S. (1970). The structure of scientific revolutions (2nd ed.). Chicago: University of Chicago Press.

Laudan, L. (1970). Falsification and the methodology of scientific research programs. In I. Lakatos & A. Musgrave (Eds.), Criticism and the growth of knowledge. London, UK: Cambrige University Press.

Sheldrake, R. (1999). 세상을 바꿀 일곱 가지 실험들. 박준원 역, 서울: 양문.

Shermer, M. (2005). 과학의 변경지대. 김희봉 역, 서울: 사이언스북스.

Ring, K.(1980). Heading toward omega: In search of the meaning of the near death experience. New York: Morrow.

Root-Bernstein, R. C. (1984). On defining scientific theory: Creationism considered. In A. Montagu. (Ed.), Science and creationism. New York: Oxford University Press.

Wallace, R. A., Sanders, G. P., & Perl, R. J. (1993). 생물학: 생명의 과학(제3판). 이광웅 등 역, 서울: 을유문화사.

Wiggins, A. W., & Wynn, C. M. (2003). 사이비 사이언스. 김용완 역, 서울: 이제이북스.

Von Daniken, E. (2001). 나스카의 수수께끼. 이영희 역, 서울: 삼진기획.

Zankl, H. (2006). 과학사의 유쾌한 반란. 전동열, 이미선 역, 서울: 아침이슬.

5 과학 지식은 절대적일까?

새로 발견된 이 은하계는
빅뱅 이전에 생성된 것으로 보이는군요.

우리는 흔히 과학 지식이 다른 어떤 종류의 지식보다 더 믿을 만하다고 생각한다. 우리가 과학에 대해 객관적이고 합리적일 것이라고 기대하는 이유는 무엇일까? 여러 가지 이유가 있겠지만, 과학이란 엄밀하고 객관적인 관찰과 실험을 통해 얻어진 절대적 진리라고 주장하는 전통적 인식론의 영향을 무시할 수 없을 것이다. 만약, 전통적 인식론의 주장대로 과학 지식이 절대적인 불변의 진리라면, 모든 과학 지식은 시간과 장소에 무관하게 적용되어야 할 것이다. 그러나 실제는 그렇지 못하다. 예를 들어, 고대인들은 지구가 평평하다고 생각했지만 오늘날에는 지구가 둥글다고 생각한다. 태양, 별, 그리고 여러 행성들이 모두 지구 주위를 돈다는 천동설은 지구가 태양 주위를 돈다는 지동설로 바뀌었다. 20세기 초까지만 해도 많은 물리학자들은 뉴턴(Isaac Newton, 1672-1727)의 물리학이 절대적인 진리이며 이에 근거한 물리학의 체계가 거의 완성되었다고 믿었다. 그러나 아인슈타인(Albert Einstein, 1879-1955)의 상대성 이론과 양자역학이 등장하면서 이 믿음은 무너졌다. 또한 모든 물질이 연속적이라는 물질관은 물질이 불연속적인 작은 알갱이로 구성되어 있다는 원자론에 자리를 내주었다. 그렇다면 과학 지식은 절대적인 진리라고 할 수 없지 않을까?

> 앗! 배가 낭떠러지에서 떨어진다!

Activity 5-1

참과 거짓, 그리고 상식

오늘날에는 더 이상 천동설을 믿는 사람이 없으며, 누구나 지동설이 옳다고 생각한다. 그럼에도 불구하고 우리는 일상생활에서 "태양이 동쪽에서 뜨고 서쪽으로 진다."라는 표현을 자주 사용한다. 다음 물음에 답해보자.

> 해가 동쪽에서 뜨는군.

> 지구가 서에서 동으로 자전하는군.

(1) 이 표현은 과학적으로 옳을까? 그 이유는 무엇인가?

(2) 지동설의 관점에서 볼 때, 이 표현은 "지구가 서에서 동으로 자전한다."로 수정되어야 한다. 그러나 사람들이 "태양이 동쪽에서 뜨고 서쪽으로 진다."라는 표현을 일상생활에서 계속 사용하는 이유는 무엇일까?

　전통적 인식론에서는 자연이 인간의 의지나 사회문화적 변화와는 독립적으로 존재하는 물리적 실재라고 간주한다. 따라서 과학자는 객관적인 관찰과 정밀한 실험 결과에 근거하고 합리적인 사고를 통해 자연에 내재해 있던 법칙과 이론을 발견하는 사람이다. 그런데 과학자도 실수를 할 수 있는 인간이므로, 과학 지식에서도 오류가 나타날 수 있다. 전통적 인식론의 입장에 따르면, 오랫동안 자연 현상을 정확히 묘사하는 진리로 여겨지던 과학적 이론이 한순간에 불완전한 이론으로 전락하고 새로운 과학적 이론이 등장하는 것은 바로 이와 같은 오류 때문이다. 이처럼 현재의 과학 지식이 불완전할 수도 있지만, 시간이 흘러 새로운 기술과 도구가 발달된다면 과학 지식은 더 완벽해질 수 있다는 것이 전통적 인식론의 주장이다.

　예를 들어, 옛날에는 지구나 우주 탐사 경험도 없었고 관측기구도 변변치 않았다. 따라서 과학자들은 기존의 자료에만 근거해서 지구를 중심으로 태양과 다른 별들이 움직인다고 생각했다. 그러나 천문 관측 기술이 발전하고 별의 움직임에 대한 과학자들의 천문학적 이해가 깊어지자 천체 운동에 대한 새로운 이론이 등장했다. 코페르니쿠스(Nicolaus Copernicus, 1474-1643)는 태양이 우주의 중심이라는 지동설을 제시했고, 뉴턴은 만유인력의 법칙으로 태양계에서 행성들의 운동을 설명했다.

　전통적 인식론의 관점에서 볼 때, 천동설이 중세 시대를 지배했던 것은 그 당시 과학자들의 한계 때문이다. 중세의 과학자들은 천동설을 주장했지만, 태양과 태양을 중심으로 공전하는 9개 행성은 태고부터 오늘날까지 언제나 일정한 방식으로 움직여왔다. 이것이 바로 자연의 본래 모습이며, 이처럼 자연에 대한 변함없는 지식이 바로 절대적 진리인 과학이라는 것이다. 따라서 전통적 인식론에서는 천동설에서 지동설로의 변화는 곧 천체에 대한 지식이 절대적 진리로 발전한 것이며, 이와 같이 과학은 계속 발전하여 궁극적으로 절대적인 진리에 도달한다고 주장한다.

그러나 과학 지식이 자연에 대한 절대적이고 보편적인 진리라고 가정하면, 명백하게 잘못된 과학이 꽤 오랫동안 폐기되지 않았던 역사적 사례를 설명하기가 곤란하다. 20세기 전반까지 많은 생물학자와 의사들은 우생학(eugenics)의 이론과 실천에 나름대로의 소신을 가지고 과학이라고 믿었지만, 이 이론은 이후 사이비 과학으로 판명되었다. 또한 19세기에는 거의 모든 과학자가 빛을 전달하는 매개체인 '에테르(ether)'의 존재를 믿었지만, 20세기에 들어와서는 물리학자 중 이를 믿는 사람은 극소수에 불과하다. 그렇다면 시간이 흐름에 따라 과학 지식이 변하는 이유는 무엇일까?

읽을거리

에테르

처음에 과학자들은 빛이 에너지를 가진 일종의 파동이라고 생각했다. 만약 입자라면 질량이 있어야 하는데 빛은 질량이 없는 것으로 보였기 때문이다. 그렇다면 파동인 빛이 어떻게 우주에서 전달될 수 있을까? 당시에도 우주가 진공 상태라는 것은 알았기 때문에, 파동인 빛이 전달되기 위해서는 우주 공간에 빛을 전달해주는 매질이 존재할 것이라고 가정했다. 이러한 가정에서 나온 것이 에테르라는 가상의 물질이다. 빛의 파동설을 주장한 하위헌스(Christian Huygens, 1629~1695)는 단단하고 탄성이 있는 입자인 에테르라는 물질이 존재한다고 가정했다. 에테르는 맑고 깨끗한 대기라는 뜻으로서, 빛뿐만 아니라 중력과 같은 물체의 상호작용에도 매개물로 작용한다고 생각했다. 그 후 베르누이(Daniel Bernoulli, 1700~1782)와 오일러(Leonhard Euler, 1707~1983) 등이 에테르의 역학에 대해 연구했는데, 탄성체인 에테르로는 빛의 편광이나 복굴절 현상을 설명하지 못함을 알게 되었다. 에테르로 인한 모순을 해결하기 위해 이후에도 연구가 계속 진행되었지만 문제는 여전히 해결되지 않았다. 그런데 아인슈타인이 빛의 입자성을 주장하고 난 뒤 에테르에 대해 가정할 필요성이 사라졌고, 오늘날에는 더 이상 이 개념을 가정하지 않는다. 하지만 에테르에 대한 연구 과정에서 광학과 전자기학의 많은 발전이 있었음은 부인할 수 없는 사실이다.

과학 지식의 변화 모형

과거에서 현재에 이르기까지 과학 지식이 계속해서 변화하고 발달되어왔음은 누구나 인정하는 사실이다. 그러나 과학 지식이 변화하는 이유와 과정에 대한 해석은 인식론적 입장에 따라 다르며, 최근에 들어 과학사 분야에서 이루어지는 활발한 연구를 바탕으로 여러 가지 관점들이 제시되고 있다.

(1) 누적 모형

과학 지식의 변화에 대한 누적(accretionary) 모형은 과학자들의 연구를 통해 얻어진 새로운 과학 지식이 기존의 과학 지식 체계에 추가됨으로써 결과적으로 과학 지식이 변화된다고 설명한다. 예를 들어, 물질을 구성하는 기본적인 입자에 대한 탐구는 고대에서부터 시작되어 원자, 전자, 쿼크의 발견이라는 성과를 거두었지만, 오늘날에도 멈추지 않고 미지의 소립자를 찾는 연구로 계속 이어지고 있다. 즉, 과학자들이 한 주제에 대해 연구를 거듭하면 관련 분야의 지식이 증가하고 더 정확해지는 것은 분명해 보인다. 과학 지식이 누적된다는 관점에 따르면, 시간이 흐름에 따라 과학 지식이 정교해지고 적용 범위가 넓어지면서 결과적으로 과학의 진보도 가능해진다. 누적 모형은 과학 지식의 객관성에 대한 일반적인 믿음과 일관되는 모형이다.

그런데 과연 과학 지식이 기존 지식에 새로운 지식이 누적되면서 변화하는 것이라고 단정할 수 있을까? 과학사를 살펴보면, 과학 지식이 누적되면서 발전한다는 주장에 맞지 않는 사례를 쉽게 찾을 수 있다. 예를 들어, 천동설에서 지동설로의 변화나 플로지스톤설에서 연소설로의 변화는 새로운 과학 지식이 기존의 지식에 누적되는 방식이 아니라, 새로운 이론이 채택되고 기존 이론은 폐기되는 방식으로 이루어졌다.

Activity 5-2

하비의 혈액 순환 이론

생리학에서 혈액에 대한 갈레노스(Claudios Galenos, 129-199)의 영기(靈氣) 이론은 하비(William Harvey, 1578-1657)의 혈액 순환 이론으로 대체되었다.

서양에서는 고대 이래로 로마 황제의 주치의였던 갈레노스의 인체 구조 및 작용에 관한 이론이 정설로 받아들여져 왔다. 갈레노스는 당시의 의학 지식을 집대성하여 700여 권에 달하는 엄청난 저서를 집필했으며, 이로 인해 1,500년이 지나도록 감히 그의 권위에 도전하는 사람이 없었다. 당시에 사람들은 심장의 왼쪽에서 '영(靈, pneuma)'이 동맥으로 뿜어져 나와 인체로 퍼져간다고 생각했다. 갈레노스는 기존의 이론을 수정하여 '생명의 영', '자연의 영', '동물의 영'으로 각각 호흡, 소화, 신경 활동을 설명하는 영기 이론을 주장했다.

영기 이론에 따르면, 위와 장을 거쳐 소화된 음식은 간에서 '자연의 영'이 깃든 혈액으로 바뀐 후, 정맥을 통해 온몸으로 전달되고 근육이나 여러 기관에서 소모된다. 대정맥을 통해 심장의 우심실로 들어간 '자연의 영'이 깃든 혈액은 보이지 않는 구멍을 통해 우심실에서 좌심실로 이동한 후, 폐로 들어온 '영'과 좌심실에서 합쳐져 '생명의 영'이 된다. 이 '생명의 영'은 동맥을 통해 혈액과 함께 이동하며 생명력과 열 등으로 소모된다. 한편, '생명의 영'은 동맥을 통해 뇌로 흘러

가서, '괴망(怪網)'이라는 혈관 구조에서 '동물의 영'으로 바뀐 후 신경을 통해 근육과 감각 기관에서 소모된다. 갈레노스는 인간 활동의 원천은 '영'이며, 정맥, 동맥, 신경이 서로 분리되어 다른 기능을 담당한다고 보았다.

더 나아가 갈레노스는 영기 이론을 히포크라테스의 네 가지 체액설과 결부시켜 모든 질병을 설명했다. 이러한 견해는 인간의 몸을 신성시하여 인간 해부를 금하는 종교적 풍토와 결부되어 설득력 있게 받아들여졌다. 레오나르도 다빈치도 간에서 피가 만들어진다는 갈레노스의 이론에 따라 인체 도해에서 간에서 나오는 혈관을 더 크게 묘사했다고 한다.

그러나 르네상스 시대부터 인체 해부가 진행되기 시작하면서 갈레노스의 이론 체계에 문제점이 있음이 드러났다. 과학자들은 인체에서 갈레노스의 이론에서 말했던 좌심실과 우심실 사이의 작은 구멍과 뇌 속의 괴망 구조를 찾는 데 실패했다. 이러한 상황에서 영국의 의학자 하비가, 피가 온몸을 순환한다는 새로운 이론을 발표했다. 하비는 심장의 박동과 동맥의 맥박 사이의 관계를 연구하던 중 갈레노스의 이론과 일치하는 않는 결과를 얻고서 이를 설명하려고 시도했다. 하비는 살아 있는 동물의 뛰는 심장과 죽은 사람의 심장을 관찰하는 실험 연구와 수

치를 측정하는 정량적 연구를 도입했다. 그는 심장이 한 번 박동할 때마다 뿜어 나오는 혈액의 양과 동맥의 맥박 횟수를 바탕으로, 적어도 1시간에 300kg 이상의 혈액이 심장에서 방출됨을 밝혀내었다. 따라서 사람 체중의 몇 배가 되는 많은 양의 혈액이 매일 간에서 만들어지고 소모되는 것은 불가능하다고 생각했다. 하비는 피가 심장에서 나와 동맥을 지나 온몸을 순환한 뒤 정맥을 타고 다시 심장으로 돌아온다는 주장을 폈고, 이를 뒷받침하는 여러 가지 실험적 증거를 제시했다. 하비의 혈액 순환 이론이 등장하면서 인체에 대한 생리학 연구는 새로운 전기를 맞게 되었다.

(1) 갈레노스의 영기 이론이 하비의 혈액 순환 이론으로 변화되는 과정을 누적 모형으로 설명해보자.
(2) 누적 모형으로 설명하는 과정에 문제가 있다면, 그 이유는 무엇인가?

쉬어가기

마음은 어디에?

마음은 우리 몸의 어디에 있을까? 이 문제는 오랫동안 철학과 과학의 공통적인 주제였다. 예전에는 마음이 심장에 있다고 생각했다. 한자의 마음 심(心)이나 서양의 하트(♥)는 모두 마음이 심장에 있다고 믿었기 때문에 만들어진 표식이다(최원석, 2006). 즉, 사람의 마음이 심장에서 온다고 생각했던 것은 동양이나 서양이나 마찬가지로 보편적이었다. 그런데 이 보편적 상상에 제동을 거는 사람이 나타났다. 고대의 가장 유명한 의사였던 갈레노스는 사람의 마음이 뇌에 있다고 생각했다. 혈액 순환 이론에서는 갈레노스가 틀렸지만, 마음에 대해서는 갈레노스가 옳았다. 오늘날에는 마음이 뇌에서 일어나는 일련의 과정이라고 생각한다.

(2) 진화 모형

브라헤(Tycho Brahe, 1546-1601)는 혜성과 행성의 운동을 관측한 결과, 프톨레마이오스(Claudius Ptolemaeus, 약 90-168)의 천동설에 오류가 있다는 사실을 발견했다. 그러나 브라헤는 지동설의 증거인 항성의 연주시차를 측정하는 데 실패했기 때문에 코페르니쿠스의 지동설도 받아들이지 않았다. 브라헤는 두 이론을 절충하여, 행성들은 태양 주위를 돌고 태양과 달은 지구 주위를 돈다는 새로운 이론을 제안했다. 브라헤의 예에서 볼 수 있는 것처럼 과학 지식의 발달이 항상 누적적으로 일어나지 않는다는 문제의식을 바탕으로, 과학 지식의 변

화 과정을 설명하는 새로운 주장이 등
장했다. 과학에서는 하나의 자연 현상을
설명하기 위해 여러 이론들이 서로 경쟁
하게 되는데, 그 이론들 중에서 엄격한
검증 과정을 거친 이론만이 과학적 이론
으로 살아남는다는 것이다. 새로운 과학
적 이론은 기존의 과학 지식 체계와 잘
맞아서 기존 이론을 대부분 포함하면서
새로운 내용이 더해지는 경우도 있지만,
때로는 기존 이론을 완전히 대체하는 경

우도 있다. 이론의 변화 과정에 대한 이러한 설명 방식은 현대 생물학의 진화
이론과 매우 흡사하다는 점에서 진화(evolutionary) 모형이라고 부른다. 진화 모
형은 포퍼(Karl Popper, 1902–1994), 러커토시(Imre Lakatos, 1922–1974), 툴민(Stephen
Toulmin, 1922–) 등의 주장에 잘 나타난다.

　포퍼는 과학자들이 문제를 해결하기 위해 반증 가능한 가설을 제시하고 동
료 과학자들이 이 가설에 대해 엄격한 비판과 시험을 반복하는 것이 전형적인
과학의 과정이라고 주장했다. 만약 가설이 반증된다면, 그 가설은 폐기되고
새로운 가설이 세워질 것이다. 그러나 반대로 가설이 과학자들의 검증을 통과
한다면, 과학 지식의 체계 내에 살아남는다. 즉, 반증하려는 반복적인 시도에
도 살아남은 설명 체계가 과학적 이론인 것이고, 이 이론을 과학 공동체가 계
속 유지하고 사용한다는 것이다(Ladyman, 2003). 러커토시는 과학사를 돌이켜
볼 때, 같은 시대에 동일한 현상을 설명하기 위한 경쟁적인 연구 프로그램, 즉
과학적 이론들이 존재했음을 지적했다. 서로 경쟁하는 프로그램들 중에서 새
로운 현상의 발견을 유도하는 프로그램은 전진적 프로그램으로서 과학자들의
지지를 얻지만, 반대로 새로운 현상의 발견에 실패한 프로그램은 퇴행적 프로
그램으로서 경쟁하던 프로그램에 그 자리를 내주게 된다.

　진화 모형은 새로운 지식이 기존의 과학 지식에 단순히 추가되는 것만으로
는 이해하기 곤란했던 과학 지식 발달의 속성을 보다 잘 설명할 수 있다. 특히,
이전의 과학 지식 체계와 분명히 구분되는 새로운 지식 체계의 등장뿐 아니라,
이전의 과학 지식이 새로운 과학 지식의 발전에 기여하는 과정도 동시에 설명
할 수 있다는 장점이 있다. 그러나 반대로 문제점도 있는데, 어떤 과학적 이론

에 반증 사례가 있다고 그 이론이 무조건 퇴출되는 것은 아니라는 것이다. 만약 모든 반증 사례를 무조건 받아들여 문제가 지적된 과학적 이론을 폐기한다면 과학은 완전히 혼돈의 상태가 될 것이다. 따라서 실제로는 어떤 과학적 이론보다 더 성공적인 대안적 이론이 없다면, 그 이론을 반증하는 증거가 있더라도 종전의 이론을 포기하지 않고 사용하는 경우가 종종 있다. 예를 들어, 보어(Niels Bohr, 1885–1962)의 초기 원자론은 논리적인 일관성이 부족하여 설명하지 못하는 관찰 결과가 적지 않았지만, 뚜렷한 다른 대안이 없었으므로 채택되어 사용되었다. 마찬가지로, 진화론은 지지하는 증거가 매우 방대하기 때문에 진화론으로 설명하지 못하는 증거가 일부 있더라도 진화론 자체는 전혀 흔들리시 않는다. 진화론을 폐기하기 위해서는 진화론으로 설명되는 수많은 증거들을 더 잘 설명하는 이론이 제시되어야 한다. 이와 같이, 어떤 과학적 이론을 뒷받침하는 근거가 든든할수록 이 이론에 대한 확신은 커지고, 설명되지 않는 사례에 대한 면역력도 커진다. 외부의 바이러스나 박테리아를 체내에서 몰아내려는 생물학적 면역 체계와 마찬가지로, 몇 개의 반증만으로는 과학적 이론이 흔들리지 않는 경우가 많다.

Activity 5-3

절지동물의 새 계통도

　나비, 지네, 게, 거미는 모두 다리에 마디가 있는 절지(節肢)동물에 속한다. 최근 이들의 DNA 염기 서열 분석 결과를 바탕으로, 나비와 같은 곤충류는 게와 같은 갑각류와 더 가깝고 지네와 같은 다지류는 거미와 같은 협각류와 더 가깝다는 연구 결과가 발표되었다. 절지동물의 새 계통도에 대한 다음 기사를 읽고, 동물의 분류 체계가 시간이 흐름에 따라 변하는 이유를 설명해보자.

내가 거미보다 게와 더 가깝다고?

절지동물 새 족보(族譜) 나왔다

경북대 사범대 과학교육학부에 재직 중인 황의욱(黃義郁, 32) 교수가 절지동물(다리에 마디가 있는 무척추동물)에 대한 계통도를 새롭게 정립한 논문을 세계적인 과학 학술지인 「네이처」에 발표해 주목을 끌고 있다. 황 교수가 밝힌 주요 내용은 곤충류(昆蟲類; 매미, 나비 등)와 갑각류(甲殼類; 게, 새우, 물벼룩 등), 다지류(多肢類; 지네, 노래기 등)와 협각류(鋏脚類; 거미, 전갈, 투구게 등)가 각각 사촌이라 할 정도로 가까운 관계에 있다는 것.

지난 13일 자로 발행된 「네이처」의 주요 논문난에 실린 황 교수의 논문은 그동안 논란이 많았던 절지동물 계통도를 재정립한 것으로, 생물학 교과서를 새로 써야 할 정도로 획기적인 업적으로 학계는 평가하고 있다. 황 교수는 논문에서 전체 1만 6천 개에 달하는 미토콘드리아의 DNA 염기 서열을 비교·분석해 절지동물의 네 가지 분류군인 곤충, 갑각, 협각, 다지류 간의 계통 유연관계를 설명했다. 특히, 그는 절지동물의 미토콘드리아 유전체(genome) 내의 유전자 배열 순서와 단백질을 암호화하는 DNA 영역으로부터 유추된 아미노산 서열을 근거로, 곤충류는 다지류보다 갑각류와 더욱 가까운 관계에 있고 다지류는 오히려 협각류와 근연 관계에 있다는 견해를 밝혔다.

그동안 협각류와 다지류의 관계는 유전자나 분석 방법에 따라 다양한 결과들이 나와 논란이 됐지만, 황 교수가 이번 논문에서 네 가지 분류군의 미토콘드리아 유전체 전체를 비교·분석해 근연 관계를 규명함으로써 논란에 종지부를 찍을 것으로 학계는 평가하고 있다.

(연합뉴스, 2001년 9월 14일)

(3) 격변 모형

격변(revolutionary) 모형은 과학의 발달에 관한 쿤(Thomas Kuhn, 1922–1996)의 설명 체계에 잘 나타나 있다. 누적 모형이나 진화 모형과 달리, 격변 모형에서는 과학은 새로운 과학적 이론이 기존 이론을 혁명적으로 대체함으로써 발달한다고 주장한다. 즉, 기존 이론과 양립할 수 없는 혁명적인 새로운 과학적 이론을 과학자들이 받아들이고, 그 결과 새로운 목적에 따라 새로운 과학적 방법을 이용하여 자연을 탐구함으로써 과학의 발달이 이루어진다는 것이다. 이때, 새로운 과학적 이론을 단순히 기존 이론과 비교하는 것은 무의미한데, 이는 새로운 과학적 이론이 방법적인 측면에서뿐 아니라 세상을 바라보는 인식론적

그림 5-1 쿤의 과학의 발달 과정

인 관점에서도 기존 이론과 완전히 다르기 때문이다.

쿤이 주장하는 과학의 발달(그림 5-1)의 출발점은 '전과학(pre-scientific)'이다. 전과학은 특정한 현상에 대해 다양한 설명 방식이 존재하지만 보편적으로 합의된 견해가 없는 상태다. 그러다가 특정한 이론이 많은 지지를 받으면 패러다임(paradigm)이 형성되고, 많은 과학자들이 이 패러다임 내에서 연구를 수행하는 '정상 과학(normal science)' 시기에 도달하게 된다. 정상 과학 시기의 연구는 새로운 현상을 찾거나 세계관을 바꾸는 것이 목적이 아니라, 주어진 패러다임의 틀 내에서 자연을 해석함으로써 그 패러다임을 보다 통합적이고 완벽하게 만드는 것이다(Buchanan, 2004). 만약 패러다임이 없다면 과학자들은 어떤 결과가 중요하고 어떤 결과가 그렇지 않은지 결정할 수 없을 정도로 자연 현상의 바다에 빠질 것이다. 패러다임은 과학자들에게 개념이라는 든든한 기초를 제공해주고, 과학자들은 기계적이라고 보아도 무방할 정도로 연구를 수행함으로써 패러다임에 종교적 열정과 비슷한 종류의 믿음을 가지게 된다.

그러나 패러다임의 범위를 넓히고 정교하게 하는 정상 과학이 영원히 지속되지는 않는다. 즉, 시간이 흐름에 따라 패러다임의 기본 이론으로 설명되지 않는 개념적 역설이나 실험적인 반증과 같은 변칙적인 사례가 필연적으로 나타난다. 물론 몇 개의 변칙 사례로 기존의 패러다임에 대한 믿음이 단번에 무너지는 것은 아니다. 그러나 해결되지 않는 변칙 사례가 계속 축적된다면, 패러다임에 대해 전반적인 의문이 제기되고 과학 공동체도 패러다임의 위기에 대해 감지하기 시작한다(Ladyman, 2003). 이러한 위기가 어느 수준을 넘어서면 패러다임과 이에 기초한 정상 과학은 무너진다. 과학자들은 더 이상 기존 패러다임 내에서의 축적이나 확장만으로는 연구가 전진할 수 없다는 것을 깨닫게 되고, 결국은 기존 패러다임의 일부를 부수고 새로 만든다

(Buchanan, 2004). 처음에는 바위 하나가 굴렀지만 결국에는 엄청난 산사태가 발생하듯이, 패러다임의 한 부분을 새로 만들면 연관된 다른 분야에서도 모두 새로운 변화가 일어나므로 패러다임의 교체는 총체적이고 혁명적인 성격을 지니게 된다. 예를 들어, 원자에 대한 양자론이 등장하면서 고체, 액체, 기체에

패러다임

일반적으로 패러다임은 특정한 과학자 사회가 공유하는 신념, 가치, 기술 등의 총체를 의미한다. 따라서 서로 다른 패러다임 내에 있는 과학적 이론들은 용어와 개념을 같이 사용하는 것이 불가능할 정도로 패러다임들 사이의 차이는 총체적이다(Nobel Foundation, 2007). 아인슈타인의 세계는 뉴턴의 세계와는 다른 세계이고, 코페르니쿠스의 지구는 프톨레마이오스의 지구와는 다른 대상이다(Ladyman, 2003). 따라서 한 패러다임이 다른 패러다임으로 변한다는 것은 종교적 개종에 비교할 수 있을 만큼 모든 측면에서의 변화를 의미한다. 그러나 정작 쿤 자신은 패러다임의 개념에 대해 유연한 입장을 취한다.

> 부분적으로는 내가 제시한 예 때문에, 또 부분적으로는 관련된 공동체의 성질과 크기에 대한 나의 모호함 때문에 …… 내가 코페르니쿠스, 뉴턴, 다윈, 아인슈타인과 같은 거대한 혁명에만 관심을 가진다고 결론을 내렸다. …… 내가 말하는 혁명이란, 집단이 의지하는 준거를 재구성하는 특별한 종류의 변화이다. 그러나 이것은 큰 변화일 필요가 없고, 그 집단 밖에서도 혁명적으로 보일 필요가 없으며 ……
>
> (Buchanan, 2004, p. 250)

즉, 쿤 자신도 인정하듯이, 패러다임의 본질을 정확히 규정하는 것은 사실상 거의 불가능하므로, 패러다임의 의미를 파악하기 위해서는 패러다임을 구성하는 전형적 요소를 살펴보는 것이 유용하다. 패러다임의 몇 가지 전형적인 요소는 다음과 같다(Chalmers, 1985).

(a) 명백한 법칙이나 이론적 가정: 러커토시의 견고한 핵과 유사한 요소로 볼 수 있다. 예를 들면, 뉴턴의 운동 법칙이 이에 해당한다.

(b) 기본적인 법칙을 적용하는 표준적인 방법: 예를 들어, 뉴턴의 운동 법칙을 행성의 운동, 진자, 당구공의 충돌 등에 적용할 때 필요한 방법을 의미한다.

(c) 실험 장치와 기술(technique): 뉴턴의 운동 법칙을 예로 들면, 이 법칙을 적용할 때 필요한 망원경의 초점을 맞추는 기술이나 자료를 정리할 때 필요한 기술들과 같이, 끊임없는 연습과 경험에 의해서 익혀야 하는 실험 기술을 의미한다. 이러한 기술을 암묵적 지식(tacit knowledge)이라 부르기도 한다(Ladyman, 2003).

(d) 일반적인 형이상학적 원리: 뉴턴의 운동 법칙은 물리적 세계가 기계적인 체계로 설명될 수 있다는 일반적인 원리에 근거하고 있다.

(e) 방법론적인 규범: 예를 들어, '당신의 패러다임이 자연과 조화를 이루도록 하는 진지한 노력을 게을리하지 말라.'거나 '패러다임이 자연과 조화를 이루지 않는 경우, 그것을 심각한 문제로 취급하라.' 등의 일반적이고 광범위하게 적용되는 규범을 의미한다.

대한 과학적 이론도 모두 바뀌어야 했다. 고전 물리학에서 상대성 이론과 양자역학으로 패러다임이 변화되면서 자연을 이해하는 수학적 기법이나 실험을 수행하고 해석하는 새로운 방식이 나타났다. 그러나 이것뿐만이 아니었다. 패러다임의 변화는 공간과 시간의 관계 및 물질의 근본 구조에 대한 새로운 철학적 관점뿐 아니라 원인과 결과의 관계에 대한 세계관의 변화까지 이끌어내었다(Bowler & Morus, 2008). 이와 같이, 위기를 해결하기 위한 새로운 설명 체계가 제안되고, 과학자들이 이 체계를 받아들여 새로운 패러다임을 형성하는 일련의 과정을 '과학 혁명(scientific revolution)'이라고 한다. 정상 과학이 전통을 보존하는 것이라면, 과학 혁명은 전통을 파괴하는 것이다(Buchanan, 2004). 과학 혁명의 결과, 과학자 사회가 새로운 패러다임을 수용하고 이 패러다임에 기초하여 새로운 연구가 수행되면, 새로운 정상 과학 시기에 도달하게 된다.

Activity 5-4

늙어가는 대통령

　같은 그림이라도 보는 순서에 따라 다르게 보이는 경우가 있다(Haken, 1990). 다음 그림 (a)는 어떤 남자의 얼굴이다. 그림 (b)와 (c)는 이 남자가 나이가 들어감에 따라 변한 얼굴이다.

　　　(a)　　　　　　(b)　　　　　　(c)

(1) 다음의 그림 (d)부터 (h)까지 남자의 얼굴이 어떻게 변해가는지 관찰해보자.

　　(d)　　　　　(e)　　　　　(f)　　　　　(g)　　　　　(h)

(2) 이제 반대로 그림 (h)부터 거꾸로 그림을 관찰해보자. 그림이 무엇으로 보이는가?

(3) 같은 그림이라도 처음에 남자의 얼굴이라고 생각하면 그렇게 보이고, 처음에

여자의 몸이라고 생각하면 또 다르게 보이는 이유를 과학의 패러다임에 근거
하여 설명해보자.

누적 모형이나 진화 모형은 새로운 이론이 기존 이론보다 우월하다고 가정
하므로, 결과적으로는 과학이 시간이 흐름에 따라 보다 완전하고 절대적인 진
리를 향하여 진보한다는 합리주의적 입장에 가깝다. 우리는 과학이란 자연에
대해 완벽하고 객관적인 설명을 하기 위해 부단히 전진하는 활동이라고 생각
하는 데 익숙해 있다. 그러나 쿤은 과학의 발전이 결코 무엇인가를 향한 발전
의 과정이 아니라고 주장한다(김용준, 2005). 예를 들어, 연금술사들이 발견한
물질 목록에는 매우 다양한 물질들이 들어 있지만 금속의 종류는 매우 적다.
연금술사들의 화학 지식이 상당한 수준이었지만, 왜 여러 종류의 금속이 있다
는 사실은 알아내지 못했을까? 가장 핵심적인 문제는 연금술사들의 패러다임
에는 원소들을 분리할 수 있다는 개념이 존재하지 않았다는 점이다(Ball, 2007).
연금술사들은 여러 종류의 금속들이 기본적으로 서로 다른 숙성(熟成) 단계,
즉 동일한 물질들(예를 들어, 황과 수은)이 서로 다른 순도를 지니는 것으로 생각
했다. 즉, 연금술사들에게 금속은 고유한 원소로 이루어진 것이 아니라 가장
고도로 혼합된 물질에 속하는 것으로 받아들여졌다. 따라서 사물의 구성 원
리에 관심이 있었던 연금술사들은 복잡한 금속보다는 단순한 물질들로 실험
을 했다. 연금술사들의 패러다임이 여러 가지 금속들을 화학적으로 구분해내
는 데 오히려 장애물로 작용한 것이다. 격변 모형은 새로운 과학적 이론이 기
존 이론보다 반드시 옳거나 진리에 가깝다고 단정할 수 없으며, 과학적 이론
을 선택하는 기준은 시대에 따라 달라질 수밖에 없다는 상대주의적 입장을 취
하고 있다. 또한 격변 모형에서는 과학자 사회가 패러다임을 공유하고 전수하
고 발전시킨다고 간주하므로, 과학이 본질적으로 사회적인 활동이라는 입장
을 지닌다(홍성욱, 2004).

(4) 점진 모형

격변 모형에 대해 지적되는 한계 중 하나는 천동설에서 지동설로의 변화, 뉴
턴 역학에서 양자역학으로의 변화, 그리고 진화론의 등장 등과 같이 과학사에
큰 획을 그었던 거대 이론의 변화를 설명할 때만 유용하다는 점이다. 즉, 패러

다임의 변화와 과학 혁명과 같은 개념은 과학의 역사에서 빈번히 발생하는 과학적 이론의 작은 변화를 설명하기에는 적절하지 않다는 것이다. 또한 시간이 충분히 흐르고 난 시점에서 이론의 의미를 음미해볼 수 있는 우리에게는 새로운 이론의 등장이 혁명적이지만, 당시의 사람들에게는 그렇지 않을 수 있다는 비판도 있다. 즉, 격변 모형은 과학사적인 사례를 평가하기에는 적합하지만 현재 이루어지고 있는 과학 활동을 평가하는 데는 도움이 되지 못한다는 지적이 있다. 과학사 연구에서 나타난 증거들을 토대로 라우든(Laudan, 1984)은 과학적 이론의 변화에 대한 격변 모형의 문제점을 다음과 같이 지적했다.

첫째, 격변 모형에서는 과학적 이론이 변화하면 과학적 방법이나 과학자들이 연구하는 목적도 동시에 변한다고 주장한다. 그러나 라우든은 과학사에서 총체적으로 일어나는 변화보다는 점진적인 변화가 훨씬 많았음을 지적한다. 즉, 과학적 이론, 과학적 방법, 과학 목적의 변화는 독립적으로 이루어진다는 것이다.

둘째, 격변 모형은 과학 지식의 변화 과정에서 합의를 지나치게 강조하고 있다. 현재의 패러다임으로 설명되지 않는 변칙 자료가 누적되어 기존 이론의 지위가 흔들리는 시점에 도달하면, 과학자 사회 내에는 기존 이론을 고수하려는 입장과 새로운 이론을 받아들이려는 입장이 충돌하게 된다. 과학사에서는 이러한 불일치와 대립의 과정을 쉽게 발견할 수 있다. 과학적 이론을 둘러싼 이와 같은 불일치와 대립의 과정을 무시하고 이론의 교체가 순조롭게 일어난다고 간주하는 것은 과학사의 변화 과정과 일치하지 않는다. 사람들은 기존의 설명 체계가 부적합하다고 인정하기 전까지는 새로운 이론을 받아들이지 않으며 심지어 고려조차 하지 않는다고 알려져 있기 때문이다. 따라서 기존 이론이 폐기되면서 동시에 새로운 이론이 정립된다는 관점은 합의를 바탕으로 과학적 이론이 변화됨을 가정하는 것이므로 적절하지 못하다.

셋째, 격변 모형은 새로운 과학적 이론의 정립 과정에서 목적과 방법의 중요성을 간과한다. 과학적 이론의 변화는 자연 현상을 설명하는 새로운 관점이 나타날 때뿐 아니라, 과학 탐구의 목적이나 방법 측면에서의 변화로 인해 기존 이론으로는 설명되지 않는 증거들이 누적될 때에도 일어날 수 있기 때문이다.

이러한 맥락에서 점진(piecemeal) 모형이 제안되었다. 점진 모형에서는 과학적 이론의 변화가 총체적(holistic)이고 격변적인 것이 아니라 점진적인 특성을 가진다고 주장한다. 라우든은 3차원 네트워크(triadic network) 모형에서 과학 탐구를

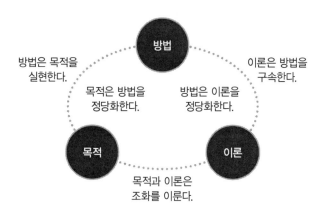

방법은 목적을
실현한다.

이론은 방법을
구속한다.

목적은 방법을
정당화한다.

방법은 이론을
정당화한다.

목적과 이론은
조화를 이룬다.

그림 5-2 **3차원 네트워크 모형**

구성하는 세 가지 요소로서 과학적 이론(theory), 과학적 방법(method), 그리고 과학의 목적(goal or aim)을 제시하고, 이 세 가지 요소는 과학의 발달 과정에서 서로 독립적으로 발생하고 개별적으로 발달한다고 주장했다(그림 5-2). 또한 이 세 가지 요소가 일시적으로 상호배타적일 수도 있으므로, 쿤이 주장한 것처럼 과학적 이론이 변화한다고 해서 방법과 목적을 포함한 전체 과학 탐구가 반드시 동시에 변화되지는 않는다고 주장했다.

라우든의 3차원 네트워크 모형에서는 과학에서 새로운 도구나 기술의 도입과 같은 과학적 방법의 변화로 인하여 이론 변화가 유발되는 경우도 중요하게 고려한다. 현미경, 망원경, X선, 컴퓨터 등 새로운 기술이나 도구의 도입과 같은 과학적 방법에서의 변화가 일어나면, 기존 이론으로는 설명되지 않는 새로운 변칙 사례들이 발견된다. 이러한 변칙 사례가 계속 누적될 경우, 설명력이 떨어진 기존 이론을 대신할 새로운 과학적 이론이 등장할 것이다. 천문학은 오랫동안 밤하늘에 빛나는 별을 관찰하는 것이 유일한 탐구 방법이었다. 그러나 20세기 초에 발달하기 시작한 분광학(spectroscopy)은 새로운 관측 방법을 제공했다. 이전까지의 관측 수단은 사람의 눈, 그리고 눈의 연장으로서 망원경밖에 없었다. 그런데 별빛의 분석에 분광학이 적용되면서, 별에서 발생하는 여러 가지 원자물리학적 현상이 해명되기 시작했다. 별의 관측에 분광학적 해석 방법이 도입되면서 양자역학과 천문학이 긴밀히 밀착되기 시작했고, 그 결과 전파천문학이라는 새로운 학문 분야가 탄생했다.

3차원 네트워크 모형에서 강조하는 나머지 한 가지 요소는 과학의 목적이다. 사회적으로 민감한 문제들(예를 들어, 무기 생산, 우주 탐사, AIDS 연구 등)이 발생하면, 이를 해결하기 위한 방향으로 과학의 목적이 변화한다. 연구 목적의 변화는 과학자들의 탐구 영역을 변화시켜, 새로운 자료들이 산출된다. 유사 이래로 전쟁에서의 화력은 계속해서 진화되어왔지만, 군인의 사망률은 오히려 줄어들었다. 이것은 새로운 치료법과 기술을 개발한 덕분이다(Gawande, 2008). 제1차 세계대전에서 새로운 마취제와 혈관 수술법이 사용되었고, 제2차 세계대전 때는 새로운 화상치료법, 수혈법, 그리고 페니실린이 등장했으며, 한국 전쟁 때는 여러 종류의 새로운 항생 물질이 개발되었다. 최근에는 혈액 대체제와 동결 건조 혈장, 병사들의 상태를 점검하여 전송하는 소형 무선 시스템까지 개발되고 있다. 이와 같이 전쟁에서의 사회적·군사적 필요성에 의해 관련 분야의 과학이나 기술이 발전한 사례나 오늘날의 우주 산업 등이 발달한 경우는 과학 연구의 목적 변화가 과학적 이론의 변화로 이어지는 과정을 보여주는 대표적인 예다.

Activity 5-5

우주 개발의 역사

구소련에서 스푸트니크(Sputnik)를 발사한 이래, 우주 개발 연구는 눈부신 발전을 거듭해왔다. 최근에는 공상과학 영화에서나 있을 법한 일로 여겼던 우주여행도 멀지 않았다고 한다. 다음 글을 읽고, 우주 개발 분야에서의 발전 과정을 라우든의 점진적 모형으로 설명해보자.

제2차 세계대전 이후, 한 나라의 과학기술력의 척도는 우주 탐사 기술이었다. 구소련이 1957년 10월 4일 역사상 처음으로 인공위성 스푸트니크호 발사에 성공했을 때, 미국인들은 큰 충격을 받았다. 두 차례의 세계대전 중에도 미국 본토의 하늘은 결코 침범할 수 없는 난공불락의 요새였는데, 소련의 인공위성이 미국의 상공을 하루에도 몇 번씩 지나간다는 사실은 미국인들에게 참을 수 없는 치욕이었기 때문이다. 이때부터 미국 정부는 우주 개발 연구에 매년 수십억 달러의 예산을 쏟아붓기 시작했고, 결국 1969년 7월 20일 미국의 우주비행사 암스트롱(Neil Armstrong, 1930-2012)이 인류 최초로 달 표면에 착륙하는 데 성공했다. 최근에는 유럽, 일본, 중국 등도 우주 탐사 대열에 동참하고 있다. 그 결과, 1990년 이후 발사된 탐사선만 해도 30여 개에 이르고, 지금도 매년 우주 항해에 나서는 탐사선이 있다.

인류의 우주 탐사는 항공우주 산업과 연관된 정보통신, 신소재, 가공, 정밀전자, 시스템 등 각종 분야에서 기술의 발전이 없었다면 불가능한 일이었을 것이다. 인공위성을 이용한 통신과 기상 관측의 발전은 일반 대중의 생활에도 큰 변화를 가져왔다. 그러나 베트남 전쟁이 장기화되고 이로 인해 군비가 증가하자 미국 정부에 대한 비판의 소리가 높아지고 우주 개발 관련 비용도 삭감되었다. 이로 인해, 우주 개발 분야에 종사하던 인력이 감원되고, 바이킹(Viking) 계획과 보이저(Voyager) 계획 등을 제외한 많은 우주 개발 계획이 취소되었으며, 진행되던 계획들도 비용 삭감으로 인해 진척 속도가 늦어졌다. 우주 탐사 비용을 절감하기 위해 1980년대부터 의욕적으로 추진되던 우주왕복선 계획도 1986년 챌린저(Challenger)호 폭발 사고로 위축되었다. 이후 재개된 우주왕복선 계획의 결과, 1990년에는 우주왕복선으로 허블 우주망원경을 발사하여 보다 선명한 천체의 모습을 볼 수 있게 되었다. 최근에는 우주에서 일정 기간 체류하는 우주여행이 현실이 되었고, 일본에서는 우주여행 상품 판매를 시작했다고 한다.

과학 지식의 변화에 대한 현대 인식론적 관점

과학은 자연 현상에 대한 설명과 이해를 추구하는 학문이다. 따라서 과학 지식은 자연 현상을 단순히 기술하는 것이 아니라 그 현상이 일어난 이유와 과정을 이해하려는 설명 체계다. 그런데 현대 인식론적 관점에서 과학 지식은 인간이 사고를 통해 만들어낸 일종의 구성물이다. 즉, 설명 체계로서의 과학 지식은 자연 현상과 일대일로 대응되는 실재가 아니라 인간의 상상력과 추론의 결과로 보아야 한다. 과학 지식의 성격에 대한 현대 인식론적 입장을 받아들이면, 하나의 자연 현상을 설명하는 여러 가지 과학적 이론이 존재하는 것을 이해할 수 있다. 동일한 현상을 각기 나름대로의 방식으로 설명하는 여러 과학적 이론들은 서로 경쟁 관계일 수도 있고, 상호 보완하는 공생 관계일 수도 있다. 또한 자연 현상의 설명에 유용하게 사용되던 한 이론이 시대가 흐름에 따라 설명력이 뛰어난 다른 이론으로 교체될 수도 있다. 예를 들어, 고대 그리스 시대에는 물질의 기본적인 구조에 대해 일원소설, 사원소설, 원자설 등 여러 이론이 존재했다. 그러나 시간이 흘러 새로운 자료들이 등장하면서 돌턴(John Dalton, 1766-1844)의 원자 모형, 러더퍼드(Ernest Rutherford, 1871-1937)의 원자 모형, 보어의 원자 모형, 그리고 현대의 원자 모형 등이 차례로 등장했다.

Activity 5-6

물질의 구조에 대한 설명

물질의 기본적인 구조에 대한 설명은 시대에 따라 변화되어왔다. 돌턴은 원자가 더 이상 쪼갤 수 없는 입자라는 이론을 주장했다. 그러나 세월이 흘러 오늘날에는 대부분의 과학자들이 원자는 원자핵과 전자로, 그리고 원자핵은 양성자와 중성자로, 양성자와 중성자는 다시 더 작은 소립자로 이루어져 있음을 받아들이고 있다.

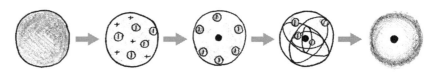

그림 5-3 **원자 모형의 변천**

(1) 시대에 따라 원자 모형이 변화되면서 원자 모형은 실제 원자의 모습에 더 가까워졌을까? 돌턴의 원자 모형보다 오늘날의 전자구름 모형이 진리에 더 가까울까?

(2) 시간이 흘러 과학이 더 발달한다면 오늘날의 전자구름 모형이 다시 새로운 이론으로 바뀔 수 있을까? 그 이유를 설명해보자.

(3) 특정한 화학 현상, 예를 들어 질량 보존의 법칙을 설명할 때는 아직도 돌턴의 원자 모형을 사용한다. 전자구름 모형이라는 새로운 이론이 현대의 과학자들에게 폭넓게 인정받고 있음에도 불구하고 돌턴의 원자 모형이 계속 사용되는 이유는 무엇일까?

과학적 이론이 절대적 진리가 아니라 현상을 설명하는 유용한 도구라는 관점을 받아들이면, 예전의 이론이 새로운 이론으로 교체되는 현상뿐 아니라 예전 이론과 새로운 이론이 동시에 사용되는 현상까지도 설명할 수 있다. 일상

세계와 같이 느리고 큰 세계를 다룰 때에는 뉴턴의 고전 역학이 잘 들어맞는 훌륭한 이론이다. 그러나 아인슈타인의 양자역학은 큰 세계뿐 아니라 원자 수준의 작은 세계를 다룰 때에도 잘 적용되므로, 고전 역학보다 적용 범위가 더 넓다. 이처럼 고전 역학보다 더 설명력이 큰 양자역학이 있음에도 불구하고, 고전 역학이 계속해서 사용되는 이유는 무엇일까? 설명력이나 적용 범위 이외에도 좋은 이론의 기준은 다양할 수 있기 때문이다. 예를 들어, 공을 던질 때 어디로 떨어질지 계산해야 한다고 가정해보자. 아무리 뛰어난 물리학자라도 이 상황에서는 뉴턴의 운동 법칙에 따른 포물선 궤도를 떠올릴 것이다(최무영, 2008). 이 상황에서 양자역학을 쓰려는 사람은 머리가 모자라거나 지극히 융통성이 없는 사람일 것이다. 고전 역학과 양자역학은 서로 배치되는 것이 아니라 양립하고 있으며, 고전 역학을 양자역학의 특수한 경우로 해석하면 문제가 없어진다. 한편, 시대에 따라 혹은 실험기구의 발달에 따라 자료의 해석이 달라질 수 있으며, 상황에 따라 서로 다른 과학적 이론을 혼용할 수도 있다. 과학적 이론은 절대 불변의 진리가 아니라 더 유용한 설명 체계가 있다면 언제든지 교체될 수 있는 잠정적인 지식이기 때문이다.

20세기 초반까지도 빛의 성질에 대해 많은 논쟁이 있었다. 어떤 과학자들은 빛이 빠른 속도로 움직이는 입자로 이루어져 있다고 생각했지만, 어떤 과학자들은 호수의 파동과 같이 빛도 파동의 한 종류라고 생각했다. 실험 결과에서

도 빛이 어떤 때는 입자처럼 행동하지만, 또 어떤 경우에는 빛을 파동이라고 생각해야 실험 결과를 이해할 수 있었다. 그 결과, 과학자들은 빛이 '입자와 파동의 이중성'이라는 수수께끼 같은 성질을 지니고 있는 것으로 결론을 내렸다. 그런데 이 '이중성'은 어떻게 생각하면 특별히 신비스러운 것도 아니다. 만약 빛이 입자도 아니고 파동도 아니라고 생각한다면, 모든 문제가 해결되기 때문이다. 과학 지식에 대한 상대주의적 입장에 따르면, 빛이 어떤 성질을 지니는가의 문제는 어차피 우리의 해석에 관련된 문제일 뿐이다. 즉, 우리가 어떤 실험을 하는가에 따라, 빛이 입자로 보일 수도 있고 파동으로 보일 수도 있는 것이다. 우리가 먼 외계에 사는 우주인이라고 가정해보자. 우연히 지구의 방송 전파를 수신했는데, 독일어 방송과 프랑스 어 방송을 듣게 되었다고 하자. 그렇다면 우리는 독일어와 프랑스 어가 지구의 언어라고 결론을 내리게 될 것이다. 그런데 어느 날 직접 지구를 방문해서 미국의 어느 도시에 착륙했다면 사람들이 쓰는 영어를 듣게 될 것이다. 우리는 어떤 단어는 프랑스 어와 비슷하고 또 어떤 단어는 독일어와 비슷하다고 생각할 것이다. 이때, 이제까지 알지 못했던 제3의 언어가 존재한다고 생각하면 문제가 쉽게 해결되겠지만, 기존의 관념에 사로잡혀서 쉽게 그 틀에서 헤어나지 못할 수도 있다. 즉, 영어에 대해 '독일어-프랑스 어 이중성'이라는 이론을 만들지도 모른다(Hazen & Trefil, 2005). 입자-파동의 문제도 마찬가지다. 결국 문제는 자연에 있는 것이 아니라, 우리가 해석을 어떻게 하느냐에 달렸다는 것이 현대 인식론의 입장이다.

그런데 절대적 진리의 존재를 부인하고 상황에 따른 해석의 중요성을 강조하는 상대주의적 입장을 받아들일 때 주의해야 할 점이 있다. 오늘날 상대주의는 과학에서뿐 아니라 사회의 모든 영역에서 우리의 삶을 이해하는 관점이 될 정도로 광범위한 영향력을 행사하고 있다. 그런데 극단적인 상대주의 입장에서는 어떤 주장의 참이나 거짓 혹은 논리적 타당성을 판단할 수 있는 보편적 기준이 존재하지 않는다고 주장한다. 즉, 과학은 세상을 이해하는 하나의 관점에 불과하므로 누구나 자유롭게 과학 대신 자신만의 대안적인 관점을 선택할 수 있다는 것이다. 이 입장에서는 자신만의 관점을 선택하는 행동이 자유롭고 열린 마음이고, 반대로 과학이라는 관점은 권위적이고 오만하다고까지 주장한다(Brockman, 2006). 그러나 상대주의 인식론의 가장 중요한 특징이 바로 상호주관성(intersubjectivity)의 존재에 대한 인정이라는 점을 잊지 말아야 한다.

절대적인 진리 혹은 진리의 판단 기준이 존재하지 않는다는 것이 곧 모든 주장의 타당성을 판단할 수 없다는 뜻은 아니다. 과학 지식이 다른 분야와 구분되는 독특한 의사 결정 과정을 거침으로써 사람들에게 인정받아왔다는 사실은 과학이 상호주관성의 영역에 있음을 보여준다. 과학 지식이 절대적이지 않고 오류가 있음에도 불구하고, 여전히 인간이 이룩한 최상의 업적 중 하나로 받아들여지는 이유도 여기에 있다.

Activity 5-7

예외 있는 법칙

일정 성분비의 법칙은 물질을 구성하는 성분 원소의 질량비가 일정하다는 주장이다. 그러나 이 법칙이 적용되지 않는 베르톨라이드(berthollide) 화합물이 발견되었다. 일정 성분비의 법칙이 적용되지 않는 화합물이 발견된 후에도 일정 성분비의 법칙이 과학 지식으로 유용하게 쓰일 수 있을지 설명해보자.

> **1799년** 화합물을 구성하는 원소의 질량비가 일정한지에 대해 프랑스의 화학자 베르톨레(Claude Berthollet, 1748-1822)가 이끄는 학파와 프루스트(Joseph Proust, 1754-1826)가 이끄는 학파 사이에 논쟁이 있었다. 베르톨레는 특정한 물질을 이루는 원소의 질량비는 일정하지 않고 한정된 범위 내에서 다양하다고 주장했다. 이에 반해 프루스트는 이 차이가 단순한 실험상의 오차이거나 불순물 때문이라고 반박했다. 그리고 많은 화합물을 분석한 결과를 토대로, 주어진 화합물에서 그 물질을 구성하는 원소의 질량비는 물질의 근원이나 생성 과정과는 무관하게 일정하다는 일정 성분비의 법칙을 발표했다.

> **1808년** 8년간의 지루한 대립 끝에 베르톨레가 조사했던 물질이 두 가지 화합물이 섞인 혼합물이며, 산화철도 여러 종류가 섞인 혼합물이므로 순수하게 분리한 후 조성을 조사하면 화합물별로 일정한 질량비를 가진다는 사실이 밝혀진다. 이후 프루스트의 주장을 많은 사람들이 받아들이고, 일정 성분비의 법칙은 굳건한 위치를 차지한다.

> **1914년** 러시아의 과학자 쿠르나코프(Nikolai Kurnakov, 1860-1941)는 생성 방법에 따라 산화철(II)에서 철과 산소의 질량비가 일정하지 않음을 제시하

면서, 일정 성분비의 법칙이 모든 경우에 엄격하게 들어맞지 않음을 보였다. 어떤 고체는 합성 방법에 따라 구성비가 다소 변하는데, 일반적인 화학식이 FeO(철의 질량비 77.7%)인 우스타이트(Wüstite)는 $Fe_{0.95}O$(철의 질량비 76.8%)부터 $Fe_{0.85}O$(철의 질량비 74.8%)까지 다양한 조성비를 보인다. 베르톨레를 기념하여 이러한 화합물을 베르톨라이드 화합물이라고 한다. 그러나 기체 화합물은 일정 성분비의 법칙을 정확하게 따른다.

최종본 형태의 과학

앞에서 과학 지식의 속성이나 변화에 대한 현대 인식론적 관점을 살펴보았다. 그런데 이 관점이 어딘지 모르게 불편하게 느껴지는 이유는 무엇일까? 그 이유 중 하나는 우리가 사용했던 과학 교과서와 우리의 과학 수업이 전통적인 인식론에 기반을 두고 있기 때문이다. 우리가 학교의 과학 수업에서 과학을 공부하거나 탐구를 했던 경험이 은연중에 우리의 인식론에 영향을 미칠 수 있다 (Solomon, Scott, & Duveen, 1996). 호드슨(Hodson, 1988)은 과학 지식의 본성에 대한 이해를 강조하지 않을 경우, 학교에서의 과학 수업이 과학 지식의 성질에 대한 전통적 인식론을 강화시킨다고 주장했다.

일반적으로 우리가 사용하는 과학 교과서는 과학 지식의 역동적인 발달 과정은 언급하지 않은 채 과학 지식의 변화 결과만을 제시하고 있다. 즉, 학생들은 과학의 최종본(final form) 형태만을 학습하게 된다(Duschl, 1990). "우리는 현재의 과학 지식에 어떻게 도달하게 되었는가?", "낡은 관점이나 이론들이 예전에는 왜 받아들여졌는가?", "하나의 관점에서 다른 관점으로 변화가 일어나는 원인은 무엇인가?" 등과 같은 과학 지식의 역동적 발달에 대한 질문은 과학 교과서나 과학 수업에서 거의 다루지 않고 있으며, 이는 학생들이 과학에 대해 잘못된 이미지를 가지는 원인이 된다.

과학을 최종본으로 제시했을 때 여러 가지 문제점이 발생할 수 있다. 최종본 형태의 과학에서는 성공 사례들만 부각되기 때문에, 학생들은 과학 지식의 발전을 새로운 아이디어, 사실, 이론 등이 기존 지식 체계에 단순히 누적되는 것으로 생각할 수 있다(Elder, 2002; Solomon et al., 1996; Kang et al., 2004). 또한 과학적 이론의 변화 과정에서 치열한 대립과 불일치가 존재했다는 사실을 알지 못하며, 과학은 항상 과학자들의 일치와 합의를 통해 순조롭게 발전하는 것으로 인식하게 된다. 따라서 학생들은 과학 지식의 잠정성에 대해 이해하지 못한 채, 과학 지식을 절대적인 진리로 보거나 적어도 진리에 점점 가까워진다 (Duveen et al., 1993)고 생각하게 된다.

최종본 과학은 과학 지식이 형성되기까지의 상황이나 배경이 고려되지 않고 결과물로서의 과학 지식만 별개로 제시된다는 문제점이 있다. 그 결과, 과학은 실제로 이론, 목적, 방법이 수정되고 대체되는 현재 진행형의 활동임에도 불구하고, 최종본 과학에서는 과학에서 방법과 목적의 역할이 무시되어 과학에 대한 그릇된 관점과 해석을 심어줄 수 있다.

최종본 과학에서 과거의 이론들은 현재의 성공적인 이론에 가려지므로, 학생들은 과거의 이론들이 그 당시에 왜 받아들여졌는지에 대해서 알 수 없다. 그 결과, 학생들은 과거의 이론에 대해 그 당시에 설명력이 있었던 유용한 주장

쉬 어 가 기

1년의 날수도 변화했다?

1년이 365일이라는 것은 전 세계적으로 동일하다. 그러나 오늘날 우리가 사용하는 달력이 만들어지기까지는 여러 번의 변화가 있었다. 유럽 제국은 천 년 이상 율리우스력을 사용했다. 이 달력은 로마의 율리우스 카이사르(Julius Caesar, B.C.100~B.C.44)의 명령으로 만든 것인데, 여기서는 1년의 평균 길이를 365와 1/4로 보았다. 그러나 달력에 1/4일을 둘 수는 없으므로, 4년 중 3년은 1년의 길이를 365일로 하고 네 번째 해만 366일(윤년)로 해서 이것을 되풀이하여 사용하기로 했다.

그런데 이 달력을 정할 때 1년의 길이가 약간 잘못 계산되어, 실제 길이와 11분 정도 차이가 생겼다. 매년 11분씩 오차가 생긴다면, 몇백 년이 지날 경우 그 차이는 무시할 수 없을 정도가 된다. 실제로 325년에는 원래 춘분이 3월 25일이어야 하는데, 율리우스력에서 4일이 앞서버리는 일이 벌어졌다. 그 결과, 니케아에서 회의를 개최하여, 이후에는 춘분을 3월 21일로 하기로 결정했다. 이 결정에도 불구하고, 해가 거듭될수록 3월 21일은 또다시 점점 실제 춘분보다 뒤지게 되었고, 16세기 중반에는 무려 10일 정도의 오차가 생겼다.

이 오차를 바로잡기 위해서 교황 그레고리우스 13세(Gregorius 13, 1502~1585)는 1582년 기존 달력에서 10일을 건너뛰어 10월 5일을 10월 15일로 고쳤다. 교황은 400년 동안 세 번만 윤년 대신 평년으로 하기로, 즉 율리우스력에 비교할 때 400년에 3일만 달력의 날짜를 줄이기로 했다. 4년마다 윤년을 두는 것은 변함이 없으나, 각 세기의 끝 해 중에 400으로 나누어지지 않는 해는 윤년으로 하지 않았다. 이렇게 고친 달력은 1만 년에 3일밖에 틀리지 않는 정확한 달력이 되었다. 이 달력이 바로 오늘날 우리가 쓰고 있는 그레고리우스력이다.

이었다는 점을 모른 채, 지금은 다른 이론으로 대체되거나 폐기된 잘못된 주장에 불과하다(Kang et al., 2004)고 평가할 수 있다. 한편, 최종본 과학은 학생들에게 과학적 사실이 과학적 이론보다 더 중요하다는 인식을 심어줄 수 있다. 최종본 형태의 과학에서는 사실과 이론이 모두 선언적 지식의 형태로 제시되어 구분하기 어려우므로(Kang et al., 2004), 변하는 과학적 이론보다는 절대 불변인 과학적 사실이 더 중요한 것처럼 인식될 수 있기 때문이다.

생각해볼 문제

1. 판다(panda)는 생김새가 곰과 비슷한 면도 있고 너구리
와 비슷한 면도 있다. 학자들 사이에서도 판다를 어느
과(科)로 분류할 것인가에 대해 논란이 있었고, 실제로
어떤 때는 곰과로 분류되기도 했고 어떤 때는 너구리과
로 분류되기도 했다. 판다가 속하는 과가 계속 변한 이
유를 과학적 이론의 변화와 관련지어 설명해보자.

2. 독일의 의사 갈(Franz Gall, 1758-1858)은 골상학이라는 이론을 제안했는데, 당시에 뇌는 여러
가지 기관으로 이루어져 있으며 그 기관은 각각 서로 다른 기능을 담당한다는 사실이 알
려져 있었다. 골상학에서는 두개골의 모양과 크기로부터 뇌의 모양을 알 수 있고, 더 나아
가 뇌 속에 있는 각 기관의 크기와 그에 대응하는 기능의 능력까지 알 수 있다고 주장했다
(Bowler & Morus, 2008). 골상학은 1800년대 초반, 영국, 유럽 국가, 그리고 미국에서까지 번성
했지만, 오늘날에는 믿는 사람이 거의 없다. 예전에 성행했던 골상학이 오늘날 외면받는 이
유를 과학적 이론의 변화와 관련지어 설명해보자.

3. 천체의 운동을 설명하는 과학적 이론은 천동설에서 지동설로 바뀌었다. 천동설에서 지동설
로의 이론 변화 과정을 과학 지식 변화에 대한 누적 모형과 진화 모형에 근거하여 각각 설
명하고, 각 모형의 장단점을 비교해보자.

4. 판구조론은 지질학 분야에서 20세기의 가장 대표적인 이론적 성과로 꼽는다. 판구조론은
1960년대 말에 제안된 직후부터 혁명적인 아이디어로 주목받았고, 불과 몇 년 뒤에는 대부
분의 지질학자들이 받아들였다. 판구조론은 고생물학, 지질학, 지진학, 해양학 등에서의 연
구 성과를 종합한 결과로서, 화산과 지진이 특정 지역에서 자주 발생하는 이유나 히말라야
같은 거대한 산맥이 형성된 이유 등 이전까지 풀리지 않던 여러 가지 의문들에 대해 만족할
만한 설명을 제공했다. 판구조론의 등장 과정을 진화 모형의 관점에서 설명해보자.

5. 빛의 본성에 대한 논쟁은 하나의 현상에 대해 서로 다른 설명이 충돌한 과학의 대표적인 논쟁이다. 뉴턴 이론을 지지하는 과학자들은 빛은 매우 빠른 속도로 움직이는 입자로 이루어져 있다고 주장하고, 이에 대항하는 과학자들은 빛이 일종의 파동이라고 주장했다. 그런데 입자 이론에서는 빛이 공기보다 물속에서 더 빨리 움직일 것으로 계산되지만, 파동 이론에 따르면, 빛이 공기보다 물속에서 느리게 진행할 것으로 예측된다. 1849년 빛의 속도를 정확히 측정하는 장치가 개발되었는데, 실험 결과 빛의 속도는 파동 이론에서 예측한 것처럼 공기보다 물속에서 더 느리게 진행하는 것으로 나왔다(Giere, 2004). 그러나 이 실험 이후에도 빛의 입자 이론이 사라지지 않았다. 이 에피소드를 바탕으로 진화 모형의 한계에 대해 설명해보자.

6. 라부아지에(Antoine de Lavoisier, 1743–1794)는 실험을 통해 물이 원소가 아님을 증명했다. 긴 주철관을 화로 속으로 통과시켜 뜨겁게 달군 뒤, 여기에 물을 부으면 긴 관을 통과한 물이 분해된 산소는 주철관의 철과 결합하여 화합물이 되고, 냉각수를 통과한 나머지 성분들에서는 수소 기체가 얻어졌다. 라부아지에는 물을 분해하여 얻은 수소와 다른 방법으로 얻은 산소를 섞어 혼합한 뒤 전기불꽃장치로 폭발을 일으켜 물을 얻는 데도 성공했다. 그러나 영국의 과학자들은 라부아지에의 주장을 강하게 비판했다. 즉, 강력한 반플로지스톤 물질이자 불을 끌 수 있는 물이 어떻게 다른 모든 가연성 물질을 제압하고도 남는 공기에서 만들어질 수 있느냐고 반발했다(Ball, 2012). 라부아지에의 실험에 대해 영국의 과학자들이 강하게 반발한 이유를 패러다임의 특징을 바탕으로 설명해보자.

7. 오늘날에는 진공 상태가 존재한다는 것이 과학자는 물론 일반인에게도 상식이다. 그러나 처음부터 사정이 이러했던 것은 아니다. 진공 속에서는 물체의 낙하 속도가 동일하다는 갈릴레이(Galileo Galilei, 1564–1642)의 주장이나 자신이 직접 진공 펌프를 고안하여 이 주장을 검증한 보일(Robert Boyle, 1627–1691)의 실험은 자연 상태에서 진공이 존재할 수 없다는 당시의 과학 지식과 충돌하여 쉽게 받아들여지지 못했다. 그러나 자연을 수학의 언어로 표현할 수 있다는 플라톤주의가 부활하고, 실험기구를 이용하여 만든 인공적인 진공도 자연 철학의 대상이 될 수 있다는 방법론이 받아들여지면서 비로소 진공의 개념이 받아들여졌다. 진공 개념이 받아들여지는 과정을 패러다임의 변화를 이용하여 설명해보자.

8. 군대는 다양한 방식으로 과학 연구에 영향을 미친다. 예를 들어, 잠수함 작전을 위해서는

자세한 해저 지도가 필요하므로 지구과학자들의 협력이 필요하다. 그리고 핵실험의 위력을 측정하기 위해서는 지진학자들의 도움이 필요하다. 오늘날 전 세계적으로 빈틈없는 지진 감시 네트워크가 발전하게 된 것도 사실은 1963년에 체결된 '부분적 핵실험 금지조약(partial test ban treaty)'의 이행 여부를 서로 감시하기 위해서였다(김명진, 2008). 심지어 군대는 작전상의 목적으로 날씨까지도 인위적으로 조절하기 원하고, 이는 기상학에 대한 지원으로 이어진다. 이와 같은 군대와 과학의 관계를 점진 모형의 관점에서 설명해보자.

9. 1960년대에 인간의 유전자 속에 폭력적 행위를 유발하는 요인이 들어 있는지에 대해 격렬한 논쟁이 벌어졌다. Y염색체 이상 연구의 진행에 대한 다음 에피소드(Zankl, 2006)를 읽고, 그 과정을 점진 모형의 관점에서 설명해보자.

> 영국의 유전학자 제이콥스(Patricia Jacobs)는 지능이 낮고 폭력적이어서 특수 시설에 수용된 남성들의 염색체를 분석한 결과, Y염색체가 하나 더 있는 XYY 남성들이 196명 중 8명으로 비율이 높다고 발표했다. 많은 유전학자들이 연구를 실시하여 유사한 결과를 얻었고, 공격적인 행동을 담당하는 유전자가 Y염색체에 있다는 데 많은 학자들이 동의했다. 선정적인 언론들은 '살인자 염색체'라는 유행어를 퍼뜨렸고, 1968년 프랑스의 한 살인자가 XYY 남성이라는 논리로 낮은 형을 받자 큰 파문이 일었다. 어떤 학자는 범죄 예방 차원에서 XYY 남성들을 사회에서 격리할 것을 제안했다. 갈수록 극단으로 치닫는 논쟁을 종식시키기 위해 대규모의 연구가 이루어졌는데, 남성 1천 명당 1명꼴로 XYY 남성이 나타나지만 Y염색체의 위험은 생각보다 높지 않은 것으로 나타났다. 하지만 폭력 범죄자 중 XYY 남성의 빈도가 월등하게 높은 것은 사실이었고, 그 이유를 설명하기 위해 하버드 대학의 학자들이 신생아의 염색체를 무작위로 검사하여 비정상적인 아동들을 장기 관찰하는 프로젝트에 돌입했다. 그러나 이 연구는 아동에게 부정적 영향을 미칠 수 있다는 여론의 엄청난 비난을 받고 중단되었다. 하지만 덴마크에서는 비슷한 연구가 10년에 걸쳐 진행되었고, Y염색체 이상이 지능 저하와는 관계가 있지만, 범죄율과는 관계가 없다는 결과를 얻었다.

10. 현대 인식론의 입장에 따르면 현재의 과학적 이론은 절대적인 참이 아니며, 언젠가는 또다시 새로운 이론으로 바뀔 가능성이 있다. 이처럼 참이 아닌 지식을 우리가 학교에서 가르치고 배워야 하는 이유는 무엇인지 현대 인식론의 입장에서 설명해보자.

참고 문헌

김명진 (2008). 야누스의 과학. 서울: 사계절출판사.

김용준 (2005). 과학과 종교 사이에서. 파주: 돌베개.

최무영 (2008). 최무영 교수의 물리학 강의. 서울: 책갈피.

최원석 (2006). 세계 명작 속에 숨어있는 과학. 파주: 살림.

홍성욱 (2004). 과학은 얼마나. 서울: 서울대학교출판부.

Ball, P. (2007). 자연의 재료들. 강윤재 역, 파주: 한승.

Ball, P. (2012). 실험에 미친 화학자들의 무한도전. 정옥희 역, 서울: 살림출판사.

Bowler, P. J., & Morus, I. R. (2008). 현대과학의 풍경. 홍성욱, 김봉국 역, 서울: 궁리출판.

Brockman, J. (2006). 과학의 최전선에서 인문학을 만나다. 안인희 역, 파주: 소소.

Buchanan, M. (2004). 세상은 생각보다 단순하다. 김희봉 역, 시울: 지호.

Chalmers, A. F. (1985). 현대의 과학 철학. 신일철, 신중섭 역, 서울: 서광사.

Duschl, R. A. (1990). Restructuring science education. New York: Teachers College Press.

Duveen, J., Scott, L., & Solomon, J. (1993). Pupils' understanding of science: Description of experiments or "a passion to explain?" School Science Review, 75(271), 19–27.

Elder, A. D. (2002). Characterizing fifth-grade students' epistemological beliefs in science. In B. K. Hofer & P. R. Pintrich (Eds.), Personal epistemology: The psychology of beliefs about knowledge and knowing (pp. 347–363). Mahwah: Lawrence Erlbaum Associates.

Gawande, A. (2008). 닥터, 좋은 의사를 말하다. 곽미경 역, 파주: 동녘사이언스.

Giere, R. N. (2004). 학문의 논리: 과학적 추리의 이해. 남현, 이영의, 여영서 역, 서울: 간디서원.

Haken, H. (1990). Synergetics as a tool for the conceptualization and mathematization of cognition and behaviour–How far can we go (pp. 2–31)? In H. Haken & M. Stadler (Eds.), Synergetics of cognition. New York: Springer.

Hazen, R. M., & Trefil, J. (2005) 과학의 열쇠: 과학의 문을 환하게 여는 18가지 키워드. 이창희 역, 서울: 교양인.

Hodson, D. (1988). Toward a philosophically more valid science curriculum. Science Education, 72(1), 19–40.

Kang, S., Scharmann, L. C., & Noh, T. (2004). Examining student' views on the nature of science: Results from Korean 6th, 8th, and 10th graders. Science Education, 89(2), 314–334.

Ladyman, J. (2003). 과학철학의 이해. 박영태 역, 서울: 이학사.

Laudan, L. (1984). Science and values. Berkely: University of California Press.

Nobel Foundation (2007). 당신에게 노벨상을 수여합니다. 이광렬, 이승철 역, 서울: 바다출판사.

Solomon, J., Scott, L., & Duveen, J. (1996). Large-scale exploration of pupils' understanding of the nature of science. Science Education, 80(5), 493–508.

Zankl, H. (2006). 역사의 사기꾼들. 장혜경 역, 서울: 시아출판사.

6 과학적 방법은 존재할까?

음, 내가 예상했던 대로군!

그래, 내가 예상했던 대로야!

역시! 내가 예상했던 대로야!

펑!

우리는 일상생활에서 과학적 방법이라는 말을 자주 쓴다. '과학적인 방법을 이용한 다이어트', '과학적인 방법으로 공부하는 영어', '과학적인 방법으로 훈련하는 축구 국가 대표팀' 등 누구나 한 번쯤은 과학적 방법이라는 말을 들어보았을 것이다. 과학적 방법은 한마디로 '과학을 할 때 사용하는 방법'이라고 할 수 있다. 그런데 과학적 방법이라는 말은 은연중에 우리에게 어떤 지식이나 결정이 합리적이고 타당한 과정을 거쳤다는 이미지를 전달하는 경향이 있다. 즉, 과학적 방법이라는 말 속에는 과학 탐구의 규준이 되는 특정한 절차가 존재하고, 합리적인 해결책이나 타당한 의사 결정을 위해서는 과학적 방법을 따라야 한다는 암묵적인 뉘앙스가 들어 있다. 한발 더 나아가, 어떤 사람들은 과학은 로봇이 하는 작업처럼 정해진 규칙을 따라 자동적으로 진행된다고(Crease, 2006), 즉 가설을 설정하고 실험을 하면 과학이 저절로 이루어진다고 생각하기도 한다. 그렇다면 과학적 방법이란 무엇일까? 앞에서 살펴보았듯이, 과학 지식과 그것이 만들어진 과정은 분리하여 생각할 수 없다. 따라서 과학을 올바로 이해하기 위해서는 과학적 방법이 무엇인지에 대해서도 반드시 알아야 한다.

과학이라는 독립된 학문이 존재한다면 그 학문에 고유한 방법인 과학적 방법도 존재할 것이라고 생각하는 것은 어찌 보면 너무나 당연한 일이다. 그런데 노벨 생리의학상 수상자이자 과학철학자이기도 한 메더워(Peter Medawar, 1915-1987)는 과학적 방법에 대해 다음과 같이 말했다.

> 과학자에게 과학적 방법이 무엇이라 생각하느냐고 물어보라. 그러면 그 사람은 아마 즉시 정색을 하고 눈알을 이리저리 굴릴 것이다. 정색을 한 까닭은 어떤 의견이라도 밝혀야 한다고 느끼기 때문이고, 눈알을 굴리는 까닭은 밝힐 의견이 없다는 사실을 숨길 방도를 모색하기 때문이다.
>
> (Shermer, 2007, p. 52)

실제로 현대의 인식론에서는 과학적 방법의 존재 자체에 강한 의문을 제기하고 있다. 과학적 방법의 존재는 왜 의심을 받을까? 과학적 방법은 과연 존재하는 것일까?

Activity 6-1

라디오 수리

노벨상을 받기도 한 유명한 물리학자인 파인먼(Richard Feynman, 1918-1988)은 어린 시절에 아르바이트로 라디오 수리를 했다. 파인먼의 에피소드를 읽고, 그가 라디오를 수리할 때 사용한 방법이 과학적 방법인지 토의해보자.

라디오를 틀자, '빠바바바바바' 하고 엄청난 잡음이 났다. 한동안 그러더니 조용해졌고, 다음부터는 제대로 작동했다. 나는 생각하기 시작했다. '이런 일은 어떨 때 생길까?'

나는 이리저리 왔다 갔다 하면서 이런 일이 일어날 수 있는 경우를 생각해보았다. 진공관이 가열되는 순서가 잘못되면, 즉 증폭기가 완전히 열을 받고 진공관 예열이 끝났는데 들어오는 신호가 없거나, 잘못된 회로가 연결되어 있거나, 고주파 부분이 동작을 개시할 때 잘못되면 잡음이 많이 날 것이다. 그러다가 고주파 회로가 완전히 동작을 시작하고 그리드 전압이 조정되면 라디오는 정상적으로 동작하게 되는 것이다.

이런 생각을 하고 있는데 그 남자가 말했다. "뭐하는 거니? 라디오를 고치러 와서는 이리저리 걸어 다니기만 하잖아!" 나는 "생각하고 있어요!"라고 대답했다. 그리고 속으로 이렇게 생각했다. '됐어. 진공관을 빼서 순서를 완전히 바꿔 끼워야지.' (당시의 라디오들은 대개 한 가지 진공관을 여러 군데 사용했다. 진공관은 내 생각에 212나 212-A였다.) 그래서 나는 진공관을 빼서 돌려 끼웠고, 그다음에 라디오를 켜니 양처럼 조용했다. 한동안 기다려서 예열이 끝나니 아무 잡음 없이 완벽하게 동작했다.

어떤 사람들은 다른 사람에게 부정적이다가도 그 사람이 뭔가를 보여주면, 일종의 보상 행위로 그 사람을 보는 태도가 180도로 달라진다. 그는 내게 다른 일도 구해주었고, 내가 엄청난 재능을 가졌다고 다른 사람에게 말하고 다녔다. 그는 사람들에게 이렇게 말했다.

"그 아이는 생각으로 라디오를 고친다고요!"

어린 꼬마가 가만히 생각만 하다가 어떻게 고쳐야 할지 알아내고 라디오를 고치는 일이, 그에게는 불가능한 것으로 생각되었던 모양이다.

(Feynman, 2005, pp. 22–23)

전통적 관점에서의 과학적 방법

일반적으로 전통적 관점에서는 과학적 방법을 자연 세계를 탐구하고 그 결과로 얻어진 지식을 수용하거나 기각하는 절차, 증거, 논증, 그리고 실험 및 관찰의 결과와 가설의 상호작용에 관한 규정과 과정으로 정의한다(조희형, 박승재, 1994).

(1) 경험주의와 귀납법

경험주의(empiricism)라는 단어는 13세기 영국의 의사를 지칭하는 empiric(경험에만 의존하는 의사)이라는 단어에서 기인했다고 한다. 이들은 일반화와 추론이라는 개념을 거부하고 오직 사실이라는 실체만 다루었다. 사실을 중시하는 이러한 전통은 영국의 과학자들에게 큰 영향을 미쳤다. 경험주의에 따르면 과학지식은 자연에 존재하는 규칙성을 인식함으로써 구성된다. '과학적 방법의 아버지'로 불리는 영국의 베이컨(Francis Bacon, 1561-1626)은 경험에서 출발하는 학문만이 참다운 학문이며, 특수한 경험적 사례를 바탕으로 일반적인 원리를 도출하는 귀납[1]이야말로 자연의 진리에 도달할 수 있는 이상적인 과학적 방법이라고 생각했다. 베이컨은 합리주의를 자신의 몸에서 거미줄을 뽑아내기만 하는 거미에 비유하고, 단순한 경험주의를 자료를 모으기만 하고 질서를 발견하지 못하는 개미에 비유했다. 베이컨이 보기에 보다 중요한 것은 꿀벌과 같이 재료를 모아서 소화하고 거기에 자신의 고유한 것을 첨가하여 새로운 고차원

---

1) 가장 넓은 의미의 귀납은 연역적이지 않은 모든 추리의 형식이라고 할 수도 있지만, 베이컨이 사용하는 좁은 의미의 귀납은 특정한 개별 사례들의 집합으로부터 하나의 보편적인 결론을 일반화하는 추리 형식이다(Ladyman, 2003).

적 산물을 창조하는 것이었다(최영주, 2006). 즉, 베이컨은 모든 현상을 관찰하고 사실을 가능한 한 자세히 기록하며 실험을 수행하여 결과를 수집·정리함으로써 현상들 사이의 관계와 보편적인 법칙을 도출해야 한다고 주장했다. 베이컨이 제시한 유명한 마음의 우상(idolas of mind)[2]도 결국은 올바른 귀납적 추리를 위해 범하지 않아야 할 오류를 지적한 것이다.

그러나 귀납법이 과학 지식의 형성 과정에서 차지하는 중요성을 지나치게 강조하다 보면, 과학적 창의성의 중요성이 평가 절하된다. 귀납법의 논리에 따른다면, 귀납법을 올바로 이해하고 정확하게 적용하여 그 결과를 체계적으로 정리해내는 방법만 익힌다면 누구나 능력 있는 과학자가 될 수 있을 것이다. 그렇다면 과학자들은 원칙적으로 동등한 능력을 가지는 셈이 되므로, 역사상 유명한 과학자들이 왜 다른 과학자들이 이루지 못했던 일들을 해냈는지 설명할 길이 없어진다.

현대의 인식론에서도 귀납법이 곧 과학적 방법이라는 주장에는 동의하지 않는다. 그 이유는 첫째, 관찰과 사실은 관찰자의 이론이나 주위 상황에 의존하는 특성이 있으므로, 귀납법에서의 자료 수집 방법인 관찰이나 그 결과로 얻어진 사실이 절대적으로 타당하다고 보장할 수 없기 때문이다. 둘째, 특수한 경험적 사례에 대한 관찰로부터 일반적인 원리를 도출하는 귀납법 자체가 본질적인 모순을 내포하고 있다. 일반적 원리를 뒷받침하는 객관적이고 타당한 근거가 되기 위해서 얼마나 많은 경험적 사례가 필요한지 혹은 얼마나 다양한 상황에서의 경험적 사례가 필요한지에 대해 기준을 설정하는 것이 어렵다. 그리고 설령 기준을 설정하더라도, 그 기준이 자의적이라는 문제가 발생한다. 셋째, 과학 지식 중에는 엔트로피와 같이 관찰할 수 있는 단일한 대상이 존재하지 않는 경우도 있고, 만유인력 법칙과 같이 수학 공식으로 표현되는 지식은

---

2) 마음의 우상은 연역 추리에서 범하게 되는 오류를 지적한 것이라고 볼 수 있다(Ladyman, 2003). 첫째, 종족의 우상(idolas of tribe)은 자연 속에 실제로 존재하지 않는 질서와 규칙을 만들어내거나 선입견으로 사물을 보면서 부합하지 않는 것을 무시하는 경향을 말한다. 둘째, 동굴의 우상(idolas of cave)은 추론 과정에서 개인적인 성격이나 선호를 바탕으로 혹은 자신만의 경험을 바탕으로 일반화하는 경향을 말한다. 셋째, 시장의 우상(idolas of marketplace)은 언어적 불완전성, 즉 우리가 사용하는 언어와 용어의 사용법이 우리의 생각을 올바로 표현하지 못함으로 인해 발생하는 혼동을 말한다. 마지막으로, 극장의 우상(idolas of theatre)은 지식의 획득 과정에서 잘못된 방법을 제안하는 철학적 체계들(예를 들면, 아리스토텔레스의 방법)에 근거하여 범하는 오류를 말한다.

오차를 완전히 제거한 정밀한 측정이 사실상 불가능한 경우도 있다. 넷째, 귀납법의 논리에 따르면 경험으로 도출된 지식을 다시 경험을 통해서 정당화하기 때문에, 귀납의 타당성을 다시 귀납으로 검증하게 되는 논리적인 오류가 발생한다(Chalmers, 1985; Ladyman, 2003).

Activity 6-2

칠면조의 비애

러셀(Bertland Russell, 1872-1970)이 『철학의 문제들(*The problems of philosophy*)』이라는 책에서 제시한 '칠면조의 실수' 에피소드(Chalmers, 1985)는 귀납법의 한계를 재치 있게 비유한 것으로 유명하다. 이 에피소드를 읽고, 칠면조가 내린 결론이 잘못된 이유가 무엇인지 귀납법의 한계와 관련지어 설명해보자.

 칠면조 농장에서는 항상 아침 9시가 되면 칠면조에게 모이를 주었다. 이 농장의 칠면조 한 마리가 생각을 하기 시작했다. 이 칠면조는 아침 9시에 모이를 먹을 수 있다는 사실을 여러 차례에 걸쳐 확인했다. 그리고 수요일과 목요일, 따뜻한 날과 추운 날, 비 오는 날과 맑은 날 등 여러 조건에서의 관찰을 바탕으로, 어떤 상황에서도 모이를 주는 시간에는 변화가 없음을 확인했다. 매일매일 하나하나 관찰을 더해나간 어느 날, 드디어 그 칠면조는 충분히 많은 자료가 모였다고 판단하여, "나는 항상 아침 9시에 모이를 받아먹을 수 있다."라는 결론을 내렸다. 그러나 불행하게도 이 결론은 거짓으로 판명되었다. 다음 날 아침 9시에는 모이를 먹는 대신 칠면조의 목이 잘렸기 때문이다. 이날은 크리스마스이브였고, 그다음 날 저녁, 칠면조는 구이가 되어 식탁에 올라갔다.

(2) 합리주의와 연역법

과학이 논리적이고 이성적인 학문이 된 데에는 합리주의(rationalism)의 근본이라고 할 수 있는 연역법의 역할이 크다. 연역법은 보편적인 명제로부터 개

별적인 사례를 설명하는 방법으로서, 전제에서 결론이 도출되는 연역의 과정에는 주관성이 개입될 여지가 없다. 연역법의 시작은 고대 그리스의 철학자였던 아리스토텔레스(Aristoteles, B.C. 384–B.C. 322)로 거슬러 올라간다. 아리스토텔레스는 새로운 진리를 발견하고 지식을 확장시켜나가는 기술로서 논리를 중시했고, 그중에서도 삼단논법이 가장 완전한 추리 형식이라고 생각했다. 삼단논법은 보편적인 원리인 대전제, 특수한 조건이나 상황을 다루는 소전제, 그리고 두 전제로부터 도출된 결론의 세 가지 요소로 이루어진다.

데카르트(René Descartes, 1596–1650)에 이르러 연역법은 수학과 결합함으로써 더욱 강력한 과학의 방법이 되었다. 감각적 경험을 불신한 데카르트는 경험적 증거와 무관하게 이성의 힘으로 필연적인 법칙을 이끌어내는 연역법을 선호했다. 연역 논리에서는 명백하게 참인 전제로부터 도출된 결론은 추리 과정에 오류가 없는 한 참일 수밖에 없다. 데카르트의 수학적 연역은 과학에서 유용하게 사용되었고, 특히 물리학의 발전에 기여했다(김영식 등, 1992). 과학에서 연역법은 보편적인 법칙이나 이론을 바탕으로 다양한 정보를 해석함으로써 현상의 설명이나 예측이 명료해지는 데 기여했다. 귀납법으로 설명할 수 없는 과학 지식 체계의 전환도 연역에서 도출된 참신한 가설과 그 가설을 통한 연역의 결과라고 볼 수 있다.

그런데 연역법의 문제는 결론이 의미를 지니기 위해서는 전제가 참이어야 한다는 데 있다. 그러나 전제 자체가 참인지 거짓인지는 연역법만으로는 결코 해결할 수 없다. 다음 예에서 볼 수 있듯이, 만약 전제가 거짓이라면 삼단논법을 제대로 따르더라도 허위의 결론이 도출될 수밖에 없다.

- 대전제: 모든 포유류는 육지에서 생활한다.
- 소전제: 모든 고래는 포유류다.
- 결론: 모든 고래는 육지에서 생활한다.

봉급 정리(theorem on salary)

과학자, 기술자, 교사와 같은 직업을 가진 사람은 절대로 사업가와 같이 큰돈을 벌 수 없다는 사실을 보여주는 연역적 증명이다.

(a) 아는 것(지식)이 힘이다.

(b) (물리 시간에 배웠듯이) 힘 = 일/시간

(c) 그러므로 지식 = 일/시간

(d) 시간은 돈이다.

(e) 따라서 지식 = 일/돈

(f) 돈 = 일/지식

(g) 그러므로 지식→0이면, 일의 양에 상관없이 돈→∞이다.

(h) 결론적으로, 아는 것이 적을수록 돈을 많이 번다.

연역적으로 타당한 논증의 결론은 그 논증의 전제들 속에 암묵적으로 포함되어 있는 내용 이외에는 다른 내용을 포함할 수 없다는 문제도 있다. 즉, 연역적으로 타당한 논증들은 우리의 지식을 확장시킬 수 없게 된다(Ladyman, 2003). 예를 들어, '모든 사람들은 죽는다.'라는 사실과 '내가 사람이다.'라는 사실을 미리 알고 있다면, 연역 논증의 결론인 '내가 죽는다.'라는 결론으로부터 충격을 받을 수는 있겠지만 새로운 지식을 얻을 수는 없다.

(3) 실증주의

실증주의에서는 과학이 직접적인 경험에 근거한 주장을 담고 있을 때만 유의미하다고 보았다. 초기의 실증주의에서는 과학적 이론과 법칙을 실험이나 관찰로 확실하게 검증(verification)할 수 있다고 주장했다. 이 입장에서는 경험적인 증명과 논리적 분석의 역할을 동시에 강조했으므로 논리 실증주의라고 부르기도 한다.

실증주의에서 과학을 다른 지식과 구별하는 기준은 경험적인 검증 가능성이다. 이 기준에 따르면, 아인슈타인(Albert Einstein, 1879-1955)의 상대성 이론은 빛이 휘는 현상의 관찰로 검증되었으므로 과학이지만, 프로이트(Sigmund Freud, 1856-1939)의 정신 분석학 이론은 직접적인 관찰과 측정이 불가능하기 때문에 과학이 아니다. 또한 실증주의에서는 과학적 이론이란 측정할 수 있는 현상의 정량적인 관계에 불과하며 결코 자연에 관한 내적인 진리를 얻는 방법이 아니라고 주장한다. 따라서 실증주의에서의 과학적 방법은 실험적 자료에 근거하여 수학적으로 설명하고 검증할 수 없는 것을 배제하는 것이다. 예를 들어, 마흐(Ernst Mach, 1838-1916)는 뉴턴(Isaac Newton, 1642-1727)의 절대 시공간이나 원자론을 측정할 수 없는 사고 속의 존재로 간주하고 배척했다(Miller, 2001). 마흐의 입장에 따르면, 측정 불가능한 에너지나 전자와 같은 이론적 용어보다 관찰적 용어가 더 중요하다. 예를 들어, '달이나 태양과 지구 사이에 작용하는 인력에 의해 해수면이 주기적으로 오르내린다'고 할 때, 인력이라는 이론적 용어는 당시의 주도적 이론이 무엇인가에 따라 의미가 달라지지만, 해수면이 주기적으로 오르내리는 현상은 이론에 중립적이고 객관적인 지식이므로 더 의미 있고 중요하다는 것이다.

그러나 실증주의는 귀납 논리를 근간으로 하고 있으므로, 유한한 관찰 사례로 보편적인 법칙이나 이론이 검증될 수 없다는 귀납 논리에 대한 비판을 면하기 어려운 것은 마찬가지다. 이에 대해 실증주의의 일부에서는 검증 가능성(verifiability) 대신 확증 가능성(confirmability)이라는 개념을 내세워, 실험 결과가 어떤 가설을 지지할 때 가설이 참일 확률이 높아진다고 주장함으로써 이 문제를 해결하려고 시도했다. 그러나 이러한 수정된 입장도 관찰의 이론 의존성이나 관찰이 불가능한 분야에서의 지식 형성을 설명하기에는 한계가 있을 뿐 아니라, 확증의 정도를 판단하는 기준에 대해서도 뚜렷한 규준을 제시하지 못한다는 문제가 있다.

(4) 반증주의

포퍼(Karl Popper, 1902-1994)는 귀납이나 실증주의의 문제를 해결하기 위해 반증주의(falsificationism)를 제안했다. 반증주의에 따르면, 과학 지식은 자연 현상을 설명하고 문제를 해결하기 위해 구성된 잠정적인 가설로서, 절대적으로 입증하거나 개연적으로 확증할 수 없고 오로지 반증만이 가능하다(조희형, 최경희, 2001). 즉, 어떤 과학 지식이 참임은 결코 증명할 수 없지만, 거짓임은 단 한 번의 실험을 통해서도 증명할 수 있다는 것이다. 포퍼는 반증의 중요성에 대해 다음과 같이 강조했다.

나는 어떤 과학 체계가 완전히 옳다고 결정할 수 있기를 요구하지 않는다. 대신에 나는 그 과학 체계가 실험적인 증거로 반증 가능한 논리적 형태를 갖추고 있기를 요구한다. 경험적인 과학 체계는 경험에 의해 반박될 수 있어야 한다.

(Shermer, 2005, p. 292)

반증주의는 전형적인 과학 연구의 이미지, 즉 자신의 오류를 솔직하게 인정하고 도전적으로 새로운 가설을 제안하여 그것을 공정하게 검증하는 지적인 정직성을 강조함으로써 과학자 사이에서 큰 공감대를 얻었다(이상욱, 2003). 반증의 논리에 따르면, 과학자는 역설적이게도 자신의 가설이 입증될 때가 아니라 틀렸다는 것이 드러날 때 기쁨을 느껴야 한다(Fischer, 2009). 노벨 의학상 수상자인 에클스(John Eccles, 1902-1997)의 연구는 반증주의로 설명되는 대표적인 예다(강건일, 2006; Fischer, 2009). 1930년대에는 신경 세포 시냅스(synapse)에서의 정보 전달 과정에 대해, 신경 전달 물질을 통한 화학적 전달설과 전기적 전달설이 경쟁하고 있었다. 에클스는 전기적 전달설을 확신하고 있었지만, 다른 과학자들은 화학적 전달설이 더 적절한 이론이라는 점을 속속 증명했다. 처음에 에클스는 우울증에 빠졌지만, 포퍼와 만나면서 상황이 바뀌었다. 포퍼는 에클스에게 모든 힘을 기울여서 전기적 전달설을 스스로 무너뜨리라고, 그리고 그것이 과학자가 성취할 수 있는 가장 큰 기쁨이라고 조언했다. 이후 에클스는 꽤 많은 반대 증거가 존재했음에도 불구하고 계속해서 전기적 전달설을 지지했는데, 그 뒤에는 반증주의에 대한 믿음이 있었다. 반증주의에서 가설의 반증은 과학적인 과정의 일부분이므로 반증이 되더라도 결코 불명예가 아니고, 따라서 과학자는 반증을 두려워할 필요가 없다. 만약 노력을 계속하여 전기적 전달설이 반증된다면 더 이상 그 이론을 증명하기 위해 애를 쓸 필요 없이 폐기하면 되기 때문이다. 실제로 에클스는 1951년 자신이 믿어왔던 전기적 전달설이 틀렸음을 스스로 발견했지만, 좌절감보다는 자신이 과학의 발전에 기여했다는 느낌을 가지게 되었다고 한다. 이후 에클스는 화학적 전달설로 연구 방향을 바꾸고, 그동안의 연구 경험을 바탕으로 신경의 세밀한 작용을 밝혀낼 수 있었으며, 그 공로를 인정받아 마침내 노벨상을 수상했다. 에클스는 반증이라는 방법을 이해하고 실천했기 때문에 과학 연구를 성공적으로 진행할 수 있었던 것이다. 과학에서 반증의 역할은 다음과 같은 포퍼의 말 속에 잘 나타나 있다.

나와 같은 반증주의자들은 누구나 알고 있는 뻔한 내용들을 읊조리는 것보다는 비록 나중에 거짓으로 판명 나게 될지언정 대담하게 추측하여 흥미 있는 하나의 문제를 푸는 것을 더 좋아한다. 우리가 대담한 추측을 더 좋아하는 이유는 …… 우리의 추측이 거짓이라는 것을 발견하는 데서 진리에 대해 더 많은 것을 배우고 진리에 더 가까이 가게 될 것이라고 믿기 때문이다.

(Ladyman, 2003, p. 146)

그러나 반증도 이상적인 과학적 방법으로 인정받기에는 한계가 있다. 첫째, 관찰이 이론 의존적이므로 반증도 오류일 가능성이 있다. 예를 들어, 육안으로 관찰하면 금성의 크기는 1년 내내 변하지 않는데, 이는 코페르니쿠스(Nicolaus Copernicus, 1473–1543)의 이론과 모순된다. 그러나 실제로는 반증에 의해 코페르니쿠스의 이론이 폐기된 것이 아니라 반대로 관찰 결과가 폐기되었다. 둘째, 이론의 검증 상황은 단순하지 않고 복합적인 요인이 작용하는 경우가 많다. 한 이론을 반증하기 위해 망원경으로 어떤 행성의 위치를 관찰하는 경우를 예로 들어보자. 이때, 그 이론에 문제가 있을 수도 있지만, 반대로 행성을 관찰하는 과정에서 도입한 다른 가설이나 이론, 초기 조건, 보조 가정 등에 오류가 있을 가능성도 있다. 셋째, 임시방편적인 가정을 덧붙여 이론을 수정함으로써 반증할 수 없는 가설(즉, ad hoc 가설)을 만드는 경우가 있다. 예를 들어, 갈릴레이(Galileo Galilei, 1564–1642)는 자신이 직접 제작한 망원경으로 달의 표면에 산과 구덩이가 있다는 사실을 관찰하고, 천체가 완전한 구형이라는 아리스토텔레스의 우주관에 반대했다. 그러나 당시의 과학자들은 눈에 보이지 않는 어떤 물질이 달 표면의 울퉁불퉁한 부분을 메우고 있으므로 결국 달의 표면은 완전한 구형이라고 갈릴레이의 주장을 반박했다. 당시의 과학자들이 주장한 이 물질은 어떤 방법으로도 검증할 수 없으므로 반증 불가능하다(Chalmers, 1985).

Activity 6-3

음의 플로지스톤

플로지스톤 이론에 따르면 물질이 연소할 때 플로지스톤이 방출되므로, 연소 후에는 물질의 질량이 감소해야 한다. 그런데 금속의 경우, 연소 후 물질의 질량이 증가하는 사례가 발견되었다. 이에 대해, 플로지스톤 이론을 주장하던 당시의 과학자들은 금속에는 음의 질량을 가지는 플로지스톤이 들어 있다고 이론을 수정했다. 플로지스톤 이론의 수정이 타당한지 설명해보자.

(5) 처방적 규칙으로서의 과학적 방법

경험주의, 실증주의, 반증주의에서는 공통적으로 과학 지식을 획득하거나 검증하는 특정한 과학적 방법이 존재한다고 가정한다. 즉, 과학적 방법이란 과학이라는 학문의 독특한 탐구 방법으로서, 일반화된 과학적 원리나 이론을 발견하기 위해 자료를 수집하여 분석하고 해석하는 일련의 과정이라는 것이다. 과학적 방법의 존재를 믿는 입장에서는, 과학이 진보하기 위해서는 과학적 방법을 통해 자연 세계에 존재하는 일반적인 규칙성을 발견하고 축적해야 한다고 주장한다. 역사적으로 과학적 방법에 대해 여러 가지 주장이 있었지만, 우리에게 가장 익숙한 것은 가설 설정, 실험 설계, 자료 수집, 가설 검증, 그리고 가설의 반박이나 수용 등의 순서로 이루어진 가설-연역주의의 과학적 방법(Duschl, 1990)일 것이다.

과학 탐구 과정에서는 다양한 변인이 복잡하게 작용하기 때문에, 귀납법에서 제안하는 것처럼 모든 상황에 대해 실시하는 선입견 없는 실험은 오히려 유용하지 않다. 한편, 연역법은 결론의 기초가 되는 전제의 진리 여부가 불확실하고 결론을 관찰이나 실험으로 검증하지 않는다는 점에서 문제가 있다. 따라서 가설을 세운 뒤 그로부터 수학적 연역을 통해 결론을 도출하는 것에서 그치지 않고, 이 결론을 실험적으로 검증함으로써 확실성을 더하는 과정이 제안되었는데, 이것이 전형적인 가설-연역적 방법이다. 가설-연역적 방법은 가설에서 연역에 의해 예측이 도출되므로 논리적이며, 동시에 예측을 실험이나 관찰로 검증하여 가설을 판단한다는 점에서 경험적인 면도 있다(강건일, 2006). 가설-연역적 방법은 검증 결과가 가설을 확증하면 확증적 실증주의, 가설을 반증하면 반증주의의 입장으로 결말을 지을 수 있다(Ladyman, 2003). 가설-연

그림 6-1 슈왑의 탐구 과정

역적 방법은 뉴턴의 운동 법칙, 아인슈타인의 상대성 이론, 빅뱅 이론 등 많은 이론의 정립 과정을 설명할 수 있다. 가설-연역적 방법은 과학 교과서에도 오랫동안 많은 영향을 미쳤다. 예를 들어, 그림 6-1과 같은 슈왑(Schwab, 1966)의 6단계 탐구 과정은 우리 머릿속에 각인되어 있는 대표적인 과학적 방법이다.

라이엔바흐(Hans Reichenbach, 1891-1953)는 과학적 이론에 대해 발견의 맥락과 정당화의 맥락을 엄격히 구분할 것을 제안했다. 그러나 가설-연역적 방법이 과학적 방법이라는 견해는 처음에 가설이 어떻게 설정되었는지 밝힐 수 없으므로, 과학 지식이 생성되는, 즉 발견되는 단계가 아닌 정당화되는 단계에만 적용된다는 한계가 있다. 또한 가설-연역적 방법은 과학의 논리적이고 합리적인 특성만을 강조할 뿐, 상상력이나 호기심이 과학 지식의 형성에 미치는 영향을 무시한다는 비판도 받고 있다(조희형, 최경희, 2001).

현대 인식론적 관점에서의 과학적 방법

전통적 인식론에서는 과학적 방법의 존재에 대해 확신하지만, 실제로 과학사의 예를 살펴보면 과학적 방법의 존재가 일종의 신화임을 알 수 있다(Stauber & Rampton, 2006). 코페르니쿠스(Nicolaus Copernicus, 1473-1543)는 앞에서 설명한 전통적인 관점에서의 가설-연역적 방법을 사용하지 않았다. 뉴턴이나 다윈(Charles Darwin, 1809-1882)도 마찬가지다. 과학자들의 실제 사고 과정은 전통적 인식론에서 주장하는 과학적 방법보다 훨씬 다양하고 복잡하다.

(1) 과학에 실험과 관찰이 꼭 필요할까?

전통적 인식론에서 주장하는 과학적 방법에는 실험과 관찰이 항상 포함되어 있다. 즉, 지식의 형성이나 검증 과정에는 실험이나 관찰이 필수 요소인 것처럼 보인다. 그러나 실험이나 관찰을 과학적 방법의 필수 구성 요소라고 단정해서는 안 된다. 실험이나 관찰을 통해 얻은 많은 경험적 증거를 바탕으로 의심의 여지가 없는 것처럼 보이던 과학적 이론도 후대의 연구에 의해 폐기되는 사례가 있기 때문이다. 프톨레마이오스(Claudius Ptolemaeus, 약 90-168)의 지구 중심설은 여러 천문 현상의 관찰 결과와 일치했고, 쏘아올린 화살이 제자리에 떨어진다는 실험과도 부합했다. 그러나 지구 중심설은 오래지 않아 태양 중심의 지동설에 그 자리를 내주어야 했다. 빛의 파동설도 수많은 실험을 통해 검증되었음에도 불구하고, 아인슈타인의 빛 입자설에 의해 크게 흔들렸다 (홍성욱, 2001).

입자물리학이나 지구의 내부 구조 연구 등과 같이 직접적인 실험이나 관찰이 어려운 분야임에도 불구하고 과학의 한 축을 이루며 발전을 거듭하는 학문도 있다. 새로운 소립자에 대한 연구는 관찰을 통해 발견하는 것이 아니라, 대부분 자연의 대칭성이나 통일성 같은 근본적인 규칙성에서 출발하여 있으리라고 예측되는 입자를 찾는 방식으로 이루어진다. 실제로 중간자(meson)와 쿼크의 존재는 실험으로 관찰되기 오래전에 이미 이론적으로 인정되었다(양승훈 등, 1996). 우주의 기원이나 구조에 대한 연구도 마찬가지다. 이러한 개념들은 실험을 통해 정확하게 확인할 방법이 없으므로, 결론을 먼저 내려놓고 연구를 시작하는 경우도 있다(Matthews, 2005).

마지막으로, 과학의 영역에 따라 전혀 다른 과정을 거쳐 연구가 수행되는 경우도 있다. 생물학과 지질학처럼 본질적으로 그 구조가 기술적인 학문 영역에서는 물리학이나 화학에서 사용하는 과학의 방법을 적용하기 어렵다. 즉, 생물의 분류나 암석의 분류와 같이 자연 현상에 대한 기술이 주목적이라면, 굳이 가설을 설정하고 실험으로 검증하는 과정을 거쳐야 할 필요가 없기 때문이다(조희형, 박승재, 1994).

(2) 수학과 통계의 과학

천문학 분야에서는 과학 지식 형성의 또 다른 방식을 발견할 수 있다. 덴마크의 천문학자였던 브라헤(Tycho Brahe, 1546-1601)는 덴마크와 스웨덴 사이의 벤(Hven) 섬에 관측소를 세우고 20년 동안 천체를 관측하여, 오늘날의 관측 값과 거의 일치할 만큼 정확한 자료를 얻었다. 브라헤의 조수로 일했던 케플러(Johannes Kepler, 1571-1630)는 천체 관측에는 무지했지만 수학적 계산에 뛰어났다. 케플러는 브라헤의 관측 자료를 바탕으로 오로지 수학적 계산을 통해 화성의 궤도를 알아냈고, 한발 더 나아가 천체의 궤도가 완전한 원이 아니라 타원임을 발견했다. 뉴턴 역학의 등장에 직접적인 영향을 준 케플러의 세 가지 법칙이 탄생된 과정에는 실험이나 관찰보다 수학적인 자료의 분석이 중요한 역할을 담당했던 것이다. 무질서 속에서 일정한 패턴이 발현된다는 카오스 이론도 실험이나 관찰 없이 일기 예보의 수치에 대한 분석 과정에서 나왔다.

(3) 직관이나 영감, 우연, 오류의 역할

때로는 과학자의 직관이나 영감도 과학 지식 형성에 중요한 역할을 담당한다. 철학자이자 수학자였던 콩트(Auguste Comte, 1798-1857)는 태양의 구성 물질은 과학이 도달할 수 없는 영원한 의문으로 남을 것이라고 말했다. 그러나 몇 년 후, 분젠(Robert Bunsen, 1811-1899)과 키르히호프(Gustav Kirchhoff, 1824-1887)가 불꽃에서 물질의 특성을 알아낼 수 있다는 사실에서 힌트를 얻어, 태양 스펙트럼을 조사하여 태양에 헬륨이 존재함을 알아냈다. 주기율표를 완성한 멘델

레예프(Dmitrii Mendeleev, 1834-1907), 뱀이 꼬리를 무는 꿈을 꾼 뒤 벤젠의 구조를 밝혀낸[3] 케쿨레(August Kekule, 1829-1896), DNA의 이중나선 구조를 밝혀낸 왓슨(James Watson, 1928-)과 크릭(Francis Crick, 1916-2004)의 사례는 모두 과학 지식의 형성 과정에서 과학자의 직관이나 영감이 어떤 역할을 담당하는지 보여준다. 푸앵카레(Henri Poincaré, 1854-1912)는 『과학과 방법(*Science and method*)』에서 직관의 역할을 다음과 같이 말했다.

우리가 뭔가를 증명할 때는 논리를 가지고 한다. 그러나 뭔가를 발견할 때는 직관을 가지고 한다. …… 멀리 떨어져 있는 목표 지점을 보는 것이 필요한데, 이 목표 지점을 보라고 가르치는 스승은 논리학이 아니라 직관이기 때문이다.

(Root-Bernstein & Root-Bernstein, 2007, p. 29)

---

3) 케쿨레가 꿈에 대해 이야기한 것은 벤젠의 구조를 발표한 뒤 25년이나 지나서였다. 그 이전까지는 한 번도 꿈 이야기를 한 적이 없었으므로, 케쿨레가 꿈 이야기를 충동적으로 지어냈다고 해석하는 학자도 있다(Miller, 2001). 한편, 케쿨레는 당시 벤젠의 구조 발견과 관련된 우선권 논쟁에 휘말려 있었는데, 이 논쟁을 종식시키기 위해 꿈에서 영감을 얻었다는 이야기를 의도적으로 지어냈다고 주장하는 사람도 있다(홍성욱, 2004).

달리는 말 만들기

인간의 창의력은 끝을 알 수 없는 능력 중 하나로서, 때때로 전혀 풀릴 것 같지 않은 문제도 해결해내는 원천이다. 직관은 창의력의 기본적인 특성으로 알려져 있다. 다음에 제시된 세 개의 그림 조각을 잘라낸 뒤, 이 그림 조각을 이용하여 달리는 말 모양을 만들어보자(Edmiston, 1993). 단, 그림 조각을 찢거나 뒤집어서는 안 되고, 구부리거나 겹쳐서도 안 된다. 예를 들어, 그림 (a)는 달리는 모습이 아니고 솟구치는 모습이라 실격이고, 그림 (b)는 겹친 부분이 있으므로 실격, 그리고 그림 (c)는 그림 조각을 벌렸으므로 실격이다. 이 활동을 바탕으로, 과학에서 직관과 영감의 역할에 대해 논의해보자(정답은 p. 193에).

(a)　　　　　(b)　　　　　(c)

생물학에서 중요한 발견으로 손꼽히는 플레밍(Alexander Fleming, 1881–1955)의 라이소자임(lysozyme)과 페니실린(penicillin)의 발견은 과학 지식의 형성 과정에서 우연의 역할을 보여준다. 플레밍은 1921년 우연히 자신의 콧물이 떨어졌던 부분에 박테리아가 없음을 관찰하고, 박테리아의 세포벽을 용해시키는 라이소자임을 발견했다. 또한 1928년에는 포도상구균에 대해 연구를 하던 중, 실수

비아그라의 발견

1990년대 말, 미국의 제약회사 화이자(Pfizer)의 연구진은 새로운 심장약 개발을 위한 임상시험을 중단했다. 기대했던 효과가 나타나지 않았기 때문이다. 그런데 임상시험이 중단된다는 소식을 듣고, 그 시험에 참여했던 남성 환자들이 매우 불만스러워했다. 이를 이상하게 여긴 연구진은 남성 참가자들을 심층적으로 면담하여 새로운 약이 지닌 진짜(?) 효능을 밝혀냈다. 현대인들의 성생활을 획기적으로 바꾼 약 비아그라는 그렇게 우연히 탄생했다.

로 공기에 노출되어 곰팡이가 생긴 배양 접시에서 곰팡이 주위에는 포도상구균이 자라지 않는 것을 관찰하고, 곰팡이의 대사산물인 페니실린이 세균의 생육을 방해한다는 사실을 발견했다. 이 밖에도 뢴트겐의 X선 발견을 비롯하여 테플론, 비아그라 등도 모두 우연한 기회에 이루어진 과학적 성과다.

때로는 특별한 의도가 없었던 행동이 과학 지식의 생성에 중요한 역할을 담당할 수도 있다. 무거운 원자의 핵이 중성자를 포획하여 다른 원소로 변환된다는 사실을 알게 된 후, 페르미(Enrico Fermi, 1901-1954)는 중성자 유도 방사능에 대해 연구했지만 별로 소득이 없었다. 하루는 중성자와 납의 관계를 연구하려고 했는데, 납 조각을 정확하게 자르는 것이 무척 힘들었다. 그래서 무심코 자르기 쉬운 파라핀으로 실험을 했는데, 방사능 측정치가 크게 올라가는 것을 발견했다. 이 우연한 실험을 통해 페르미는 파라핀에 많이 들어 있는 수소 핵과의 충돌로 인해 중성자가 느려지고, 느려진 중성자는 더 쉽게 포획된다는 사실을 알게 되었다.

Activity 6-5

피사의 탑 실험

피사의 탑에서 갈릴레이가 물체를 떨어뜨렸다는 에피소드는 모르는 사람이 없을 정도로 유명하다. 그러나 이 실험은 실제로 이루어진 것이 아닌 일종의 사고 실험이었다고 한다. 반면, 보일(Robert Boyle, 1627-1691)은 실제로 진공 상황에서 물체의 낙하 실험을 했다. 갈릴레이와 보일의 실험에 대한 다음 에피소드를 읽고, 과학적 방법이 무엇인지 토의해보자.

갈릴레이가 피사의 탑에서 무게가 10배 차이 나는 두 물체를 동시에 낙하시켰더니 두 물체가 동시에 떨어졌다고 하는 일화는 아주 유명하다. 그러나 실제로 이 실험이 실시되었다는 기록은 어느 책에도 없다. 갈릴레이는 단지 사고 실험을 통해 저항이 없는 이상적인 경우를 고안하고, 이론적으로 모든 물체의 낙하 속도는 종류에 무관하게 같음을 밝혀냈다고 한다. 이후 보일은 진공 펌프를 이용해 인공적으로 만든 진공 상태에서 쇠공과 깃털이 동시에 떨어진다는 것을 증명했다.

(1) 갈릴레이의 사고 실험은 과학적 방법인가? 그 이유는 무엇인가?
(2) 보일의 실험은 과학적 방법인가? 그 이유는 무엇인가?

(4) 현대 인식론의 견해

현대의 인식론에서는 모든 과학이 거치는 과학적 방법이 존재한다는 실증주의의 견해에 동의하지 않는다. 실증주의의 과학적 방법론에 가장 비판적인 견해를 제시한 학자로 파이어아벤트(Paul Feyerabend, 1924-1994)가 있다. 파이어아벤트는 과학이 인간이 개발한 여러 사고 형태 가운데 하나에 불과하며, 과학이 반드시 가장 좋은 사고 형태라고 말할 수 없다고 주장했다. 또한 과학 연구가 진행되는 보편적인 과학적 방법이란 존재하지 않으며, 오히려 과학자들이 기존의 방법론적 규칙으로부터 의도적으로 벗어나려고 노력했을 때 과학이 발전했다고 주장했다.

파이어아벤트만큼 극단적이지는 않더라도 현대의 인식론에서는 일반적으로 보편적이고 절대적인 과학적 방법의 존재에 동의하지 않는다. 즉, 모든 분야에서 과학 지식의 형성 과정을 보편적인 과학적 방법으로 설명할 수 없으며, 앞으로의 과학 탐구에 사용할 수 있는 이상적인 처방적 규칙으로서의 과학적 방법도 존재하지 않는다고 주장한다(Bell, 2008). 우선, 과학 연구에서는 보편적인 한 가지 방법만 사용되는 것이 아니라, 학문 영역에 따라 사용되는 방법이 서로 다르기 때문이다. 또한 같은 학문 분야 내에서도 해결해야 하는 문제 상황에 따라 상이한 방법이 사용되고, 시행착오나 영감, 상상력 등도 과학 연구 과정에서 중요한 역할을 담당한다. 현대의 인식론적 입장에서 사람들 사이에 퍼져 있는 것으로 지적하는 과학적 방법에 관한 오해는 다음과 같다(조희형, 박승재, 1994).

(a) 과학적 방법은 새로운 과학 지식을 탐구할 때 사용하는 이상적인 수단이다.

(b) 과학적 방법은 과학 지식의 형성 과정을 설명할 수 있는 처방적 규칙이다.

(c) 과학적 방법은 해결하려는 문제에 관계없이 보편적으로 사용되는 기능이나 기술이다.

(d) 과학적 방법은 개인적 편견의 개입이나 연구 과정에서의 오류를 예방하므로, 산출물인 과학 지식은 객관적이고 합리적이다.

(e) 과학적 방법은 과학자만 사용하는 방법과 절차다.

과학의 탐구 과정에는 과학자의 주관적 판단이 개입될 수밖에 없으므로, 객관적인 과학 지식의 산출을 보장할 수 있는 과학적 방법이란 존재할 수 없다. 또한 과학적 방법은 다른 모든 방법과 마찬가지로 증거에 기반을 둔 합리적 사고 과정의 일부이므로, 과학적 방법에 대해 과학자만 사용하는 신비한 능력이라는 시각을 가지는 것도 옳지 않다.

과학 과정 기술

현대의 인식론에서는 보편적인 과학적 방법이란 존재하지 않는다고 주장하지만, 이것이 곧 과학이라는 학문에 독특한 과정이나 절차가 전혀 없음을 의미하는 것은 아니다. 단지 모든 과학 지식에 보편적으로 적용할 수 있는 만능의 절차나 과정이 존재하지 않음을 의미할 뿐이다. 학문 분야나 연구하는 주제 혹은 과학자에 따라 다양한 탐구 방법이 있지만, 반대로 많은 탐구에서 공통적으로 나타나는 방법도 있다. 이러한 맥락에서 보편적이고 절대적인 과학적 방법을 찾는 것보다 과학 탐구 과정에서 자주 사용되는 독특한 요소를 고찰하는 것이 타당하다는 인식이 커졌다. 이러한 요소를 일반적으로 과학 과정 기술(science process skill)[4]이라고 부른다. 미국과학진흥협회(American Association for the Advancement of Science; AAAS)의 교육과정위원회(Commission on Science Education)에서 개발한 SAPA(Science-A Process Approach)에서는 과학 과정

---

4) 연구자에 따라서는 탐구 기능이라는 용어를 사용하기도 하고, 우리나라의 2009 개정 과학교육과정(교육과학기술부, 2011)에서는 탐구 과정이라는 용어를 사용한다.

기술을 크게 기초 과정 기술(basic process skill)과 통합 과정 기술(integrated process skill)로 나누어 제시했다.[5]

(1) 기초 과정 기술

- **관찰**(observing)

전통적인 인식론에서 과학의 출발점으로 간주되는 기술로서, 가장 기본적인 과정 기술 중 하나다. 관찰은 감각 기관을 이용하여 세계에 대한 정보를 얻는 과정이다. 현대의 인식론에서 관찰의 객관성이 부인되면서 과학의 출발점이라는 지위는 잃었지만, 과학이 경험적인 특성이 강한 학문이라는 점을 고려한다면 소홀히 다룰 수 없는 기본적인 기술이 바로 관찰이다. 착시, 환상, 관찰자의 배경지식, 그리고 단순한 실수 등이 관찰에 영향을 미치고 관찰 결과의 신뢰성을 떨어뜨릴 수 있으므로, 과학자들은 보다 정밀한 기구를 사용하여 관찰이나 측정을 반복함으로써 신뢰도를 높이기 위해 노력한다. 학생들에게 이해시켜야 할 관찰의 중요한 속성은 다음과 같다(Bell, 2008).

(a) 관찰이란 오감을 이용하여 자연 세계에 대한 정보를 수집하는 것이다.

(b) 과학에서는 경험을 기술하기 위해서 관찰을 이용한다.

(c) 과학을 할 때, 세심하게 관찰하고 자세히 기록해야 한다.

(d) 과학에서는 관찰의 범위를 확장하고 능력을 증진시키기 위해 도구를 사용한다.

(e) 과학을 할 때, 관찰을 바탕으로 자신의 아이디어를 검증한다.

- **분류**(classifying)

일련의 사물이나 현상에 질서를 부여하기 위해 사용하는 특정한 방법이나 절차를 의미한다. 생물에서 동물과 식물을 분류하는 것, 지질학에서 암석을 분류하는 것, 주기율표에서 원소의 특성에 따라 족이나 주기로 분류하는 것

---

5) 구체적인 과정 기술의 종류에 대해서도 연구자에 따라 차이가 있다. Rezba 등(2003)은 과정 기술을 관찰, 의사소통, 분류, 측정, 추리, 예상, 변인 구분, 표 만들기, 그래프 그리기, 변인 간의 관계 짓기, 자료의 수집과 처리, 연구의 분석, 가설 설정, 변인의 조작적 정의 등으로 구분했다. 우리나라의 2009 개정 과학교육과정(교육과학기술부, 2011)에서는 기초 탐구 과정으로 관찰, 분류, 측정, 예측, 추리 등을 제시하고, 통합 탐구 과정으로 문제 인식, 가설 설정, 변인 통제, 자료 해석, 결론 도출, 일반화 등을 제시하고 있다.

등이 대표적인 예다. 분류를 하기 위해서는 기준이 필요한데, 이 기준은 세심한 관찰을 통해 반복되는 패턴을 찾아내는 것으로부터 시작된다. 언뜻 보았을 때는 아무 규칙도 없는 것 같은 현상들 속에서 패턴을 찾아내는 것은 과학의 출발점이라고도 볼 수 있다. 예를 들어, 날씨의 패턴을 찾아냄으로써 기후를 예측할 수 있고, DNA 순서에서의 패턴을 찾아냄으로써 돌연변이의 원인을 알아낼 수 있다.

- **측정**(measuring)

사물이나 현상의 정량적인 값을 추정하기 위하여 도구를 사용하는 과정이다. 전통적으로 과학은 측정으로 대표되어왔는데, 켈빈(William Thomson, 1824–1907)의 말 속에 정량적인 측정의 중요성이 잘 나타나 있다.

> 자신이 말하고 표현하는 것을 숫자로 측정할 수 있을 때, 당신은 그것에 관해 뭔가를 아는 것이다. 그러나 그것을 측정할 수 없을 때, 그것을 숫자로 표현할 수 없을 때, 당신의 지식은 충분하지도 흡족하지도 않은 것이다. 말이나 표현은 지식의 출발일 수 있지만, 그것이 어떤 문제이든 간에 당신의 사고는 과학의 단계까지 발전하지 못한 것이다.
>
> (Weiner, 2002, p. 279)

세이건(Carl Sagan, 1934–1996)도 자연에 대한 인간의 이해에서 수량화의 중요성에 대해 다음과 같이 강조했다.

> 우리가 어떤 대상을 질적으로만 안다면 그것을 아주 막연하게 아는 것에 불과하다. 대상을 양적으로 안다는 것은 그것의 크기를 숫자로 이해하여 무수히 존재하는 다른 가능성으로부터 그것을 구별할 줄 안다는 것이다. 수량화는 우리가 대상을 깊이 있게 아는 첫걸음이다. 그럴 때 우리는 대상이 가진 아름다움을 이해할 수 있고 그것이 제공하는 힘과 이해에 접근할 수 있다. 수량화를 두려워하는 것은 우리 자신의 권리를 스스로 박탈하는 것이다. 세계를 이해하고 변화시키는 데 가장 필요한 관점 하나를 포기하는 것이기 때문이다.
>
> (Sagan, 2006, p. 315)

- **의사소통**(communicating)

한 사람에게서 다른 사람에게로 정보를 전달하는 여러 가지 과정이나 절차를 의미하는데, 의사를 전달하기 위한 매체도 포함된다. 오늘날 과학은 더 이

상 과학자의 개인적인 지적 호기심을 충족시키기 위한
활동으로만 볼 수 없게 되었다. 과학 지식이 형성되고
검증받는 과정에서 과학자 사회가 핵심적인 역할을 담
당하기 때문이다. 과학자 사이의 의사소통 방법도 예전
과 달리 개인적인 대화를 넘어서 학회에서의 발표나 논
문의 학술지 투고 등 다양한 방식으로 이루어진다. 따

라서 과학에서는 자신의 의견을 발표하는 방법이나 상대편의 의견을 듣는 방
법에 익숙해지는 것뿐 아니라, 보고서나 논문의 형식으로 자기주장을 효과적
으로 제시하는 기술도 중요하다.

• 유추(inferring)

이전 경험에 근거하여 관찰 사실을 설명하는 기술, 즉 직접적인 관찰에 의
한 증거를 넘어서서 일련의 관찰들을 설명하거나 해석하는 것이다. 모든 유추
는 직접적인 관찰에 근거해야 한다. 학생들은 흔히 관찰과 유추를 정확히 구
분하지 못한다. 관찰이 감각 기관을 통하여 직접 얻을 수 있는 정보나 경험에
관한 진술이라면, 유추는 관찰한 내용에 대한 자신의 설명이나 해석이라고 할
수 있다. 예를 들어, 어떤 용액에 마그네슘 조각을 넣었을 때 기포가 발생했다
고 하자. '마그네슘 금속을 넣었을 때 기포가 발생했다.'라는 진술이 관찰이라
면, '이 용액은 산성 용액이며 발생한 기체는 수소 기체일 것이다.'라는 진술은
유추에 해당한다. 프랭클린(Rosalind Franklin, 1920-1958)은 X선을 이용해서 그
림 6-2(a)와 같은 DNA에 대한 관찰 결과를 얻었지만, 여기서 DNA의 이중나

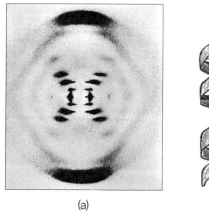

(a)   (b)

그림 6-2 DNA의 X선 회절 사진과 이중나선 모형

선 구조를 떠올리는 사람은 많지 않았다. 왓슨과 크릭은 엑스레이 사진과 같은 여러 증거를 바탕으로 DNA의 구조를 유추하여 그림 6–2(b)와 같은 이중 나선 구조를 제안했다.

때로는 직접적인 관찰보다 간접적인 유추가 더 믿을 만할 경우도 있다. 예를 들어, 살인 사건 현장을 목격(관찰)하기보다 DNA 서열을 분석하여 증거를 얻는 것(유추)이 실제 범인을 찾을 때 더 정확한 정보를 제공한다. 과학에서도 유추는 중요한 역할을 담당한다. 과학 지식의 형성에서 관찰을 통한 경험적인 증거가 중요하다는 점은 의심할 여지가 없는 분명한 사실이지만, 과학 지식이 반드시 관찰에 근거해서만 형성된다고 생각해서는 안 된다. 과학적 개념, 법칙, 이론과 같은 과학 지식은 세심한 관찰에 인간의 생각이 더해져야 만들어진다. 이때 인간의 생각이 바로 유추다. 즉, 과학 지식은 관찰과 유추에 근거해서 형성된다고 볼 수 있다(Bell, 2008).

- **예측**(predicting)

예측은 추측(guessing)과 구별해야 한다. 미래에 일어날 현상에 대한 진술이라는 점에서는 공통점이 있으나, 예측은 현재의 지식에 근거하여 미래에 일어날 것으로 생각되는 현상을 진술한다는 점에서 단순히 미래의 일만을 진술하는 추측과 구별된다.

- **질문**(questioning)

기존에 알고 있던 것과 관찰한 것 사이의 불일치에 대한 인식에 근거해서 불확실성, 의혹, 미해결 과제 등을 제기하는 기술이 질문이다. 질문을 하기 위해서는 호기심을 가지고 개방적인 자세로 관찰하는 것이 필요하다. 과학은 자연 현상에 대한 호기심과 이에 따른 질문으로부터 출발하므로, 질문은 과학의 가장 기본적인 기술 중 하나다. 특히, 기존 지식과 경험 사이의 불일치에 주의를 기울여야 효과적인 질문을 할 수 있다.

- **수 사용**(using numbers)

아이디어, 관찰 결과 및 관계 등을 표현할 때 수 체계를 사용하는 것을 말하는데, 언어 사용에서 부족한 부분을 보충하는 기능을 한다. 수의 사용은 과학 탐구의 특징적인 면 중의 하나인데, 수를 사용하여 정량화함으로써 관찰 결과나 사실들 사이의 관계를 간결하게 나타낼 수 있기 때문에 의미가 있다.

- **시-공간 관계 사용**(using space-time relationships)

공간적 관계와 시간에 따른 변화를 다룰 수 있는 기술이다. 방향이나 공간적 배열, 그리고 운동과 속도 혹은 변화 속도 등을 다루는 기술도 과학 탐구의 과정에서 기본적으로 요구되는 과정 기술 중 하나다.

(2) 통합 과정 기술

- **조작적 정의**(defining operationally)

사물이나 현상에 대해 측정 가능한 형태로 정의를 내리는 것이다. 과학 탐구에서 조작적 정의는 수량화의 근거가 된다는 점에서 매우 중요하다. 예를 들어, '산의 세기'에 대해 조작적인 정의가 이루어지지 않은 상태에서는 특정한 종류의 산이 다른 종류의 산에 비해 얼마나 더 산의 세기가 강한지 알 수 없다.

- **변인 통제**(controlling variables)

변인은 변화 가능한 양을 지닌 현상이라고 할 수 있다. 변인 통제란 특정한 요인의 영향을 알기 위하여 그 상황이나 현상에 영향을 미칠 수 있는 요인을 규명하고 조절하는 기술이다. 즉, 타당한 자료를 얻기 위해서는 탐구하는 상황에 관련된 여러 요인들 중 일정하게 유지해야 할 조건이 무엇이고, 변화되어야 할 조건이 무엇인지 명확히 알아야 하고, 그것을 적절히 조절하는 것이 바로 변인 통제다.

- **가설 설정**(hypothesizing)

어떤 현상을 설명하는 데 사용할 수 있는 잠정적인 일반화를 의미한다. 따라서 가설은 검증 과정을 거쳐야 한다. 가설 설정은 계획된 탐구를 실행하기 위해 선행되어야 하는 요소로서, 이용 가능한 정보에 기초하여 예상되는 결과에 대해 최상의 경험적 예측을 만들어내는 것이다.

- **실험 설계**(designing experiments)

가설을 검증하거나 질문에 대한 대답을 찾기 위한 일련의 자료 수집 활동을 계획하는 기술이다. 검증해야 할 가설이나 해결해야 할 질문에 적절하고 타당한 자료를 수집하기 위해서는 변인이 합리적으로 통제되고 조절된 실험이 이루어지도록 계획을 세워야 한다. 과학적인 실험이 이루어지기 위해서는 가설, 독립 변인, 종속 변인이 있어야 한다.

• **자료 해석**(interpreting data)

수집된 자료에 내재한 특정한 경향이나 관계를 찾아내는 기술이다. 자료 해석은 일반화된 진술에 도달하기 위한 기초 단계다. 자료 해석 과정에서는 관찰이나 측정 결과를 체계적으로 표현하고 내재된 의미를 효과적으로 파악하기 위해 표, 그림, 그래프 등을 이용하여 자료를 변형하는 경우가 많다.

• **모형 설정**(formulating models)

추상적인 현상이나 설명을 가시화하기 위해 구체적인 실제 사물이나 현상을 이용하여 메커니즘, 도식, 구조 등을 고안해내는 기술이다. 예를 들어, 보어 (Niels Bohr, 1885–1962)의 원자 모형은 행성의 궤도에 빗대어 원자의 구조를 설명한 것이다. 모형은 그 모습대로 실재하는 것이 아니라 사물이나 현상의 원리를 설명하기 위하여 상상력을 동원하여 만들어낸 인공물이다.

쉬 어 가 기

투명한 살인마, 일산화이수소

일산화이수소는 색깔, 냄새, 그리고 맛도 없는 물질이지만, 매년 수천 명의 목숨을 앗아간다. 사망 사고 대부분은 일산화이수소를 원하지 않게 흡입하여 발생한다. 문제는 위험이 여기서 끝나지 않는다는 점이다. 일산화이수소는 산성비의 주성분이며, 온실 효과를 일으키고 환경을 파괴한다. 심한 화상을 일으킬 수 있으며, 금속을 부식시키고 전기 고장을 일으키기도 한다. 또한 공업용 용매, 원자력 발전소의 냉각제, 식품 첨가물로도 사용되어 인간과 환경에 치명적인 피해를 입힌다.

그러나 세계 각국의 정부는 '국가 경제에 중요한 역할을 한다'는 이유를 들어, 이 해로운 화학 물질의 생산, 유통, 사용을 계속 묵인하고 있다. 해군을 비롯한 군 실험실에서도 일산화이수소에 대한 실험을 계속하고 있으며, 지금 이 순간에도 이 해로운 물질이 지하에 매설된 배관 설비를 통해 수백 군데의 연구 시설로 보내지고 있다. 그러나 아직 늦지 않았다! 오염이 더 심해지기 전에 즉시 행동에 나서야 한다. 더 큰 피해를 막기 위해 모든 국민이 이 위험한 화학 물질에 대해 알 수 있도록 더 많이 홍보해야 한다! 일산화이수소가 어떤 물질이냐고? 산소 1개와 수소 2개가 결합한 화합물(H_2O)로서 물이라고도 부른다.

생각해볼 문제

1. 1626년, 베이컨은 병상에 누운 몸으로 다음과 같이 기록했다. "내 머릿속은 신체를 영구 보존할 방법을 찾는 실험 생각뿐이었습니다. 그리고 그 실험을 다행히도 훌륭하게 수행해냈습니다." 매우 추웠던 그해, 65세였던 베이컨은 불편한 몸을 이끌고 닭 한 마리를 구해서 속을 눈으로 가득 채웠다. 베이컨은 눈으로 얼려서 닭을 보관할 수 있는지 연구 중이었다. 이 실험은 계획대로 성공했지만, 추운 곳에서 실험하느라 베이컨은 감기에 걸렸다. 병세는 호전되지 않았고 폐렴으로 발전하여 결국 베이컨은 숨을 거두었다. 베이컨은 실험을 중요하게 간주하여 '실험 과학의 아버지'로 불리기도 한다. 베이컨이 자신의 목숨을 걸 정도로 실험을 중요하게 생각한 이유를 설명해보자.

2. 15세기 초 브라헤는 논쟁이 많았던 행성의 공전 여부에 대해 기존 이론들과 전혀 다른 시각으로 접근했다. 철학적 공론을 들먹이는 것보다는 정밀한 관측으로부터 결론을 유추하는 것이 낫다는 것이 브라헤의 지론이었다(Feynman, 2003). 브라헤는 행성의 위치를 정확히 관측하여 충분한 양의 자료만 수집할 수 있다면 모든 논쟁에 종지부를 찍을 수 있다고 생각했다. 브라헤는 실제로 행성의 운동에 대한 방대한 관측 자료를 수집했다. 과학적 방법에 대한 귀납주의 입장에서 브라헤의 연구 과정을 설명하고, 귀납의 장점이 무엇인지 설명해보자.

3. 유사 이래로 우리는 아침마다 해가 떠오르는 것을 보아왔다. 그렇다면 노래 가사처럼 '내일은 해가 뜬다'고 확신하여 말할 수 있을까? 예측하지 못한 돌발적인 우주 변화로 태양이 폭발한다거나 핵전쟁으로 인해 지구가 멸망할 수도 있지 않을까? 이를 바탕으로 귀납의 근본적인 한계를 설명해보자.

4. 20세기 초에 과학자들은 단맛, 신맛, 쓴맛, 짠맛의 네 가지 맛을 혀의 특정 부분에 할당한 혀 지도를 만들었다. 혀끝은 주로 단맛을 느끼고, 혀의 양옆과 뒷부분은 각각 신맛과 쓴맛을 느끼며, 짠맛은 혀 전체적으로 느끼는 것으로 밝혀졌다. 그런데 맛은 왜 네 가지일까? 이 가정의 기원은 기원전 4세기까지 거슬러 올라가는데, 데모크리토스(Democritos, 약 B.C. 460–B.C. 370)는 맛이 음식 입자의 모양에 따라 달라진다고 가정했다(Lehrer, 2007). 즉, 단맛은 원자가 둥글고 클 때 나고, 신맛은 원자가 크지만 거칠고 각진 모양일 때 난다는 것이다. 그리

고 짠맛은 이등변삼각형 원자들 때문에 생기고, 쓴맛은 둥글고 부드럽고 작은 원자들 때문에 생긴다고 주장했다. 오늘날에는 '감칠맛'과 같은 새로운 종류의 맛을 인정하지만, 데모크리토스의 네 가지 맛에 대한 주장은 플라톤(Platon, B.C. 423–B.C. 348)과 아리스토텔레스를 거치면서 확립된 이후 천년이 넘도록 별다른 도전을 받지 않았다. 네 가지 맛이 오랫동안 인정받았던 사례를 바탕으로 연역적 방법의 한계를 지적해보자.

5. 어떤 가설이 특정 현상을 설명하는 데 성공했다고 해서 일반적으로 참이라고 생각하는 것은 위험한 일이다. 어떤 사람이 자기 사무실 문 앞에 약초 꾸러미를 매달아놓았는데, 지나가던 사람이 약초 꾸러미의 용도를 물었다. 이 사람은 "이건 코끼리를 물리치는 약일세. 효과가 아주 좋지. 문 앞에 매달아놓은 뒤로 코끼리가 한 번도 나타나지 않았다네."라고 대답했다. 실증주의의 입장에서 이 주장의 타당성을 논의하고, 실증주의의 한계점을 지적해보자.

6. 20세기 초반 벨리코프스키(Immanuel Velikovsky, 1895–1979)라는 사람은 인간의 역사에 일련의 대격변이 있었다는 이론을 제안했다. 벨리코프스키의 이론이 옳다면, 역사에 기록되거나 혹은 구전을 통해서라도 대격변에 해당하는 사건들의 기록이나 흔적이 있어야 할 것이다. 그러나 실제로 어떤 기록도 발견되지 않은 이유에 대해, 벨리코프스키는 대격변으로 인해 사람들이 너무나 심한 충격을 받아 집단적인 기억상실증에 걸렸기 때문에 그 사건들을 기록할 수 없었다고 주장한다. 벨리코프스키의 이론을 반증할 수 있는지 설명하고, 이를 바탕으로 반증주의의 한계에 대해 설명해보자.

7. 너무나 당연하게 생각해왔지만, 사실 지문이 사람마다 제각각 다르다는 주장이 명백하게 증명된 적은 없다. 수백만 명의 지문을 조사하기는 했지만, 현재와 과거의 모든 사람들의 지문을 비교해보지는 않았기 때문이다. 범죄 수사나 재판에 지문을 결정적인 증거로 사용하는 이유에 대해 반증주의의 입장에서 설명하고, 반증주의의 한계점을 지적해보자.

8. 퍼킨(William Perkin, 1838–1907)은 '모브(mauve)'라는 보라색 염료를 발견한 과학자다. 퍼킨이 모브를 발견한 과정에 대한 다음 에피소드를 읽고, 처방적 규칙으로서의 과학적 방법의 존재에 대한 자신의 입장을 설명해보자.

퍼킨은 15살에 왕립화학학교(Royal College of Chemistry)에 입학하여 유명한 화학자였던 호프만(August von Hofmann, 1818-1892)의 조수로 일했다. 당시에 화학이라는 학문은 여전히 초보적이고 이론적인 수준에서 벗어나지 못하고 있었다. 호프만은 말라리아의 치료제로 수요가 많지만 값비싼 천연 물질이었던 퀴닌(quinine)을 합성하는 연구를 하고 있었다. 1856년 부활절 휴가 때, 퍼킨은 집에서 퀴닌 합성을 실험하다가 우연히 짙은 보라색을 띠는 물질을 발견했다. 그림과 사진에 관심이 많았던 그는 이 결과에 흥미를 느끼고 집 마당에서 이 보라색 물질을 계속해서 연구했는데, 이 보라색 물질은 염료로서 가능성이 있었다. 당시에는 모든 염료가 천연염료였는데, 생산 과정이 어려웠을 뿐 아니라 색깔이 금방 빠지는 경우가 많았다. 그러나 퍼킨이 발견한 새로운 염료는 색깔이 선명하고 오래갈 뿐 아니라 대규모로 생산이 가능하다는 장점이 있었다. 연구 결과를 가지고 스코틀랜드의 퍼스(Perth)라는 염료회사와 접촉한 퍼킨은 18살의 나이에 취직을 했다. 퍼킨은 계속해서 새로운 염료를 개발했고, 그 결과 엄청난 명예와 부를 누릴 수 있었다. 퍼킨의 모브 발견 이후, 화학은 본격적으로 발전하기 시작했고, 오늘날과 같은 거대 다국적 화학회사가 탄생하게 되었다.

9. 전통적으로 학자들은 과학이 다른 분야보다 우월하다고 주장하는데, 이것은 과학이 합리적인 과학적 과정을 통해 이루어졌을 것이라는 암묵적 가정에 근거한다. 그러나 파이어아벤트는 역사적 사례를 통해 과학자들의 활동 과정을 설명할 수 있는 처방적 규칙을 제시할 수 있는 과학적 방법론은 실패했다고 주장하며, 과학적 방법과 관련하여 제시할 수 있는 유일한 규칙은 '어떻게 해도 좋다.'라는 것이라고 주장했다. 파이어아벤트의 주장에 대한 자신의 입장을 설명해보자.

10. 학교 과학교육의 큰 두 가지 목표는 개념(즉, 산물로서의 지식)과 탐구 능력(즉, 과정으로서의 과학적 방법)의 향상이다. 탐구 능력의 향상이라는 목표를 달성하기 위해 과학적 방법을 가르쳐야 한다는 주장이 옳을까? 이 문제에 대해 과학교사가 취해야 할 입장이 무엇인지 현대 인식론의 관점에서 설명해보자.

정 답

달리는 말 만들기

발상의 전환이 정답으로 가는 지름길이다. 그림 한가운데에 질주하는 백마가 보이는가? 말이 검정색이어야 한다는 고정 관념에서 발상을 전환하는 것이 관건이다. 이 해답을 보면 누구나 무릎을 치지 않을까?

참고 문헌

강건일 (2006). 흥미있고 진지한 과학 이야기. 서울: 참과학.

교육과학기술부 (2011). 과학 교육과정. 서울: 교육과학기술부.

김영식, 박성래, 송상용 (1992). 과학사. 서울: 전파과학사.

양승훈, 송진웅, 김인환, 조정일, 정원우 (1996). 과학사와 과학교육. 서울: 민음사.

이상욱 (2003). 과학이란 무엇인가: 21세기 과학에 대한 균형 잡힌 시각. 에머지, 46, 164-168.

조희형, 박승재 (1994). 과학론과 과학교육. 서울: 교육과학사.

조희형, 최경희 (2001). 과학교육총론. 서울: 교육과학사.

최영주 (2006). 세계의 교양을 읽는다. 서울: 휴머니스트.

홍성욱 (2001). 상대주의 과학관을 변호함: '지적사기'의 과학주의를 넘어. 문학과 사회, 50, 880-899.

홍성욱 (2004). 과학은 얼마나. 서울: 서울대학교출판부.

Bell, R. L. (2008). Teaching the nature of science through process skills: Activities for grades 3-8. Boston: Pearson.

Chalmers, A. F. (1985). 현대의 과학 철학. 신일철, 신중섭 역, 서울: 서광사.

Crease, R. P. (2006). 세상에서 가장 아름다운 실험 열 가지. 김명남 역, 서울: 지호.

Duschl, R. A. (1990). Restructuring science education. New York: Teachers College Press.

Edmiston, M. C. (1993). 70일간의 논리여행. 서달원 역, 서울: 새터.

Feynman, R. P. (2003). 파인만의 여섯가지 물리 이야기. 박병철 역, 서울: 승산.

Feynman, R. P. (2005). 파인만 씨 농담도 잘하시네. 김희봉 역, 서울: 사이언스북스.

Fischer, E. P. (2009). 과학을 배반하는 과학. 전대호 역, 서울: 북하우스.

Ladyman, J. (2003). 과학철학의 이해. 박영태 역, 서울: 이학사.

Lehrer, J. (2007). 프루스트는 신경과학자였다. 최애리, 안시열 역, 고양: 지호출판사.

Matthews, R. (2005). 기상천외 과학대전. 이영기 역, 서울: 웅진씽크빅.

Miller, A. (2001). 천재성의 비밀. 김희봉 역, 서울: 사이언스북스.

Rezba, R. J., Sprague, C., & Fiel, R. (2003). Learning and assessing: Science process skills. Dubuque: Kendall/Hunt Publishing Company.

Root-Bernstein, R., & Root-Bernstein, M. (2007). 생각의 탄생. 박종성 역, 서울: 에코의서재.

Sagan, C. (2006). 에덴의 용. 임지원 역, 서울: 사이언스북스.

Schwab, J. (1966). The teaching of science. Cambridge: Harvard University Press.

Shermer, M. (2005). 과학의 변경지대. 김희봉 역, 서울: 사이언스북스.

Shermer, M. (2007). 왜 사람들은 이상한 것을 믿는가. 류운 역, 서울: 바다출판사.

Stauber, J., & Rampton, S. (2006). 거짓나침반. 정병선 역, 서울: 시울.

Weiner, J. (2002). 핀치의 부리. 이한음 역, 서울: 이끌리오.

7 과학 지식은 어떻게 형성될까?

과 학 지식은 객관적이고 보편적일까? 경험주의나 실증주의와 같은 전통적 인식론에서는 과학 지식을 합리적이고 객관적인 절차에 따라 자연에서 발견한 진리로 간주한다. 브로노프스키(Bronowski, 1964)는 『과학과 인간가치 (*Science and human values*)』에서 과학자에 대해 다음과 같이 묘사했다.

> 이들은 과장된 주장도 하지 않고, 속이는 일이 없고, 수단을 가리지 않고 설득하려는 일도 없고, 편견이나 권위에 호소하지 않고, 자신의 무지에 대해 솔직하고, 다툼이 있더라도 치사하지 않고, 논쟁에서 인종·정치·성·연령에 의한 편견을 개입시키지 않는다. 이것은 일반적으로 학문의 미덕이며, 특징적으로 과학의 미덕이다.
>
> (Bronowski, 1964, p. 64)

반면에, 어떤 사회학자나 철학자들은 과학을 바라볼 때 정치적·사회적인 이해관계, 자금, 이익이나 성과의 분배 과정에서 드러나는 권력 다툼과 같은 사회적 맥락에 관심을 가진다(Crease, 2006). 이러한 학문적 경향을 과학 지식의 사회적 구성론이라고 부르는데, 사회적 이해관계가 과학 지식의 형성 과정에 개입하므로, 결과적으로 과학 지식은 사회적으로 구성된다는 주장이다. 과학자와 사회학자 사이에 존재하는 이와 같은 인식의 차이는 영국의 물리학자 스노(Charles Snow, 1905-1980)[1]가 지적한 '두 개의 문화' 현상의 연장선에 있다. 스노는 과학자들은 미래가 자신들에게 달려 있다고 생각하며 확신하는 사람들이고, 인문학자들은 기계화에 그저 반대만 하는 사람들이므로, 양측은 점점 두 개의 극단적인 집단으로 멀어지고 있다고 지적했다.

이러한 관점의 차이가 감정 섞인 논쟁으로 발전했는데, 이를 과학자와 사회학자 사이의 '과학 전쟁(science war)'이라고 부른다. 과학 전쟁은 소칼(Alan Sokal)의 사건에서 절정을 이룬다(정재승 등, 2007). 뉴욕 대학의 수리물리학 교수인 소칼은 1996년 대표적인 사회적 구성주의 학술지였던 「소셜 텍스트(*Social Text*)」가 준비하던 과학 전쟁에 대한 특집 호에 양자 중력이 언어의 사회적 구성(construct)임을 제안하는 "경

---

1) 스노는 물리학자로서는 뚜렷한 업적을 남기지 못했다. 그러나 제2차 세계대전 때는 노동당의 과학기술성에 근무한 정치가이기도 하다. 사실 스노는 소설가로 더 이름이 알려져 있다. 30대 중반부터 소설을 쓰기 시작하여 『이방인과 동포(Strangers and brothers)』 등 여러 편을 집필했다.

계를 넘어서: 양자 중력의 변형적 해석학을 위하여(Transgressing the boundaries: Toward a transformative hermeneutics of quantum gravity)"라는 논문을 투고하여 게재를 승인받았다. 소칼은 논문이 게재되자마자 학술지 「링구아 프랑카(*Lingua Franca*)」에 "물리학자가 문화 연구를 실험하다(A physicist experiments with cultural studies)"라는 글을 기고해 자신의 논문이 궤변으로 점철된 의미 없는 글이라고 밝혔다(Fischer, 2009). 즉, 자신의 논문은 포스트모더니즘 학자들이 쓴 글에서 멋있어 보이는 부분만 짜깁기해 만든 엉터리 논문인데, 이 논문이 학술지에 게재될 정도로 사회적 구성론은 학문적인 엄정성을 잃었다고 공격했다.[2]

그러나 과학을 연구하는 과학자도 결국은 우리 사회의 한 구성원이며, 동시에 과학자들 자신도 하나의 독립적인 사회를 이룬다. 이와 같이, 과학에서 사회의 영향을 완전히 배제하는 것은 사실상 불가능하다. 그렇다면 과학에서 나타나는 사회성은 어떤 특징이 있을까?

과학의 사회성

과학의 사회성은 크게 내적 사회성과 외적 사회성으로 구분할 수 있다(Ziman, 1984). 내적 사회성은 과학 내의 여러 요인들이 서로 영향을 미치는 과정에서 나타나는 특성을 말하고, 외적 사회성은 사회가 과학에 미치는 영향과 같이 과학과 외부 사회의 관계에 의해 나타나는 특징이다.

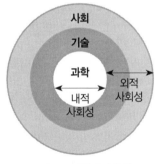

그림 7-1 **과학의 사회성**

---

2) 복수는 처음에는 달콤하지만 곧 또 다른 복수를 낳는다. 소칼의 사건 이후 오래지 않아, 콜린스(Harry Collins)라는 사회학자가 소칼과 동일한 방법으로 물리학자들도 헛소리와 심오한 주장을 구별하지 못함을 증명했다(Fischer, 2009). 콜린스는 중력을 주제로 선택하여 중력 전문가들에게 어려운 질문을 부탁한 뒤, 다른 물리학자들에게 그 질문에 대한 전문적인 답변을 부탁했다. 그다음, 매우 복잡하게 들리지만 헛소리인 자신의 말을 그 대답 여기저기에 삽입했다. 그리고 자연과학자들에게 자신의 헛소리와 제대로 된 물리학을 구별하라고 요구했다. 결과는 자연과학자들의 완벽한 실패였다.

(1) 과학의 내적 사회성

과학의 내적 사회성은 외부 요인을 모두 제외한 상태에서 과학을 분석하는 것이라고 할 수 있다. 즉, 과학 외부의 더 넓은 세계(기술이나 사회)를 무시하고, 과학이라는 테두리 내부에서 진행되는 일에 대해 철학적·사회학적·심리학적으로 설명하려는 시도다. 과학의 내적 사회성은 과학자의 양성 과정, 과학자가 연구를 수행하고 평가하는 과정, 그리고 과학 내의 여러 분야 사이의 관계에서 발견할 수 있다(조희형, 1994).

• 과학자의 양성 과정

현대에 들어 과학은 전문화되었는데, 과학자의 주된 활동은 자기 분야의 연구를 하고 그 결과물을 학술지에 발표하는 일이라고 할 수 있을 정도로 정형화되었다. 그런데 과학 활동에서 필요한 능력은 과학자 개인의 천부적 기질에 의해 저절로 습득된 것이 아니다. 과학자가 되기 위해서는 대학에서 과학의 한 분야를 공부하고, 석사와 박사 과정에 진학해서 더 세부적이고 전문적인 연구를 수행해야 한다. 지도교수의 지도하에 논문을 써서 박사학위를 받고 나서야 비로소 독립적인 연구를 수행할 수 있는 한 사람의 과학자가 된다(김명진, 2008). 또한 박사학위를 받고 나서도 박사후 연구원(post-doc) 등을 거치면서 학술지에 논문을 발표하여 연구 업적을 쌓아야 한다.

과학이 이루어지는 장소는 보통 실험실인데, 실험실(laboratory)은 그 어원에서 알 수 있듯이 노동(labor)의 장소다(Castel & Sismondo, 2006). 실험실에서는 이론적인 지식 못지않게 실제적인 지식(know-how)이 중요한데, 실제적인 지식은 문서화된 지침이나 규칙을 통해서는 배우기가 불가능하고 직접 몸으로 부딪히며 습득하는 수밖에 없다. 따라서 첨단 과학의 시대라고 불리는 오늘날에도 과학자는 여전히 장인-도제(master-apprentice) 시스템과 유사한 독특한 사회적 체제를 통해 양성되며, 이 과정에서 과학자들은 자신의 사회적 역할(예를 들어, 대학원생을 지도하는 교수의 역할이나 교수의 연구를 수행하는 대학원생의 역할)을 담당하게 된다. 또한 과학자를 양성하는 사회적 체제에는 나름대로의 독특한 가치관과 관습이 존재한다.

앨리 효과

동물원에서 기르는 홍학은 전체 집단의 개체 수가 일정 수준 이상을 넘지 않으면 번식을 하지 않는다고 한다. 시드니의 한 동물원에서 홍학의 숫자가 적어서 사라질 위기에 처했는데, 한 사육사가 홍학 우리를 큰 거울로 둘러싸서 홍학이 많은 것처럼 보이게 하자, 홍학은 짝짓기를 시작했다고 한다. 홍학과 같이, 생물 군집이 일정한 수준 이상이 되어야만 계속 번식할 수 있는 상황을 앨리 효과(Allee effect)라고 한다. 앨리 효과는 생태학자 앨리(Warder Allee, 1885-1955)가 수조 속의 금붕어가 일정 수 이상이 되었을 때 번식 속도가 더 빨라지는 현상을 발견함으로써 알려졌다.

그런데 흥미롭게도 이 효과는 동물에게만 적용되는 것이 아니다. 혹독한 환경에 놓인 식물에게도 앨리 효과가 적용되고, 심지어는 협동적인 상호작용이 필요한 과학자들에게도 적용된다고 한다. 실제로 케임브리지 대학교의 캐번디시 물리학연구소는 앨리 효과를 고려하여 설계했다(Fisher, 2012). 즉, 과학자들이 자기 연구실이나 실험실에서 나올 때 다른 누군가와 마주치게끔 의도적으로 연구실과 실험실을 배열했다고 한다.

• 과학자의 연구 수행

과학은 자연 현상에 대해 합리적인 합의를 도출하고 그에 따라 과학 지식을 구성하는 사회적 체제의 성격을 지니고 있다(Ziman, 1984). 즉, 과학은 자연 세계, 과학 지식 체계, 그리고 자연 세계 및 기존의 지식 체계에 대한 민주적인 토의 과정을 거쳐 새로운 지식을 형성하는 과학 사회로 구성된다. 과학 사회의 한 구성원으로서, 즉 학회나 여타 과학 단체의 한 구성원으로서 과학자들은 누구나 사회적인 역할을 맡는다. 한 과학자가 수행하는 연구는 일반적으로 다른 과학자들이 확립한 기존의 과학 지식이나 관련된 선행 연구에 대한 분석으로부터 출발한다.[3] 따라서 어떤 과학자도 다른 과학자들의 연구 결과에 바탕을 두지 않을 수 없으므로, 과학 연구는 사회 속에서 진행될 수밖에 없는 의도적인 활동이라고 할 수 있다. 아인슈타인(Albert Einstein, 1879-1955)의 상대성 이론도 결코 갑자기 등장한 것이 아니다. 이전 과학자들이 수많은 연구를 통해 이룩한 과학 지식을 통합하려는 노력으로 만들어진 것이 바로 상대성 이론이다.

---

3) 학회(society)는 기본적으로 과학자들 사이의 교류와 정보 공유를 목적으로 하는 단체다. 한편, 학회가 바깥 세계의 이해당사자들과 과학자들의 소통을 위한 통로 역할을 한다는 견해도 있다(Bowler & Morus, 2008). 다시 말해서, 바깥 세계가 과학의 가치를 깨닫고 필요한 자원을 제공하도록 만들 필요성, 즉 과학을 판매할 필요성이 있기 때문에 과학자들은 전문화된 공동체를 만들어 영향력을 높여왔다는 것이다.

한편, 오늘날에는 한 과학자가 단독으로 연구하던 과거와 달리 대부분의 과학 연구가 여러 과학자들의 협력을 통해 이루어진다. 최근에 들어 대부분의 노벨상이 여러 명의 과학자에게 동시에 수여되는 것도 이 때문이다. 과학 연구에서의 이러한 경향은 거대과학(big science)[4]에서 잘 나타난다. 제2차 세계대전 이후 나타난 과학 활동의 새로운 경향인 거대과학은 대형기기를 중심으로 수백에서 수천 명의 과학자, 기술자, 엔지니어들이 협력하여 수행하는 연구 프로젝트를 가리킨다(김명진, 2008). 입자가속기를 이용하는 고에너지 물리학 연구, 허블 망원경과 같은 대형 우주망원경의 제작, 인간의 달 착륙을 추진했던 아폴로 계획, 사람의 DNA 염기서열을 밝히는 인간 게놈 프로젝트[5] 등이 대표적인 사례다. 거대과학에서는 과학자 개개인의 역할이 전문화되어 있으므로, 한 부분에서의 문제로 인하여 전체 프로젝트가 중단되는 경우도 발생할 수 있다. 즉, 거대과학에서는 과학자 사이의 유기적인 협력이 중요한 문제인 경우가 많은데, 그 결과 입자가속기를 이용한 연구의 경우 논문의 저자가 100여 명에 이르는 경우도 있다.

• 과학 연구의 평가

과학자들의 연구 결과는 학회에서의 발표나 학술지를 통한 논문 게재 등 과학자 사회에서 동료 과학자들의 평가를 받아야 비로소 의미를 지닌다. 즉, 한 과학자의 연구가 과학 지식 체계에 포함되는 의미 있는 연구가 되기 위해서는 반드시 동료 과학자들의 인정이 필요하다. 동료들의 평가는 과학자 사회만의 독특한 체제와 절차를 따라 이루어진다. 우선 한 과학자의 연구는 과학자 사

---

4)   제2차 세계대전을 계기로 과학이 정부와 산업계에 유용하다는 점이 분명해졌고, 정부와 산업계로부터 지원을 이끌어내려는 노력은 과학 조직화의 방향에 큰 영향을 미쳤다. 프라이스(Derek Price, 1922-1983)는 이전 세기의 과학을 '작은 과학(little science)'으로, 그리고 오늘날의 과학을 '거대과학'으로 구분했다. 이전의 작은 과학은 과학자 혼자 혹은 소수의 집단 단위로 수행되고 자신의 관심사와 호기심을 만족시키기 위해 자신의 경비를 들여 이루어졌다. 반면, 거대과학은 값비싼 장비를 사용하는 연구팀이 수행하기 때문에 실용적인 결과나 특별한 결과를 기대하는 정부나 주요 거대 기업들이 재정을 지원한다(Bowler & Morus, 2008).

5)   인간의 몸에는 60조 개의 세포가 있는데, 세포 속에 있는 DNA에 유전에 관련된 정보가 들어 있다. DNA 속의 의미 있는 정보를 유전자(gene)라고 하고, 유전자를 합쳐 게놈(genom, 유전체)이라고 부른다. 인간 게놈 프로젝트는 인간의 세포에 들어 있는 30억 개의 유전 암호를 모두 해석하여 완전한 유전자 지도를 만들려는 연구 계획이다. 30억 달러의 연구비가 필요하고 15년의 시간이 걸릴 것으로 추정된 이 연구 계획은 1990년 10월 1일에 시작되었다. 국제적 협력의 확대와 생물학의 발달로, 인간 게놈 프로젝트는 예상보다 빠른 2003년에 완료되었다.

회에 제출하기 전에 먼저 자신의 평가를 거칠 것이다(홍성욱, 2004). 과학자들은 가장 의미 있는 해석을 내리려고 노력하고, 때로는 스스로 판단하여 실험 데이터를 버리기도 한다. 공동 연구의 경우에는 연구자들끼리 서로 비판을 하여 연구를 평가한다. 다음으로, 연구의 결과물인 논문을 학술지에 게재하기 위해서는 학술지 심사위원들의 평가를 거쳐야 한다. 좋은 평가를 받으면 논문이 게재되지만, 적지 않은 논문은 게재가 거절되어 역사 속으로 사라지기도 한다. 또한 많은 경우에 동료 과학자인 학술지 심사위원들이 저자들에게 논문의 수정을 요구한다. 만약 투고한 논문이 특정한 학술지에 게재를 거절당하면, 저자들은 다른 학술지에 투고하기 전에 내용을 수정한다. 즉, 논문 심사위원들이 논문의 문제점을 지적하면 논문의 대폭적인 수정이 이루어지기도 한다. 이와 같이, 과학 논문은 동료 심사(peer review)를 바탕으로 심사위원들의 비판을 저자들이 적극적으로 수용하겠다는 합의 아래 이루어지는 사회적 행위의 산물이다(Castel & Sismondo, 2006). 마지막으로, 학술지에 게재된 논문은 전 세계의 동료 과학자들로부터 평가를 받는다. 얼마 전 세상을 시끄럽게 했던 몇몇 과학자의 논문 조작 사건도 학술지에 게재된 논문에 대한 동료 과학자들의 평가를 통해 밝혀졌다.

한편, 제1차 세계대전을 계기로 동료 심사는 학술지의 논문 게재뿐 아니라 어떤 연구에 연구비를 지급해야 할지를 결정하는 과정에서도 공식적인 체계가 되었다. 과학에 대한 정부의 지원이 늘어나면서 연구비 지원과 관련된 결정이 늘어났고, 이 과정에 동료 평가가 자리 잡는 사회적 현상이 나타났다(Stauber & Rampton, 2006).

Activity 7-1

유전자 변형 농산물

요즈음 유전자 변형 농산물(genetically modified organism; GMO)에 대한 우려가 높다. 자신이 먹는 식품 속에 GMO 원료가 포함되었는지 확인하기 어렵기 때문에 일반 대중의 우려가 더욱 심각해지고 있다. 그런데 한편에서는 GMO의 위험이 실제  보다 과장되었다고 주장한다. 즉, GMO의 위험에 대한 주장이 과학적 연구 결과를

바탕으로 나온 것이 아니라 언론을 통해 특정한 결과만이 부풀려지면서 대중의 막연한 불안감을 자극했다는 것이다. GMO의 연구 과정에 대한 글(Castel & Sismondo, 2006)을 읽고 물음에 답해보자.

1998년 스코틀랜드 로웨트 연구소(Rowett Research Institute)의 연구원인 푸스타이(Arpad Pusztai)는 TV 인터뷰에서 유전자 변형 감자에 대한 연구 결과를 발표했다. 곤충에 내성을 지니도록 유전자를 조작한 감자를 먹인 쥐와 일반 쥐를 비교했더니, 유전자 조작 감자를 먹인 일부 쥐에서 장이 비정상적으로 성장하거나 다른 문제들이 발견되었다는 것이다. 푸스타이는 이 연구를 학술 논문으로 발표하려면 심사와 논문 수정을 거쳐야 하므로 게재되기까지 1년 이상의 긴 시간이 걸릴 것이므로, 자신의 연구 결과를 언론을 통해 신속히 알리기로 마음먹었다고 주장했다. "나는 유전자 변형 농산물을 먹지 않을 것이고, 일반 시민들을 유전자 변형 농산물의 실험 대상으로 삼는 것은 부당하다." 푸스타이의 발언으로 유전자 변형 농산물에 대한 우려가 사람들 사이에 급격히 확산되었다. 소비자들은 식품의 생산지를 확인하려고 아우성이었고, 슈퍼마켓 체인과 생산자들은 유전자 변형 식품을 팔지 않겠다고 선언하는 사태까지 벌어졌다.

그런데 푸스타이는 이 사건으로 해고를 당했다. 다른 과학자들이 연구 결과에 대한 검토, 즉 논문 심사를 하기도 전에 자신의 연구 결과를 대중에 공포함으로써 과학계의 중요한 불문율을 어겼기 때문이다. 과학자 사회에서 학술지의 논문 심사 과정은 과학 연구 결과에 진리를 부여해주지는 않지만 반드시 거쳐야 하는 정당화 과정으로 받아들여지고 있다.

결국, 푸스타이는 병리학자인 이웬(Stanley Ewen)과 공동으로 유명한 의학 학술지인 「랜싯(The Lancet)」에 논문을 투고했다. 그러나 이미 엎질러진 물을 담지는 못했다. 영국의 가장 권위 있는 학술단체인 영국 왕립학회는 「랜싯」에 이 논문이 게재되기 전에 독자적인 검토를 실시하여 이 연구에 문제가 있다고 선언해버렸다. 이러한 상황에서 「랜싯」의 편집위원장은 6명의 과학자에게 이 논문의 심사를 의뢰했다. 이들 중 4명은 논문의 일부 문제점을 수정하면 게재가 가능하다고 판정을 내렸고, 1명은 결함이 있지만 유전자 변형 농산물에 대한 일반 시민의 관심을 일깨우기 위해 논문을 게재해야 한다고 판정했다. 그러나 나머지 1명은 이 논문에 대해 게재 불가로 판정했다. 편집위원장은 심사 결과를 종합하여 대폭적인 수정을 조건으로 이 연구 결과를 게재하는 것으로 결정했다.

그런데 이 논문이 실제로 게재되기 전에 게재 불가 판정을 내렸던 심사위원이 신문을 통해 그 논문이 정치적인 이유로 채택되었다고 주장하는 일이 벌어졌다. 일반적으로 과학 논문의 심사는 무기명으로 실시하고, 심사위원 다수의 의견을 고려한 편집위원장의 결정을 따르는 것이 원칙이다. 투고 논문의 채택 여부를 자신이 쥐고 있어야 한다고 생각하고 허세를 부린 그 심사위원도 과학계의 또 다른 불문율을 어긴 셈이다.

(1) 학술지에 논문을 게재하기 전에 언론을 통해 연구 결과를 발표한 푸스타이의 행동이 다른 과학자들에게 비난을 받은 이유를 과학의 내적 사회성에 근거하여 설명해보자.
(2) 언론을 통해 푸스타이의 논문 게재를 비난한 심사위원의 행동이 다른 과학자들에게 비난을 받은 이유를 과학의 내적 사회성에 근거하여 설명해보자.

• 새로운 학문 영역의 등장

최근 생화학이나 지구물리학과 같이 전통적인 과학 학문 분야가 통합된 새로운 학문 영역이 등장했다. 이와 같이 학문의 분화나 간학문적(interdisciplinary) 영역의 등장은 과학이 나름대로의 사회적 방법과 과정을 지니고 있음을 의미한다. 우선, 상대적으로 좁은 영역의 주제를 대상으로 연구가 오랫동안 지속되면, 이 분야의 연구들은 나름대로의 방법이나 과정을 확립하여 새로운 학문 영역으로 분화된다. 반대로, 기존의 학문 분야 내에서 다루기 힘든 주제에 대해서는 여러 분야 과학자들의 공동 연구가 진행되고, 그 결과 기존의 학문 분야가 통합된 새로운 학문 영역이 등장하기도 한다. 호킹(Stephen Hawking, 1942-)은 빠른 속도로 변화하는 현대의 과학에 대해 다음과 같이 말했다.

> 뉴턴의 시대에는 교양인이라면 인류의 지식 전체를 최소한 대략적으로라도 파악할 수 있었다. 그러나 그 후의 급속한 과학 발전은 그것을 불가능하게 만들었다. 이론은 항상 새로운 관찰을 설명하기 위해 변화하므로, 결코 일반인이 이해할 수 있을 정도로 적당하게 요약하고 단순화할 수 없다.

(이재영, 2009, p. 290)

(2) 과학의 외적 사회성

과학사의 예를 살펴보면, 과학 외부의 사회적 요소가 과학 지식 형성에 영향을 미치는 경우를 어렵지 않게 찾을 수 있다. 예를 들어, 다윈(Charles Darwin, 1809-1882)이 진화론을 주장할 수 있었던 것은 갈라파고스(Galapagos) 군도에서

쉬 어 가 기

가장 오래된 표절

프톨레마이오스(Claudius Ptolemaeus, 약 90–약 168)는 가장 유명한 고대의 지리학자이자 수학자이며 천문학자일 것이다. 그가 집필한 13권짜리 전집인 『알마게스트(*Almagest*)』가 '모든 시대를 통틀어 가장 위대한 작품'이라는 의미를 담고 있을 정도다. 이 전집의 제7권에는 별을 상세하게 관측하여 기록한 천문도가 들어 있는데, 프톨레마이오스는 이 천문도를 바탕으로 천동설을 펼쳤다.

20세기 초반 천문학자 피터스(Christian Peters)와 크노벨(Edvard Knobel)은 현재 위치를 기준으로 『알마게스트』의 천문도를 다시 계산해본 결과, 프톨레마이오스의 기록 중에 틀린 곳이 많다는 사실을 발견했다. 당시의 관측 기술이 초보적이었음을 감안하더라도, 차이가 너무 심했다. 이들은 프톨레마이오스가 그리스의 로도스(Rhodes) 섬에서 정밀한 관측을 했던 히파르코스(Hipparchos, B.C.190–B.C.120)의 관측을 베꼈을 것으로 추정했다. 그 이후, 롤린스(Dennis Rawlins)가 프톨레마이오스의 천문도에 있는 1,025개의 별 가운데 알렉산드리아(Alexandria)에서만 볼 수 있는 별은 단 한 개도 없다는 것을 확인하여 프톨레마이오스의 표절 의혹을 뒷받침했다(Zankl, 2006a).

한편, 프톨레마이오스는 132년 9월 25일 새벽 2시에 밤낮의 길이가 같아지는 시점을 '아주 세심한 주의를 기울여 측정했다.'라고 책에 썼다. 그런데 미국의 물리학자 뉴턴(Robert Newton)은 『프톨레마이오스의 범죄(*The crime of Claudius Ptolemy*)』라는 책에서 오늘날 알려진 자료로 계산하면 서기 132년에 밤낮의 길이가 같아지는 시점은 프톨레마이오스의 관찰보다 17시간이나 빠르다는 것을 확인했고, 그 원인이 프톨레마이오스가 278년 전 히파르코스의 관측 결과를 아무런 수정 없이 그대로 가져다 썼기 때문임을 밝혀냈다(Zankl, 2006a). 그 당시에는 다른 사람의 관측 결과를 쓰는 것이 하나의 관례였을지도 모르지만, 오늘날의 시각에서는 프톨레마이오스가 인용도 하지 않고 히파르코스를 표절한 것으로 볼 수 있다.

의 경험을 바탕으로 한 연구의 역할이 중요하겠지만, 당시 영국에 널리 퍼져 있던 경쟁 이데올로기나 맬서스(Robert Malthus, 1766–1834)의 『인구론(*An essay on the principle of population*)』도 진화의 메커니즘을 밝히는 데 결정적인 도움을 제공했다(홍성욱, 2004). 인구론에서 핵심적인 아이디어를 빌려온 '생존 경쟁을 통한 자연 선택'이라는 진화의 메커니즘은 당시 영국에 널리 퍼져 있던 경쟁 이데올로기에 의해 더 쉽게 받아들여졌던 것이다. 또한 켈빈(William Thomson, 1824–1907)은 증기기관을 설명하는 데 사용되

었던 일, 효율, 에너지와 같은 개념을 이용하여 전자기학의 문제들을 훌륭하게 해결했다. 이와 같이, 과학은 과학 외적인 사회적 요소들의 영향도 받는다.

전통적 인식론에서는 과학이 가치중립적인 활동이라고 주장한다. 즉, 과학은 연구 그 자체를 위해 진행되므로 외부 사회의 가치가 개입되지 않으며 개입되어서도 안 된다는 것이다. 따라서 전통적인 의미에서의 과학 연구는 외부의 권위나 요구로부터 영향을 받지 않으며, 결과에 대해서도 개인적인 책임만 지는 것이 일반적이었다. 그러나 현대 사회에서는 외부의 사회적 요소가 과학의 발전과 불가분의 관계를 맺고 있다. 국가, 정치, 기업, 일반 대중 등도 과학에 무시할 수 없는 영향을 미친다. 예를 들어, 오늘날 대부분의 과학 연구는 오랜 기간 동안 대규모로 이루어져야 하는 거대과학이므로, 외부의 지원이 필수적이다. 이러한 상황에서 과학자들은 국가나 사회의 통제 아래에 놓인 일종의 고용인이 될 수밖에 없다. 제2차 세계대전 이후 대부분의 국가에서 가장 많은 연구비를 지원하는 곳은 국방부이고, 국방부의 재정적 지원을 통하여 국가는 과학 연구의 방향에 결정적인 영향을 미친다.

쉬 어 가 기

나라를 세운 과학자,
이스라엘의 초대 대통령 바이츠만

아세톤(acetone)은 화약을 만드는 원료 물질을 녹일 때 반드시 필요한 물질이다. 영국에서는 목재를 증류할 때 나오는 아세트산을 석회석과 반응시켜 아세트산칼슘을 만들고, 이를 이용하여 아세톤을 제조하고 있었다. 바이츠만(Chaim Weizmann, 1874-1952)은 인조고무에 관련된 연구를 하고 있었다. 바이츠만은 설탕을 이용하여 인조고무를 합성하는 방법을 연구하다가 설탕을 아세톤으로 변화시키는 박테리아를 발견했다. 당시 영국 정부에서는 전쟁에 도움이 될 만한 모든 발명이나 발견을 보고해달라고 과학자들에게 요청해둔 상태였기 때문에, 바이츠만은 즉시 아세톤의 새로운 제조법을 보고했다.

제1차 세계대전이 발발하면서 영국은 골치 아픈 문제로 씨름하고 있었다. 영국에는 나무가 많지 않았을 뿐 아니라 전쟁이 치열해지면서 해외에서 나무를 수입하는 것도 불가능해졌기 때문에 아세톤을 충분히 공급할 수 없었고, 그 결과 화약이 점점 부족해졌다. 이때 바이츠만의 아이디어가 빛을 발했다. 영국 정부의 지원을 받은 바이츠만은 곡물에서 녹말을 추출한 뒤 설탕으로 바꾸고, 자신이 발견한 박테리아를 이용하여 설탕에서 아세톤을 대량으로 생산하는 공정을 개발했다.

바이츠만의 공로는 영국 정부뿐 아니라 영국의 왕실에까지 깊은 인상을 남겼다. 전쟁이 끝난 후, 영국 정부는 바이츠만의 공로를 보상하려고 했고, 유대 인이었던 바이츠만은 영국 정부가 밸푸어(Balfour) 선언을 승인하도록 만들었다. 2,000년 동안 세계 곳곳에 흩어져 살았던 유대 인들은 선조의 땅인 팔레스타인(Palestine)에 정착하려고 노력했는데, 영국이 밸푸어 선언을 통해 유대 인에 대한 지지 의사를 밝힌 것이다. 이를 초석으로 1948년 이스라엘이 탄생했고, 바이츠만은 다음 해 이스라엘의 초대 대통령이 되었다.

과학과 외부 사회가 맺고 있는 관계의 또 다른 측면은 과학이 사회에 미치는 영향이다. 실제적인 문제 해결에 응용되는 과학 지식의 영향, 즉 정치적·군사적·경제적 측면에서 과학의 도구적 능력은 이미 오래전부터 사회의 큰 관심을 받아왔다. 현대에 들어서는 국가와 과학자들의 관계가 밀접해짐에 따라 과학자가 국가 정책의 수립이나 제도의 개혁에 참여하는 경우가 늘어나고 있고, 직접 행정 업무를 수행하기도 한다. 예를 들어, 개발에 따른 환경 파괴 문제가 종종 대두되는데, 개발을 주장하는 정부에서는 환경 전문가인 과학자의 견해를 앞세워 환경에 심각한 영향이 없을 것이라고 주장한다. 반대로 보존을 주장하는 환경 단체도 과학자를 앞세워 국가의 정책 결정에 영향을 미치려고 한다.

과학 지식의 구성

과학의 사회성에 대한 이해를 바탕으로, 과학 지식이 객관적이고 합리적인 과정에 의해 형성된다는 전통적 인식론의 주장을 대체할 수 있는 새로운 설명 방식이 필요하다는 인식이 싹트게 되었다. 1970년대 후반에 들어 반스(Barry Barnes), 블루어(David Bloor), 에지(David Edge), 매켄지(Donald McKenzie), 섀핀(Steven Shapin) 등 에든버러 대학의 과학과 사회 프로그램 구성원들과 콜린스(Harry Collins), 핀치(Trevor Pinch) 등에 의해 과학 지식의 사회적 구성론이 부각되기 시작했다. 과학 지식의 사회적 구성론에서는 과학 지식이 합리적 추론과 객관적 관찰로 얻어진 보편적 진리가 아니라, 과학자들 사이의 사회적 협상과 합의에 의해 구성된 상대적이고 국지적인 진리일 뿐이라고 주장했다(정재승 등, 2007).

Activity 7-2

무슨 내용일까?

다음 글(Bransford & Johnson, 1972)을 읽고, 무엇에 대한 내용을 설명하고 있는지 설명해보자.

방법은 사실 매우 간단합니다. 먼저, 물건들을 종류별로 분류합니다. 물론 해야 할 일이 얼마나 많은가에 따라 다르겠지만, 보통 한 더미 정도의 양이면 충분합니다. 설비가 충분하지 않다면 다음 단계로 넘어가야겠지만, 그렇지 않다면 이제 준비 완료! 일을 무리하게 하지 않는 것이 중요합니다. 즉, 한 번에 너무 많이 몰아서 하는 것보다 조금씩 나누어서 자주 하는 것이 더 좋습니다. 언뜻 볼 때는 그리 중요하지 않게 보일지 모르지만, 이 규칙을 지키지 않으면 금방 곤란한 문제가 생길 수도 있습니다. 그 실수에 대한 대가 또한 비쌀 것입니다. 처음에는 전체 과정이 복잡해 보일 것입니다. 그러나 곧 그 과정은 우리 생활의 또 다른 일부가 될 것입니다. 가까운 미래에 이 일이 필요 없어질 것 같지는 않습니다만, 그 이후에 이 일의 운명이 어떻게 될지는 아무도 모릅니다. 이 과정이 끝나고 나면, 물건들을 종류별로 다시 분류합니다. 분류된 물건들은 이제 각각 원래의 장소에 놓아 두어도 됩니다. 이 물건을 다시 사용하고 나면, 전체 과정도 계속 반복될 것입니다. 하지만 이것도 생활의 일부입니다.

(1) 글의 내용을 이해할 수 있는가? 모르는 단어나 문장이 없음에도 불구하고, 전체적으로 내용을 파악하기 힘든 이유는 무엇일까?

(2) 이 글의 주제는 '세탁하는 방법'이다. 글의 주제를 알고 난 후, 다시 읽으면 내용을 이해할 수 있는가?

(3) 과학자가 의미 있는 지식을 얻기 위해서는 특정한 배경지식 없이 객관적으로 실험 결과만 탐구해야 한다는 주장이 있다. 위의 활동을 바탕으로, 이 주장의 타당성에 대해 논의해보자.

(1) 과학 지식의 사회적 구성론

과학 지식의 사회적 구성론에서는 과학 지식의 형성 과정에 항상 어느 정도 사회적 요소가 개입한다고 본다. 경쟁하는 과학적 이론 중에서 하나가 선택될 때 실험이 중요한 역할을 하는 경우가 많은데, 과학지식사회학자들에 따르면 실험도 사회적·문화적 영향을 받는다는 것이다. 예를 들어, 콜린스와 핀치(Collins & Pinch, 2005)는 『골렘(The golem)』이라는 책에서 아인슈타인의 일반 상대성 이론에 대한 실험적 입증의 예를 사회적 구성론의 시각에서 분석했다. 1919년 일반 상대성 이론을 처음으로 실험적으로 검증했던 에딩턴(Arthur Eddington, 1882–

1994)의 실험 과정은 상상하기 어려울 정도로 까다롭고 복잡했으며 실험 결과도 해석하기에 불명확했다. 그러나 국제주의자이자 평화주의자였던 에딩턴은 조국인 영국과 독일 사이에 팽팽했던 적대감을 해소하기 위해 독일 과학자인 아인슈타인의 상대성 이론을 지지하는 방향으로 자신의 실험 결과를 해석했다는 것이다(정재승 등, 2007; 홍성욱, 2004). 유전학의 아버지로 불리는 멘델(Gregor Mendel, 1822–1884)의 에피소드도 과학에 미치는 사회적 요인의 영향을 잘 보여준다. 멘델이 1965년에 쓴 "식물 잡종에 관한 실험(Verhandlungen des naturforschenden Vereins Brünn)"이라는 논문은 발표 후 35년 동안 단 세 번밖에 인용되지 않을 정도로 읽은 사람이 거의 없었다. 즉, 19세기의 사람들은 멘델을 이해하지 못했다. 그러나 이것은 멘델이 시대를 앞서가는 아이디어를 내놓았기 때문이 아니라, 멘델의 글이 이해하기에 매우 어려웠거나 이해할 수 있는 수준에 못 미쳤기 때문이다. 멘델의 논문은 영국의 생물학자 베이트슨(William Bateson, 1861–1926)이 영어로 번역하는 과정에서 불명확한 부분들을 개선한 이후에야 비로소 다른 과학자들이 제대로 이해할 수 있었다(Fischer, 2009).

한발 더 나아가, 일부 사회학자들은 과학적 발견이란 과학자들이 합의를 통

읽을거리

TRF(H)

라투르(Bruno Latour, 1947–)는 1975년부터 1977년까지 소크(Salk) 연구소의 기유맹(Roger Guillemin, 1924–) 실험실에서 21개월 동안 참여 관찰자로서 연구했다. 기유맹과 샐리(Andrew Schally, 1926–)는 TRF(H)를 발견한 공로로 1977년에 노벨상을 수상했다. TRF(H)는 시상하부에서 만들어지는 폴리펩타이드(polypeptide)의 일종으로서, 뇌하수체에서 만들어지는 갑상선자극호르몬의 방출을 조절하는 물질이다. TRF(H)는 인간이나 동물의 체내에서 생성되는 유기물로서 극소량밖에 얻을 수 없다. 소크 연구소가 이 물질을 검출해내기까지 돼지의 뇌를 500톤이나 사용했다는 사실은 이 물질의 검출이 얼마나 어려운가를 잘 보여준다.

라투르가 의문을 가졌던 문제는 "소크 연구소의 과학자들이 이전에는 검출된 적이 없었던 TRF(H)라는 물질을 언제 어떤 방법을 통해 발견했음을 알게 되었고, 왜 다른 과학자들은 이들의 주장을 받아들였을까?"라는 것이었다. 라투르는 당시에 소크 연구소의 과학자들이 다른 실험실의 과학자들과 같은 주제를 놓고 경쟁 관계에 있었고, 이 두 집단 사이에 상대방 데이터의 정당성에 대해 논쟁이 있었음을 발견했다. 그런데 어느 순간 두 집단이 데이터에서 TRF(H)의 신호를 다른 배경 잡음으로부터 구분하는 기준에 합의를 했다. 즉, 라투르의 관점에서 볼 때, '과학적 발견'이라는 것은 복잡한 과정을 거쳐서 어렵게 과학자 사회 속에서 인정되는데, 결국은 복잡한 사회적 과정의 결과물이라는 것이다. 라투르는 TRF(H)의 경우에 대해서도 "만약 데이터의 보정에 대한 두 집단의 합의가 없었다면 TRF(H)라는 물질은 존재하지 않았을 것이다."라고 주장했다.

해 인공적으로 구성한 것에 불과하다는 주장까지 내놓았다. 이러한 견해를 사회 구성주의(social constructivism)라고 부르는데, 과학적 개념이나 이론은 그 사회의 구성원들이 존재한다고 믿기 때문에 존재한다는 입장을 취한다(Ladyman, 2003). 심지어 과학 지식은 과학자 사회에서 높은 지위에 있고 영향력을 가진 사람이 믿기 때문에 존재한다고까지 주장하는 학자도 있다. 예를 들어, 노벨상 수상의 영광을 안겨준 TRF(H)[thyrotropin releasing factor (hormone), 갑상선자극호르몬-방출호르몬]라는 호르몬의 발견은 서로 다른 두 연구팀 사이의 절충과 합의가 없었다면 구성될 수 없었던 지식이고(Latour & Woolgar, 1979), 물질의 기본 소립자인 쿼크도 입자물리학자들의 기대와 합의가 만들어낸 구성물(Pickering, 1984)이라는 것이다. 즉, 과학 연구는 세상에 존재하는 실체를 발견해내는 것이 아니라 세상을 만드는 것이며, 과학적 진리는 과학자들에 의해 참이라고 인정되는 공유된 믿음에 불과하다고 주장한다.

특정한 과학적 이론이 선택되는 이유가 그 이론을 뒷받침하는 실험이나 경험적 증거가 아니라 연구 과정에 영향을 미치거나 개입된 사회적 요인이라고 생각한다면, 절대적인 진리라는 것은 존재하지 않으며 어떤 이론을 내놓더라도 나름대로 옳을 수 있다는 결론에 도달한다. 그 결과, 사회 구성주의의 일부 학자들은 인식론적 관점에서 보았을 때 일반 상대성 이론에 기초한 빅뱅 이론과 아프리카 오지의 종족이 믿는 우주론은 근본적으로 차이가 없다는 극단적인 주장을 하기도 한다.

Activity 7-3

기억 분자

공부를 하지 않더라도 알약 하나만 먹으면 시험에서 만점을 받을 수 있다? 만화 속에나 나올 법한 엉뚱한 이야기이지만, 상상만 해도 기분 좋아지는 일이다. 그런데 이와 같은 주장을 실제로 연구했던 과학자가 있다. 기억 분자 연구에 관한 다음 에피소드(Zankl, 2006b)를 읽고, 물음에 답해보자.

크기도 작고 구조도 원시적인 플라나리아는 큰 관심을 받지 못하는 생물이었으나, 신경생리학자인 매코넬(James McConnel)의 실험을 계기로 상황이 돌변했다. 매코넬은 원시적인 신경계를 지닌 생물도 학습 능력이 있음을 증명하고 싶었다. 그래서 끝이 두 갈래로 갈라진 유리관에 플라나리아를 넣고 한쪽 갈래에만 전선을 넣어 전기 충격을 주는 실험을 반복했고, 그 결과 플라나리아는 전선이 없는 쪽으로만 기어갔다. 나쁜 경험을 바탕으로 학습을 한 것이다!

그리고 플라나리아를 두 조각으로 자르면, 두 조각은 각각 독립된 플라나리아로 재생된다. 매코넬은 학습된 플라나리아를 두 조각으로 잘랐는데, 놀랍게도 재생된 플라나리아가 전선을 피하는 쪽으로 움직였다. 매코넬은 지식이 어떻게 전달되는지 확인하기 위해, 훈련받은 플라나리아를 잘게 잘라서 훈련받지 않은 플라나리아에게 먹였다. 동료를 먹은 플라나리아는 다른 플라나리아에 비해 훨씬 빠른 시간 내에 어느 길이 위험한지 학습했다.

매코넬의 실험은 학계뿐 아니라 일반 대중 사이에서도 엄청난 파문을 일으켰다. 「뉴욕타임스」는 '교수를 잡아먹어라.'라는 신종 학습법이 나왔다고 소개할 정도였다. 이후의 추가 연구에서 RNA의 합성을 차단하면 플라나리아가 학습 지식을 전달하지 못한다는 사실이 발견되었다.
매코넬은 RNA가 일종의 지식 창고 역할을
한다고 결론을 내리고, 기억 RNA라고 불렀
다. 매코넬은 기억이 화학 물질에 기원한다
고 믿었고, 미래에는 약물로 인간을 프로그
램할 수 있을 것이라고까지 주장했다.

다른 과학자들도 매코넬의 뒤를 좇아갔다. 얼마 후에는 고등동물을 대상으로 비슷한 실험이 실시되었다. 스웨덴의 하이든(Holger Hyden)은 줄 위에서 균형을 잡도록 훈련시킨 쥐의 세포에서 실제로 특정한 유형의 RNA 함량이 증가한 것을 발견했다. 또 다른 연구에서는 '어둠 기피 분자'가 발견되었다. 쥐에게 전기 충격으로 어두운 구석을 피하게 만든 뒤, 뇌를 갈아 다른 쥐에게 주사했더니 훈련을 받지 않고도 쥐가 어두운 곳을 피했다.

그러나 급속하게 발전하던 기억 분자 연구는 얼마 못 가서 강력한 반대에 부딪힌다. 실험심리학자인 타우버(Hans Tauber)가 플라나리아 훈련이 성공하지 못했다는 정반대의 결과를 보고했기 때문이다. 타우버의 플라나리아는 위험한 유리관을 깨닫는 데 시간이 매우 오래 걸렸고, 배운 내용도 금방 잊어버렸다. 또한 훈련시킨 플라나리아로부터 재생된 플라나리아는 학습 내용을 기억하고 있지 않았다. 한 사람이 부정적인 실험 결과를 발표하자, 이번에는 순식간에 부정적인 실험 결과들이 학술지를 가득 채웠다. 결국 이전의 긍정적인 기억 분자 연구들은 실험 횟수가 너무 적어서 나온 우연적인 결과인 것으로 밝혀졌다.

이와 같은 사건은 한 연구 분야가 갑자기 유행하면서 발생할 수 있는 전형적인 문제를 보여준다. 한 분야가 유행하면, 최대한 빨리 연구 성과를 발표하여 월계관을 쓰고 싶어하는 과학자들이 우후죽순으로 등장하게 마련이다.

(1) 매코넬의 연구 이후로 유행처럼 여러 과학자들이 기억 분자 연구를 진행한 이유를 과학 연구에 미치는 사회적 요인의 관점에서 설명해보자.
(2) 급속히 확장되던 기억 분자 연구가 갑자기 수그러들게 된 과정을 과학의 내적 사회성에 근거하여 설명해보자.

---

(2) 과학의 합리성

과학 지식의 사회적 구성론을 비판하는 합리주의 철학자나 과학자들은 이론이 선택되는 과정이 경험적 증거, 실험, 내적 정합성, 단순성 등의 합리적·인식적 요소만으로도 충분히 설명된다고 주장한다. 물론 과학도 인간의 활동이기 때문에 과학자 사이의 인간관계, 특정한 과학자의 권위, 그리고 외부 사회와의 이해관계와 같은 사회적 요인이 영향을 미친다는 사실을 부정할 수는 없다. 그러나 이들은 과학 활동뿐 아니라 과학의 내용도 사회적 요인에 의해 결정된다는 사회적 구성론에는 동의하지 않는다. 과학적 논쟁이 생겼을 때 처음에는 내용과 다소 무관하게 권위 있는 학자의 주장이나 학설이 주목받을 수도 있지만, 과학에는 자연이라는 냉엄한 심판자가 있다(정재승 등, 2007). 아무리 유명한 학자의 주장이나 학설이라도 실험 결과와 맞지 않거나 합리적이지 않을 경우에는 결국 도태될 것이다. 과학에서 진리는 과학자 사회에서의 여론에 의해 결정되는 것이 아니다. 어떤 과학적 이론을 받아들이는 사람이 99%이든 아니면 1%에 불과하든 무관하게 과학적 이론은 증거에 기초해서 유지되거나 쓰러진다. 예를 들어, 아인슈타인이 제안한 광자(photon) 이론과 특수 상대성

이론은 처음에는 그 당시에 대세였던 고전 물리학 체계에 맞지 않았으며, 당시 물리학계의 거장이었던 플랑크(Max Planck, 1858-1947)나 로렌츠(Hendrik Lorentz, 1853-1928)의 학설과도 배치되었다. 그러나 결국은 타당성과 합리성을 인정받아 현대 물리학을 대표하는 과학적 이론이 되었다. 이와 같이 아인슈타인의 이론이 받아들여진 이유는 19세기 말에 미시 세계를 대상으로 한 실험에서 고전 물리학의 이론으로는 설명할 수 없는 결과들이 많이 관찰되었기 때문이다. 또한 현대의 양자역학은 근사적인 법칙으로 고전 물리학을 포용할 수도 있다. 즉, 새로운 과학적 이론은 단지 사회문화적 변화로 인하여 등장하는 것이 아니라, 과거의 이론에 비해 더욱 넓은 범위의 실험 결과를 일관성 있게 설명할 수 있기 때문에 받아들여지는 것이다.

누구나 인정하듯이 우리가 살고 있는 세상은 신기루가 아니라 실제로 존재한다. 따라서 합리주의를 지지하는 과학자들은 과학적 이론이나 법칙도 자연에 존재한다고 주장한다. 또한 과학적 방법은 과학자의 주관, 편견, 믿음을 제거하여 순수하고 객관적인 진리에 도달할 수 있는 수단이므로, 과학은 확실하고 객관적이며 보편적인 진리라고 주장한다. 뉴턴(Isaac Newton, 1642-1727)의 만유인력 법칙은 지구에서도 달에서도 화성에서도 참이고, 과거의 영국에서 참이었듯이 오늘날 한국에서도 참이다. 따라서 과학의 과정에서 사회문화적 요소가 결정적으로 중요한 요인일 수 없다는 것이 합리주의를 지지하는 과학자들의 주장이다. 한발 양보하여, 관측 결과나 실험만으로는 과학 지식이 절대적으로 옳음을 증명하는 것이 불가능하다고 인정하더라도, 이러한 과학의 한계를 확대 해석하여 과학적 이론이 과학자 사회 혹은 외부 사회와의 협상을 통해 형성된다고 주장하는 것은 실제 현장에서 일어나는 연구 과정을 정확하게 이해하지 못한 채 형식 논리에만 집착한 결과일 뿐이라는 것이 이들의 주장이다(정재승 등, 2007).

과학적 이론 중에 '빅뱅(big bang)' 이론은 누구나 한 번쯤은 들어보았을 것이다. 그런데 '빅뱅'이라는 용어는 사실 영국의 천문학자 호일(Fred Hoyle, 1915-2001)이 우주의 기원에 대한 논쟁 과정에서 상대편의 주장을 조롱하기 위해 만든 용어다. 1960년대까지 학계에서는 우주에 시작과 끝이 필요하지 않으며 물질이 끊임없이 생성되어 점점 팽창하는 우주 속으로 흘러들고 있다는 정상우

주론(steady state theory)과, 우주는 어느 특정한 시점에 지극히 작은 점에서부터 출발했다는 빅뱅 이론이 논쟁을 벌이고 있었다. 그러나 세월이 흐르면서 우주가 시작된 지점이 존재한다는 증거가 쌓이면서 빅뱅 이론이 정상우주론을 서서히 밀어냈다. 그러나 호일은 계속 자신의 정상우주론에 매달리며, 새로운 데이터가 나올 때마다 자신의 이론을 조금씩 조정했다. 대부분의 동료 과학자는 호일이 틀렸다고 생각했지만 호일의 주장에 항상 귀를 기울였고 그의 주장이 증거와 부합하는지 계속해서 시험했다. 어느 누구도 호일에게 '빅뱅을 부정하는 사람'이라는 꼬리표를 붙이지도 않았고, 인신공격을 가하지도 않았다(Clegg, 2010). 즉, 과학에서 중요한 것은 사회적 요소가 아니라 증거와 주장의 일치 여부인 것이다.

합리주의를 지지하는 과학자들은 오히려 사회적 요인이 과학의 내용에 개입할 경우, 과학을 왜곡하여 사이비 과학이 탄생할 뿐이라고 주장한다. 예를 들어, 독일은 19세기에서 20세기 초까지 과학에서 가장 앞선 국가였다. 그러나 세계적인 것보다 민족적인 것을 중시하는 파시즘이 득세하면서 문화적으로 뿌리 깊은 '독일 과학'이라는 관념이 등장했다(Stauber & Rampton, 2006). 그 결과, 많은 과학자들이 '민속학자'로 변질되었고, 천문학 대신 점성술을 장려했으며, 이론물리학으로 명성이 높았던 많은 연구기관들이 문을 닫았다. 소련에서도 비슷한 일이 일어났는데, 많은 과학적 이론들이 마르크스주의 유물론의 원리와 맞지 않는다는 이유로 비판을 받았던 사례가 적지 않다. 가장 악명 높은 사례는 멘델 유전학을 거부한 리센코주의의 등장이었는데, 이로 인해 러시아의 농업에도 대재앙이 초래되었다. 그 외에도 프랑스 물리학자 블론로(Rene Blondlot, 1849-1930)가 발견했다고 주장한 N광선, 인종주의가 낳은 IQ에 대한

정치의 시녀가 된 리센코의 과학

정치가 과학을 좌지우지한 사례 중 가장 끔찍한 본보기가 리센코주의다. 리센코(Trofim Lysenko, 1898~1976)는 우크라이나에서 농부의 아들로 태어나서 키예프 대학교에서 농학을 전공하여 박사학위를 받았다. 아제르바이잔의 연구소에서 종자 개량 연구에 종사하던 리센코는 1929년에 '미추린(Michurin) 농법'이라는 흥미로운 연구 결과를 발표한다. 즉, 춘화 처리(씨앗을 낮은 온도로 처리해서 다른 계절에 파종할 수 있도록 하는 방법)를 해서 봄에 파종할 수 있도록 밀의 종자를 개량했는데, 개량된 종자의 형질이 완전히 변하여 후대의 종자도 봄 파종용 밀이 되었다는 것이다. 리센코의 주장은 획득 형질의 유전을 의미하므로, 기존의 멘델의 유전학 이론과 충돌할 수밖에 없었다.

리센코는 유전학자들과의 격렬한 논쟁 과정에서 개량된 밀 종자를 이용하면 식량을 증산할 수 있다고 선전하고, 자신의 이론이야말로 소련의 공식 철학인 변증법적 유물론의 이념에 부합한다는 주장을 덧붙였다. 획득 형질의 유전이 새로운 공산주의적 인간의 창조라는 공산당의 정치적 입장과 일관된다고 주장한 것이다. 리센코는 스탈린 시대에 소련 과학아카데미 유전학 연구소장을 지내면서 자신에 반대하는 유전학자들의 연구를 억누르기 위해 어떤 일도 서슴지 않았다. 유명한 유전학자였던 바빌로프(Nikolai Vavilov, 1887~1943)는 리센코의 주장이 허구라고 비판하고 나섰다가, 1940년에 체포되어 영국의 스파이라는 죄목으로 사형 선고를 받았다. 바빌로프는 결국 1943년에 감옥에서 죽음을 맞았다. 리센코주의가 판을 치는 동안에는 정통 유전학 교육과 연구가 금지되고 반대 이론을 펴는 학자들은 비밀리에 체포되기 일쑤였다.

스탈린(Iosif Stalin, 1879~1953)의 측근이었던 리센코의 이론은 1948년 공산당의 공식 이론으로 채택되었고, 이로 인하여 기존의 유전학, 식물학, 산림학 등은 부르주아 과학으로 비판받아 수많은 과학자들이 하루아침에 소련 과학아카데미에서 쫓겨났다. 또한 소련에서 기존의 유전학에 근거한 동물과 식물 배양은 모두 중지되었다. 그러나 리센코는 자신의 이론으로 가능할 것이라고 주장했던 식량 증산에 실패하여 흐루시초프(Nikita Khrushchyov, 1894~1971)의 실각과 함께 몰락했다. 정치적 목적하에 의도적으로 특정한 결론에 도달하도록 과학 연구를 왜곡하는 이러한 사태를 방지하고자, 오늘날에는 학문과 연구의 자유를 법적으로 보호하는 국가들이 많다. 물리학자이자 과학철학자인 자이먼(John Ziman, 1925~2005)은 리센코주의의 폐해에 대해 다음과 같이 썼다.

> 리센코주의의 가장 끔찍한 특징은 그 잘못된 이론이 들어 있는 학문적 조직이 겉보기에는 정상이라는 점이다. 진짜 비극은 학문답지 못한 폭력의 위협으로 인하여 침묵했던 몇몇 사람들이 아니라 …… 그 독단적인 이론을 받아들이고 …… 그것이 자신의 이성과 양심에 반하는지를 따져보지 않은 많은 사람들에게 있다.

(Zankl, 2006a, p. 133)

잘못된 인식 등은 사회적 요소가 개입되어 왜곡된 과학을 만들어낸 대표적인 예다(홍성욱, 2004).

(3) 현대 인식론의 입장

과학의 합리성을 주장하는 사람들도 과학이 사회와 무관하다고 단언하기는 어렵다. 과학에서도 과학자 사회나 외부 사회가 영향을 미치는 경우가 나타난다. 역사적으로 동일한 개념에 대해서 과학자 사회에 따라 해석하는 방식이 달랐던 경우가 종종 발견된다. 예를 들어, 18세기 영국의 물리학과 프랑스의 물리학은 뉴턴의 힘에 대한 해석 방식을 놓고 대립했으며, 19세기 후반의 영국과 독일의 전자기학도 그 기본 개념과 기술이 상당히 달랐다(홍성욱, 1999). 이와 같은 사례를 설명하기 위해 여러 학자들이 다양한 설명을 시도했다. 예를 들어, 콰인(Quine, 1960)은 과학적 이론이 실험 자료에 의해서만 결정되는 것이 아니라, 예측의 풍부함, 단순성, 이전 믿음과의 정합성 등과 같은 실용적인 과정을 거쳐 선택된다는 '이론의 과소결정론(underdetermination theory)'[6]을 제창했다. 핸슨(Hanson, 1972)은 과학자의 관찰이 객관적이 아니며 관찰자의 이론에 의해 영향을 받는다는 관찰의 이론 의존성을 제시했다. 그리고 쿤(Kuhn, 1962)은 한 시대의 과학적 가설, 법칙, 이론, 믿음, 실험 등의 총체를 패러다임이라고 명명했다. 쿤은 한 패러다임에서 다른 패러다임으로의 전이는 논리적인 것이 아니고, 마치 종교적 개종과 비교할 수 있을 정도로 비합리적인 과정일 수 있으며, 그 결과 과학을 단선적인 진보로서 이해할 수 없다고 주장했다.

과학 활동은 여러 과정을 거치므로 다양한 요인이 영향을 미칠 수 있다. 연구 주제의 설정부터 순수 연구와 응용 연구 사이의 선택, 공동 연구의 범위와 종류, 연구 결과의 출판 등의 과정에 과학자 사회의 규범과 이해관계가 많은 영향을 미친다. 다른 과학자의 논문을 심사해서 평가하고, 수정을 요구하며, 때로는 출판을 불허하기도 하는데, 이 과정에서도 과학자 사회에서 공유하는 패러다임이 영향을 미칠 수 있다. 논문이나 연구 결과가 수용되는 과정도 사회적이다. 일반적으로 과학 논문이나 연구의 가치를 판단할 때는 오직 증거에만 근거하여 객관적으로 판단해야 하며 누구의 연구인지가 영향을 미치지 않아야 한다고 생각한다. 그러나 실제로는 누구의 연구인지 혹은 그 사람이 누구를 알고 있는지가 중요할 때도 있다. 19세기 영국의 저명한 물리학자 레일

---

6) 과소결정은 이용 가능한 증거가 특정한 믿음을 뒷받침하는 데 부족한 상황을 말한다. 예를 들어, 사과는 100원이고 귤은 200원인데, 사과와 귤을 사는 데 1000원을 썼다는 사실만 알고 있다고 생각해보자. 어떤 가능성(예를 들어, 사과 9개를 살 수는 없다.)들은 제거할 수 있지만, 정확히 사과와 귤을 몇 개씩 샀는지는 알 수 없다. 이 상황에서 사과와 귤을 몇 개씩 샀는지는 이용 가능한 증거에 의해 과소결정되었다고 한다. 과학적 이론의 경우에도 항상 증거에 의해 과소결정되었을 가능성이 있으므로, 데이터나 증거에 의해 과학적 이론이 증명되었다는 주장을 할 수 없게 된다.

리(John Rayleigh, 1842-1919)는 학회 발표를 위해 논문을 투고했는데, 우연히 이름이 적힌 첫 페이지가 논문에서 떨어져 나갔다. 이 논문을 읽은 심사위원은 독창적이거나 새로운 것이 없어서 논문을 탈락시켰다. 그러나 나중에 이 논문이 레일리의 것이라는 사실을 알게 된 주최 측은 훌륭한 논문이라고 칭찬하며 학회 발표에 포함시켰다. 아인슈타인은 과학뿐 아니라 평화, 전쟁, 종교 등 여러 분야에 대해서도 자신의 주장을 펼쳤는데, 아인슈타인의 말이라면 권위를 인정하여 무조건 경청하는 사람들의 행태(Shermer, 2005)도 같은 맥락에서 이해할 수 있다.

Activity 7-4

소행성 충돌설이 화산 폭발설을 협박하다!

과학자들은 객관적인 증거를 바탕으로 보다 합리적인 주장을 받아들이고 그렇지 못한 주장에 대해서는 소신을 가지고 반대하는 무사공평한 사람들이라고 생각하기 쉽다. 그러나 실제로 자신과 반대되는 주장을 펼치는 과학자들에게 상상도할 수 없는 행동을 보이는 과학자들도 있다. 지금으로부터 6,500만 년 전에 공룡들이 갑자기 멸종한 원인은 지금까지도 명확하지 않지만, 소행성 충돌로 인한 급격한 지구의 환경 변화일 가능성이 높은 것으로 알려져 있다. 다음 글(강건일, 2006)을 읽고, 물음에 답해보자.

버클리 대학의 교수였던 앨버레즈(Luis Alvarez, 1911-1988)는 1968년 노벨 물리학상을 받은 저명한 핵물리학자로서, 여러 방면에 흥미를 갖고 있었다. 앨버레즈는 이집트의 기자(Giza) 피라미드에 숨겨진 방을 찾기 위한 고고학 탐사에 참여한 뒤, 지질학 교수인 아들과 함께 지질학 연구를 시작했다. 1980년에 앨버레즈 부자는 6,500만 년 전에 지구 생물체의 60% 이상이 멸종된 K-T 멸종의 원인으로 소행성이나 혜성이 지구에 충돌했기 때문이라는 이론을 주장했다. 소행성 충돌설은 그 시기에 해당하는 지층인 K-T 경계에서 지구에는 흔하지 않은 이리듐(iridium)의 농도가 높다는 사실에 기반을 두었다. 그러나 왜 특정 종의 생물만 멸종했는지에 대해 소행성의 충돌로 설명하기에는 여전히 의문이 존재하는 상태였다.

비슷한 시기에 버지니아 공대의 지질학자 맥린(Dewey McLean)은 6,500만 년 전에 탄소 순환에 큰 교란이 있었다는 점에 착안하여, 그 시기에 발생한 인도 데칸(Deccan) 지역의 화산 폭발이 K-T 멸종의 원인이라는 화산 폭발설을 주장했다. 맥린은 자신의 이론을 1981년 학회에서 발표했는데, 이때 앨버레즈 연구팀이 보인

반응은 기가 막힐 정도였다.

앨버레즈는 휴식 시간에 맥린을 따로 불러 소행성 충돌설에 계속해서 반대할 것인지 물어보았다. 맥린은 자신의 연구에서는 결과가 그렇게 나왔기 때문에 자신은 계속 화산 폭발설을 주장할 것이라고 하자, 앨버레즈는 대단히 불쾌해하며 "경고한다. 나에게 계속 반대하면 내가 가만있지 않을 것이고, 그러면 너는 과학계에서 잊혀질 것이다. 경고한다."라고 협박했다. 앨버레즈의 아들도 "24명이 우리 편이다. 너는 혼자다. 우리를 계속 반대하면 너는 지구상에서 가장 고립될 것이다."라고 말했다. 그뿐 아니라, 앨버레즈는 맥린을 지지하는 과학학술원 회원에게 보낸 편지에서 "맥린은 현재 이 분야에서 잊혀진 사람이다. 학회가 끝난 후 칵테일 파티에서 웃음거리로만 기억될 사람이다 …… 미안하지만, 당신이 맥린의 노선을 따라간다면 그것은 곧 패배로 가는 것이다."라고 위협했다.

맥린 주위의 분위기는 더 나쁘게 돌아갔다. 앨버레즈와 같은 유명한 노벨상 수상자가 맥린을 노골적으로 비난하자, 그동안 자기를 지지해주었던 지질학과의 학과장도 위기감을 느끼기 시작했다. 여기에 앨버레즈의 지지자가 같은 과의 교수가 된 후, 맥린의 연구를 노골적으로 비난하기 시작했다. 그러자 결국 부학장과 학과장은 맥린에게 K-T 멸종 연구를 중단하거나 방향을 바꾸라고 종용했다.

(1) 오늘날 과학 교과서에서는 소행성 충돌설을 화산 폭발설보다 더 비중 있게 다루고 있다. 소행성 충돌설이 과학자 사회에서 더 많은 지지를 받기 때문이다. 소행성 충돌설이 더 중요하게 받아들여지는 이유를 과학 지식의 사회적 구성 관점에서 설명해보자.

(2) 2011년 프린스턴 대학의 지질학 교수 켈러(Gerta Keller)를 비롯한 과학자들은 여러 가지 증거를 바탕으로 소행성 충돌설보다는 30여 년 전 맥린의 아이디어를 지지하는 논문을 발표했다. 30여 년 전과 달리, 소행성 충돌설에 반대하는 과학자들의 논문이 발표되는 이유를 과학 지식의 사회적 구성 관점에서 설명해보자.

종교, 이데올로기, 철학, 사회적 분위기 등이 사람들의 행동에 영향을 미치는 것처럼 과학자의 연구에도 영향을 미친다. 또한 과학자의 사회문화적인 배경이나 지향하는 가치도 연구에 영향을 미친다. 예를 들어, 독일의 과학자 리터(Johann Ritter, 1776-1810)는 자연에는 항상 반대의 성질이 존재한다는 독일 자연철학의 신봉자였다. 그는 빛의 붉은색 파장 뒤에서 적외선이 발견되었으므

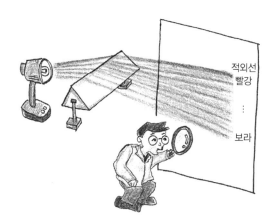

로, 반대로 보라색 파장 뒤에도 눈에 보이지 않는 광선이 있을 것이라고 생각했다. 리터는 수많은 실험 끝에 결국 자외선을 발견해냈다. 모든 실험 결과가 사회적으로 구성된다고 말하기는 어렵더라도, 실험 과정에 과학자들의 믿음이 개입되는 경우가 있는 것도 사실이다.

Activity 7-5

희대의 사기꾼인가, 위대한 과학자인가?

기름방울을 이용하여 전자의 전하량을 측정한 밀리컨(Robert Millikan, 1868-1953)의 실험에 대해서는 후대의 평가가 극단적으로 엇갈린다. 브로드와 웨이드(Broad & Wade, 2007)는 『진실을 배반한 과학자들(*Betrayers of the truth*: *Fraud and deceit in the halls of science*)』이라는 책에서 "밀리컨은 실험 결과를 더 설득력 있

그림 7-2 **밀리컨이 사용한 기름방울 실험 장치**

어 보이게 만들려고 거짓으로 포장했다."라며 밀리컨을 사기꾼으로 몰아붙였다. 그러나 반대로 크리스(Crease, 2006)는 『세상에서 가장 아름다운 실험 열 가지(*The prism and the pendulum*: *The ten most beautiful experiments in science*)』라는 책에서 밀리컨의 실험이 역사상 가장 아름다운 실험 중 하나라고 극찬했다. 밀리컨의 실험에 대한 다음 글을 읽고 토의해보자.

오스트리아의 물리학자 에렌하프트(Felix Ehrenhaft, 1879-1952)는 밀리컨의 실험과 비슷하지만, 물방울 대신 작은 금속 입자를 이용한 기구로 실시한 실험 결과

를 발표했다. 에렌하프트는 자신의 실험 결과에서는 밀리컨이 주장한 최소 전하량보다 더 작은 값을 가진 입자가 존재하는 것으로 나왔다고 주장했다. 그런데 여기서 끝이 아니었다. 에렌하프트는 밀리컨이 신뢰할 수 없다면서 버렸던 관찰 결과를 포함시켜서 밀리컨의 자료를 다시 계산하면 자신의 결론이 맞는 것으로 드러난다고 주장했다.

홀턴(Holton, 1978)은 밀리컨의 실험 노트를 검토한 결과, 밀리컨이 사실은 기름방울을 140개 관찰했음을 확인했다. 그렇다면 "추려낸 실험 결과가 아니라 60일 동안 실험한 모든 관찰 결과를 빠짐없이 수록한 것"이라는 밀리컨의 주장은 거짓이다. 그러나 밀리컨이 나머지 기름방울에 대해 언급하지 않은 것은 실험 오류 때문이었나(Crease, 2006). 프랭클린(Franklin, 1997)이 밀리컨의 논문에서 누락된 기름방울의 실험 결과를 하나하나 다시 분석했더니, 거의 대부분 확실한 실험 오류가 있었다. 밀리컨의 실험 노트에는 "배터리 전압이 떨어졌다. 유체압력계의 공기가 막혔다. 대류 현상으로 방해가 일어났다. 거리 측정이 일정하지 못했다. 시계 작동에 이상이 있었다. 분무기가 고장 났다."와 같은 기록이 있었다. 흥미로운 점은 밀리컨이 누락시켰던 데이터를 모두 포함하여 계산하더라도 최종 결과는 크게 달라지지 않는다고 한다.

밀리컨의 목표는 전자의 전하량을 찾는 것이었고, 밀리컨은 이를 잘 알고 있었다. 밀리컨은 나쁜 실험 결과를 좋은 실험 결과로 조작한 것은 아니다. 밀리컨은 어떤 실험 결과를 진정한 결과로 인정할 것인지에 관해 개인적 판단을 활용한 것뿐이다. 밀리컨이 실험 결과를 선택한 행동은 분명한 근거를 가지고 있었다(Miller, 2001). 밀리컨은 실험 결과의 신뢰도에 대해 올바른 판단을 내리는 데 초점을 맞추었던 것이다.

(1) 밀리컨의 실험이 사기라고 주장하는 사람들과 그렇지 않다고 주장하는 사람들의 근거는 각각 무엇인가?

(2) 밀리컨이 논문을 작성할 때 일부 실험 결과를 제외한 것은 사실이다. 밀리컨의 행동이 타당하다고 생각하는가?

(3) 과학자들은 논문을 작성할 때 모든 실험 결과를 포함시키지 않는 경우가 있다. 이러한 현상이 나타나는 이유를 설명해보자.

___

과학 내용이 확립되어 논쟁보다 합의와 수용이 주를 이루는 영역에서는 합리성, 객관성, 중립성, 보편성과 같은 특징이 상대적으로 뚜렷하게 나타난다(홍성욱, 2004). 그러나 새로운 영역을 개척하는 과학 활동의 경우, 과학 외적인 과학자의 취향, 믿음, 사회문화적 배경 등이 영향을 미칠 가능성이 커진다. 예를 들어, 뉴턴은 기계적 철학에서 인정하지 않던 '힘'이라는 새로운 개념을 도입하기 위해, 당시 대학에 유행하던 신플라톤주의, 연금술, 기독교 사상을 기반으로 원격 작용에 의한 보편 중력이라는 개념을 끌어내고 이를 정당화했다. 독일 물리학자들이 뉴턴 역학을 버리고 비인과적인 양자물리학을 적극적으로 수용한 것은 일차적으로 미시 세계에 대해 뉴턴 역학이나 맥스웰(James Maxwell, 1831~1879)의 고전적인 전자기학이 한계를 보였기 때문이다. 그러나 제1차 세계 대전 패전 이후 고전 물리학과 인과론적 결정론에 적대적이었던 독일 대학의 분위기 또한 무시할 수 없다. 이와 같이, 현대의 인식론에서는 당시의 사회적 환경이나 가치관에 잘 부합하는 과학적 이론이 살아남고, 이러한 과정을 통해서 과학이 발달한다고 주장한다.

단위나 표준은 자연과 사회의 경계에 위치하는 경우가 많다. 물론 과학자는 단위나 표준을 자연 상태에 가장 가깝게 만들려고 노력하지만, 이 과정에서 사회적 요소나 합의가 필연적으로 개입된다. 예를 들어, 프랑스의 미터법 제정은 자연적인 단위와 표준을 만드는 것이 지배자의 임의적인 통치를 극복하고 계몽의 시대를 여는 것이라는 계몽사조의 믿음에 큰 영향을 받았다. 오늘날에도 배기가스의 허용 기준, 전자파의 인체 유해 정도에 대한 최소 기준 등과 같은 여러 가지 기준의 제정은 과학과 사회적 요인이 서로 영향을 주고받는 과정에서 결정된다(홍성욱, 2004).

오늘날에는 과학 지식의 형성 과정에 영향을 미치는 새로운 사회적 요인이 등장했는데, 바로 기업이다. 연구에 따르면, 제약회사가 후원하는 논문은 비영리 단체가 지원한 논문보다 특정 약품에 우호적인 결론을 내릴 가능성이 더 높았고, 후원을 받은 제약회사가 생산한 약품이 다른 회사의 제품보다 못하다는 결론을 내린 논문은 단 한 편도 없었다고 한다(Stauber & Rampton, 2004). 패긴(Dan Fagin)과 라벨(Marianne Lavelle)이라는 두 기자가 네 가지 화학 물질을 대상으로 주요 과학 학술지에 발표된 연구 결과를 검토했을 때도 비슷한 현상이 발견되었다. 산업체와 관련이 없는 과학자들이 연구를 수행했을 때는 60%가 비우호적인 결론을 내렸지만, 산업체의 후원을 받은 과학자들은 74%가 우호적인 결론을 내렸다고 한다(Stauber & Rampton, 2004). 즉, 과학 연구는 후원하는 산업체라는 사회적 요인의 영향을 벗어날 수 없음을 알 수 있다.

이상에서 살펴본 바와 같이, 과학 지식의 형성 과정에는 여러 가지 사회적

요인이 다양한 방식으로 영향을 미친다. 물론 사회적 요인이 항상 개입한다고 말할 수는 없지만, 전혀 기여하지 않는다고 말하기도 어렵다. 사회적으로 특권층인 과학자들이 호기심 차원에서 여가 활동으로 자유롭게 연구하던 때에도 과학적 이론이 종교, 철학, 정치적 이데올로기의 영향 아래에서 형성되기는 마찬가지였다(Bowler & Morus, 2008). 어떤 경우에는 과학자들이 사회의 영향을 느끼거나 깨닫지 못할 수도 있는데, 이는 과학자의 연구 활동 속에 사회적 요인과 인식적 요인이 이미 서로 융합되어 있기 때문이다. 그렇다면 여러 가지 사회적 요소의 영향을 받는 과학 지식은 신뢰할 수 없는 것일까? 답은 여전히 과학 지식은 믿을 만하다는 것이다. 과학 지식이 다른 유형의 지식보다 더 확실하다고 할 수 있는 이유는 과학 지식이 원래 완벽한 속성을 지니기 때문이 아니다. 과학에서는 오랜 시행착오를 거쳐 오류와 불확실성을 줄일 수 있는 메커니즘을 만들어냈고, 그 결과 과학자들은 자연에 대한 견고한 데이터를 놓고 타당한 합의를 하기 때문이다(홍성욱, 2004).

Activity 7-6

일정 성분비의 법칙

오늘날에는 물질을 구성하는 성분 원소의 질량비가 일정하다는 '일정 성분비의 법칙'이 너무나 당연하게 받아들여진다. 그러나 18세기 후반에는 사정이 정반대였다. 프루스트(Joseph Proust, 1754-1826)와 베르톨레(Claude Berthollet, 1748-1822)는 화합물을 구성하는 원소의 질량비가 일정한가, 그렇지 않은가에 대해 활발한 논쟁을 벌였다. 프루스트는 자신이 제안한 일정 성분비의 법칙을 이용하면 산화철에서 철과 산소의 질량비가 5:2, 7:2, 7:3의 세 가지로 나타나는 이유를 쉽고 단순하게 설명할 수 있다고 주장했다. 그러나 과학아카데미의 회원이면서 프랑스의 엘리트 교육기관인 에콜 폴리테크니크의 교수였던 권위 있는 과학자 베르톨레는 자신이 믿는 친화력 이론에 기초하여, 산화철이 생성되는 환경에 따라 성분 원소를 끌어당기는 힘이 다르므로 실험 상황에 따라 성분 원소의 질량비가 달라지기 때문에 여러 가지 질량비가 나타난다고 주장했다.

(1)   프루스트의 설명이 많은 현상을 더 쉽고 단순하게 설명할 수 있음에도 불구하고, 당시 과학계에서는 베르톨레의 주장을 받아들였다. 그 이유는 무엇일까?

(2)   오늘날 과학 교과서에는 베르톨레의 주장은 언급도 되지 않고, 프루스트의 주장이 당연하게 기술되고 있다. 그 이유는 무엇일까?

쉬어가기

재치 있는 패러데이

패러데이(Michael Faraday, 1791~1867)는 발전기와 모터의 기본 원리가 된 전자기 유도 현상을 발견한 19세기의 유명한 과학자다. 패러데이가 전자기 유도 현상을 이용하여 초보적인 발전기를 만들었을 때, 마침 영국 총리 글래드스턴(William Gladstone, 1809~1898)이 그의 실험실을 방문했다. "패러데이 교수, 대체 이 장난감 같은 물건은 무슨 소용이 있습니까?" 총리의 짓궂은 질문에 패러데이는 태연하게 대답했다. "총리님, 여기에 정부가 세금을 매길 날이 곧 올 겁니다." 실제로 훗날 영국 정부는 발전기로 생산한 전기에 세금을 부과할 수 있었다.

생각해볼 문제

1. 말소리나 음악과 같은 음의 지각 과정은 단순히 소리의 파동이 귀에 전달되는 기계적인 현상이 아니라 귀에서 변환된 정보가 신경을 통해 뇌로 전달되는 과정까지 포함하는 감각적이고 인식적인 현상이다. 음향심리학(psychoacoustics)은 이러한 관점에서 음에 대한 지각 및 반응을 연구하는 학문 분야로서, 기존의 음향학이나 음향물리학에 심리학이 결합된 새로운 분야다. 음향심리학과 같이 새로운 학문 분야가 생기는 이유를 과학의 내적 사회성 관점에서 설명해보자.

2. 다음은 세계 최고의 과학 학술지로 인정받는 「사이언스」에 관한 신문 기사의 일부다. 「사이언스」의 논문 게재 비율이 10%에 불과한 이유를 과학의 내적 사회성 관점에서 설명해보자.

> "이번 연구 결과는 유명 과학 저널 「사이언스」에 실렸다." 과학 관련 보도에서 흔히 볼 수 있는 문구다. 「네이처」와 함께 세계의 과학 이슈를 이끌고 있는 「사이언스」는 미국과학진흥협회(AAAS)가 발행하는 주간 과학 잡지다. 매년 게재를 요청하는 논문만 1만 편 이상이고, 온라인을 포함한 전 세계 구독자는 100만여 명이다. …… 「사이언스」는 논문의 대중성과 혁신성 및 실용성을 평가하기 위해 편집자와 해당 분야 권위자가 공동으로 논문 검증과 심사를 진행한다. 과학이나 과학커뮤니케이션을 전공한 「사이언스」 편집자가 우선 논문의 내용을 대중이 쉽게 이해할 수 있는지 확인하고, 해당 분야의 권위자 2명에게 검증받는 과정인 '피어 리뷰' 과정도 거쳐야 한다. 이들 모두의 동의가 있으면 편집자가 최종적으로 논문의 게재 여부를 결정한다. 이러한 과정에 참여하는 커뮤니케이션 전문가와 해당 분야 권위자는 최대 10명. 엄격한 검증 과정을 통과해 「사이언스」 게재의 영예를 얻는 논문은 단 10%에 불과하다.
>
> (동아일보, 2013년 10월 11일)

3. 서양에서는 땅이 구형이라는 지구설(地球說)이 월식 등의 증거를 통해 고대 그리스 시대부터 상식으로 받아들여졌지만, 지구가 돈다는 지동설은 신이 지구를 창조했다는 종교적 신념 때문에 쉽게 받아들여지지 않았다. 그러나 동양에서는 지구가 자전한다는 주장이 비교적 쉽게 받아들여졌는데, 지구는 우주의 중심이고 우주에서는 기가 요동치고 있어 지구가 이런 조건 속에서 운동을 할 수 있다고 생각했기 때문이다. 그러나 지구가 구형이라면 중화사상은 아무 의미가 없으므로, 지구설은 쉽게 받아들여질 수 없었다(홍성욱, 2012). 지구설과 지동설이 동양과 서양에서 받아들여지는 과정이 서로 다른 이유를 과학의 외적 사회성 관점에서 설명해보자.

4. 우리나라에서는 2000년대에 들어 정보기술(IT), 생명기술(BT), 나노기술(NT), 환경기술(ET), 문화기술(CT) 등 소위 '5T' 산업에 대한 국가의 정책적 지원을 강화했다. 예를 들어, 2001년에 전체 예산의 29.1%를 차지하는 5T 산업 예산을 2005년에 43.2%로 확대하겠다고 발표했다. 이러한 정책의 결과, SCIE(Science Citation Index Expanded)에 발표된 5T 분야의 논문 수가 1994년 세계 29위에서 2005년 세계 13위로 뛰어올랐으며, 나노기술 분야의 경우 2008년 SCI(Science Citation Index)에 발표된 논문 수가 세계 4위였고 2007년도 미국 특허등록 수는 미국에 이어 2위에 올랐다. 이와 같은 현상이 나타난 원인을 과학의 외적 사회성 측면에서 설명해보자.

5. 1957년 파인먼(Richard Feynman, 1918-1988)과 겔만(Murray Gell-Mann, 1929-)은 약한 상호작용에 관한 새로운 과학적 이론을 창안했지만, 이 이론은 당시의 실험 결과와 맞지 않았다. 그러나 두 사람은 "약한 상호작용에 대한 우리의 논증에 따르면 이전 실험들이 틀렸다고 우리는 강력하게 주장한다."라고 말했다. 그러자 두 사람의 이론을 검토하기 위한 확인 실험이 빠르게 이루어졌다. 결과는 놀랍게도 이들의 주장이 사실이었다. 이와 같이, 현재의 증거와 일치하지 않는 주장이 과학자 사회에서 무시되지 않고 신속하게 확인 실험이 이루어진 이유에 대해 과학 지식의 사회적 구성론 입장에서 설명해보자.

6. 1906년 스위스 특허청 사무원이었던 아인슈타인은 저속 음극선 실험을 제안하는 논문의 결론에서 누군가 이 실험을 실제로 해준다면 자기로서는 매우 즐거운 일일 것이라고 썼다. 그러나 아무도 이 실험을 하지 않았다. 아인슈타인이 처음 상대성 이론을 발표했을 때는 과학자들의 비판이 만만치 않아서, 당대의 저명한 과학자들이 참여하여 '아인슈타인에 반대하는 100인의 물리학자'라는 팸플릿이 발간된 적도 있다(Burgin, 2008). 그러나 아인슈타인이 세계적인 명성을 얻게 되자 상황은 정반대로 바뀌었다. 아인슈타인이 일반 상대성 이론을 제안하자, 이번에는 실험가들이 앞을 다투어 실험에 착수했다. 아인슈타인의 이론을 입증한 것으로 알려진 에딩턴의 실험에서는 비용이 많이 드는 탐사대를 두 개나 조직하여 하나는 브라질로, 또 다른 하나는 서아프리카로 보내기도 했다. 같은 과학자의 주장에 대해 동료 과학자들의 반응이 달라진 이유를 과학 지식의 사회적 구성론 입장에서 설명해보자.

7. 저항의 단위로 여러 가지 아이디어가 제안되었으나, 오늘날 우리는 19세기 영국에서 제안한 '옴(ohm)'을 저항의 단위로 사용한다. 그 당시에는 질량, 길이, 시간을 이용하여 저항을 정의하는 방법도 제안되었고, 독일의 지멘스(Siemens)에서는 단면이 $1\,cm^2$인 $1\,m$ 수은 기둥으로

저항을 정의하는 방법을 제안하기도 했다. 그러나 영국에서는 표준 옴이 영국 식민지와 영연방에 사용되는 전신의 도선과 종류가 같아야 한다는 생각이 강했고, 그 결과 옴은 국제회의에서 채택된 여러 가지 방법의 절충안마저 물리치고 결국은 과학의 표준 단위로 정착되었다. 옴이 저항의 표준 단위가 되는 과정을 과학 지식의 사회적 구성론 입장에서 설명해보자.

8. 프랑스의 과학자 블론로는 X선 편광 실험을 하던 중 N선이라는 새로운 광선을 발견했다. 블론로의 발견 소식을 듣고 실험에 나선 다른 과학자들은 N선이 X선에서뿐 아니라 자장, 화학 약품, 그리고 심지어 인간의 신경 조직에서도 나오는 것을 발견했고, 블론로는 이 공로로 프랑스 과학아카데미에서 가장 명예로운 상인 르콩트 상을 수상했다. 그러나 이후 미국의 물리학자 우드(Robert Wood, 1868-1955)가 N선이 존재하지 않는다는 사실을 밝혀냈다. 블론로의 실험에 따라나섰던 다른 과학자들이 N선을 관찰했던 이유를 사회적 구성론의 입장에서 설명해보자.

9. 아인슈타인이 일반 상대성 이론을 제안하면서 예측한 현상을 실제로 관측한 에딩턴의 관찰은 과학적 이론의 예측력을 보여주는 유명한 사례다. 그런데 에딩턴의 실험 과정은 매우 까다롭고 복잡했으며 관측 자료도 오차가 컸기 때문에 논란의 여지가 있었지만, 영국 왕립학회와 왕립천문학회 합동 회의에서는 아인슈타인의 예측이 확증되었다고 발표했다. 이에 대해, 국제주의자이자 평화주의자였던 에딩턴이 조국인 영국과 독일 사이에 팽팽했던 적대감을 해소하기 위해 독일 과학자인 아인슈타인의 상대성 이론을 지지하는 방향으로 자신의 실험 결과를 해석했다는 주장이 있다. 에딩턴의 관측 결과가 과학자 사회에 받아들여지기까지의 과정을 과학 지식의 형성에 대한 전통적 합리주의와 사회적 구성론의 입장에서 각각 설명해보자.

10. 골상학에서는 대뇌를 둘러싼 두개골의 모양으로 사람의 성격과 기질을 알 수 있다고 주장한다. 골상학이 인기를 얻은 핵심적 원인은 골상학에 내재한 만인 평등주의였다. 골상학은 원리가 간단하여 쉽게 이해할 수 있고, 뇌의 기관과 그에 대응하는 두개골 표면의 요철(凹凸) 위치가 그려진 골상학 지도 한 장만 있으면 누구나 직접 실행할 수 있는 과학이었다(Bowler & Morus, 2008). 골상학은 평등주의적이고 반계급적인 메시지도 전달했다. 즉, 사회적 지위와 성공 기회를 결정하는 것은 세습한 지위와 재산이 아니라 인간의 성격과 기질을 좌우하는 대뇌의 모양과 크기라는 것이다. 이것은 중하층의 대중들에게는 매력적이었고, 정치적·사회적 개혁을 추구하는 사람들에게는 과학적 근거를 제공하는 것처럼 보였다. 골상학이 받아들여졌던 이유를 사회적 구성론의 입장에서 설명해보자.

참고 문헌

강건일 (2006). 흥미있고 진지한 과학 이야기. 서울: 참과학.

김명진 (2008). 야누스의 과학. 서울: 사계절출판사.

이재영 (2009). 세상의 모든 법칙. 서울: 이른아침.

정재승, 김정욱, 유명희, 이상엽 (2007). 우주와 인간 사이에 질문을 던지다. 파주: 해나무.

조희형 (1994). 과학-기술-사회와 과학교육. 서울: 교육과학사.

홍성욱 (1999). 생산력과 문화로서의 과학기술. 서울: 문학과지성사.

홍성욱 (2004). 과학은 얼마나. 서울: 서울대학교 출판부.

Bowler, P. J., & Morus, I. R. (2008). 현대과학의 풍경. 김봉국, 서민우, 홍성욱 역, 서울: 궁리출판.

Bransford, J. D., & Johnson, M. K. (1972). Contextual prerequisites for understanding: Some investigations of comprehension and recall. Journal of Verbal Learning and Verbal Behavior, 11, 717–726.

Broad, W., & Wade, N. (2007). 진실을 배반한 과학자들. 김동광 역, 서울: 미래 M&B.

Bronowski, J. (1964). Science and human value. London, UK: Penguin Books.

Burgin, L. (2008). 태고의 유전자. 류동수 역, 서울: 도솔출판사.

Castel, B., & Sismondo, S. (2006). 과학은 예술이다. 이철우 역, 서울: 아카넷.

Clegg, B. (2010). 괴짜생태학. 김승욱 역, 서울: 웅진지식하우스.

Collins, H., & Pinch T. (2005). 골렘: 과학의 뒷골목. 이충형 역, 서울: 새물결.

Crease, R. P. (2006). 세상에서 가장 아름다운 실험 열 가지. 김명남 역, 서울: 지호.

Fischer, E. P. (2009). 과학을 배반하는 과학. 전대호 역, 서울: 북하우스.

Fisher, L. (2012). 재난은 몰래 오지 않는다. 김아림 역, 서울: 웅진지식하우스.

Franklin, A. (1997). Millikan's oil–drop experiments. The Chemical Educator, 2(1), 1–14.

Hanson, N. R. (1972). Patterns of discovery. Cambridge: Cambridge University Press.

Holton, G. (1978). Subelectrons, presuppositions, and the Milikan–Ehrenhaft dispute. Historical Studies in the Physical Sciences, 9, 161–224.

Kuhn, T. (1962). The structure of scientific revolutions. Chicago: University of Chicago Press.

Ladyman, J. (2003). 과학철학의 이해. 박영태 역, 서울: 이학사.

Latour, B., & Woolgar, S. (1979). Laboratory life: The social construction of scientific facts. Beverly Hills: Sage Publications.

Miller, A. I. (2001). 천재성의 비밀. 김희봉 역, 서울: 사이언스북스.

Pickering, A. (1984). Constructing quarks: A sociological history of particle physics. Edinburgh: Edinburgh University Press.

Quine, W. V. O. (1960). Word and object. Cambridge: MIT Press.

Shermer, M. (2005). 과학의 변경지대. 김희봉 역, 서울: 사이언스북스.

Stauber, J., & Rampton, S. (2006). 거짓나침반. 정병선 역, 서울: 시울.

Zankl, H. (2006a). 과학의 사기꾼. 도복선 역, 서울: 시아출판사.

Zankl, H. (2006b). 역사의 사기꾼들. 장혜경 역, 서울: 시아출판사.

Ziman, J. (1984). An introduction to science studies. Cambridge: Cambridge University Press.

8 과학자는 사회적 책임을 져야 할까?

20세기 이후 인류 문명은 농업 기술 향상, 질병 퇴치, 전기 에너지 생산을 비롯하여 컴퓨터 보급이나 우주 탐사에 이르기까지 눈부신 변화를 맞이해왔다. 오늘날 인류의 문명이 이토록 급속한 발전을 이룰 수 있었던 원동력이 과학임은 누구도 부인할 수 없다. 과학 연구는 자연에 대한 인간의 지식을 확장시켰고, 동시에 물질적 풍요를 제공하고 인간의 생명을 연장시키는 등 삶의 질도 높였다. 한마디로 오늘날 과학은 우리 생활의 일부가 되어 살아가는 데 필수불가결한 요소가 되었다. 또한 인간을 대신해서 일을 해주는 로봇, 매연과 공해를 전혀 배출하지 않는 자동차, 저렴한 비용으로 떠날 수 있는 우주여행, 그리고 캡슐 하나로 식사를 해결할 수 있는 알약 등 과학을 통해 이루어질 것이라고 얘기되는 미래의 모습은 우리의 상상을 초월한다. 그러나 과학의 발달이 항상 긍정적인 면만 있는 것은 아니다. 과학의 발달과 더불어 환경오염, 대량 살상 무기의 개발, 유전자 조작의 위험성 등과 같은 부작용도 나타났다.

분자생물학자인 실버(Lee Silver)는 『에덴 다시 만들기(*Remaking Eden*)』라는 책에서 맞춤 아이의 출현을 예상했다(강건일, 2006). 즉, 자기가 원하는 신체적·인지적·행동적 특성에 해당하는 유전자를 선별한 후, 그 유전자를 배아에 넣고 이 배아를 어머니의 자궁에 이식시킬 수 있다는 것이다. 실버는 만약 이러한 관습이 정착된다면 300년쯤 뒤에는 인류가 유전적으로 우월한 인간과 그렇지 못한 인간, 즉 실험실에서 만들어진 합성 유전자를 지닌 10%의 '합성 유전자 인종'과 나머지 90%인 '자연 유전자 인종'으로 나뉠 것으로 예상했다. 경쟁력이 떨어지는 자연 유전자 인종은 당연히 낮은 임금을 받는 서비스 업종이나 단순 노동자로 일할 수밖에 없을 것이다. 비록 상상이기는 하지만 섬뜩한 이야기다.

이처럼 과학 연구는 인류에게 이로운 결과로 이어질 수도 있지만, 반대로 예상치 못했던 문제를 초래할 수도 있다. 그런데 만약 과학이 문제를 유발한다면 그 책임은 누구에게 있을까? 어떤 사람은 과학자들이 조금만 더 깊은 성찰을 했더라면 핵무기가 개발되지 않았을 수도 있다고 말하기도 한다. 과학자들이 강력한 핵무기로 전쟁을 빨리 끝내고 평화를 찾을 수 있다는 순진한 생각만 하지 않았다면, 인류를 핵전쟁의 공포라는 영구적인 위협에 노출시키지 않앉을 수 있다(강양구, 2006)는 것이다. 이 주장처럼 과학자는 자신의 과학 연구에 대해 책임을 져야 할까?

Activity 8-1

과학기술자의 사회적 책임

과학자들은 자신의 연구로 인해 생길지도 모르는 피해에 대해 책임을 져야 할까? 다음 질문(Aikenhead et al., 1989)을 읽고 자신의 생각과 가장 가까운 입장을 하나 선택하고, 각자의 입장에 대해 토의해보자.

> **문제** 과학자들은 자신의 발견으로 인해 생길지도 모르는 피해에 대해 책임을 져야 한다?
>
> (a) 과학자가 책임을 져야 한다. 왜냐하면 자신의 발견으로 인해 피해가 생기지 않도록 예방하는 것도 과학자가 해야 할 일 중 하나이기 때문이다. 과학은 어떠한 피해도 일으켜서는 안 된다.
>
> (b) 과학자가 책임을 져야 한다. 왜냐하면 어떤 발견이 좋은 목적으로 사용될 수도 있고 나쁜 목적으로도 사용될 수 있다면, 좋은 이용은 장려하고 나쁜 이용은 방지해야 할 책임이 과학자들에게 있기 때문이다.
>
> (c) 과학자가 책임을 져야 한다. 왜냐하면 과학자들은 자신의 실험이 초래할 영향을 미리 알고 있어야 하기 때문이다. 과학은 피해보다는 이익이 많아야 한다.
>
> (d) 과학자와 사회가 공평하게 책임을 져야 한다.
>
> (e) 과학자는 책임을 지지 않아도 된다. 왜냐하면 책임을 져야 할 사람은 그 발견을 이용하는 사람들이기 때문이다. 과학자는 다른 사람들이 자신의 발견을 어떻게 이용할지 전혀 통제할 수 없으므로 책임을 지지 않아도 된다.
>
> (f) 과학자는 책임을 지지 않아도 된다. 왜냐하면 과학 연구의 결과가 이로울지, 아니면 해로울지는 예측할 수 없기 때문이다. 결과는 운에 맡길 수밖에 없다.
>
> (g) 과학자는 책임을 지지 않아도 된다. 만약 과학자가 책임을 져야 한다면 과학자들은 연구를 그만두려 할 것이고, 과학은 더 이상 발전하지 못할 것이기 때문이다.
>
> (h) 과학자는 책임을 지지 않아도 된다. 과학자가 어떤 발견을 했을 때, 그 발견이 초래할 영향을 점검하는 일은 다른 사람의 책임이기 때문이다. 과학자는 단지 발견을 할 뿐, 과학과 윤리는 별개의 문제다.

순수한 과학

일반적으로 과학자는 실험실에서 자연 세계에 대한 객관적인 지식을 추구하는 가치중립적인 사람이라는 생각이 널리 퍼져 있다. 즉, 과학은 자연의 진리 탐구를 목적으로 하기에 정치, 경제, 문화 등 사회의 다른 영역들과는 무관한 비세속적이고 초월적인 활동이므로, 사회적·윤리적 문제와도 관련이 없어야 한다는 것이다. 과학의 가치중립성을 주장하는 입장에서는 과학이란 할 수 있음(능력)에서 나오는 것이 아니라 할 수밖에 없음(필연)에서 나오는 것이므로, 사회학자나 윤리학자의 마음에 들지 않더라도 과학자는 오늘날과 같은 과학을 할 수밖에 없다는 것이다(Fischer, 2009). 역사적으로도 과학 연구는 윤리적 관심과는 별개로 독립적으로 이루어져 왔다. 과학 연구에 대한 종교적·윤리적 검열은 과학 지식의 확산을 잠시 지연시킬 뿐이었지, 과학의 발전 자체를 완전히 막을 수는 없었다(최영주, 2006). 수학자이자 물리학자였던 푸앵카레(Henri Poincaré, 1854-1912)의 말은 이러한 견해를 뚜렷이 보여준다(홍성욱, 2004).

> 과학과 윤리는 서로 고유한 영역을 지니고 있으며, 이 영역은 서로 건드리기만 할 뿐 겹치지는 않는다. 윤리는 우리가 어떤 목적을 가져야 할 것인가를 보여주며, 과학은 목적이 주어지면 이를 어떻게 달성할 것인가를 보여준다. 이들은 만나는 경우가 없기 때문에 갈등을 일으키는 경우도 없다. 과학적인 도덕이 있을 수 없듯이, 비도덕적인 과학도 있을 수 없다.

경험주의 철학자 흄(David Hume, 1711-1776)은 사실을 다루는 인간의 활동이 과학이고 당위를 다루는 인간의 활동은 도덕이라고 구분했다. 흄의 주장에 따르면, '이것은 사과다.'라는 사실 명제와 '나는 저 사과를 먹으면 안 된다.'라는 당위 명제 사이에는 아무런 논리적 연관이 없다. 즉, 사실에서 당위를 끌어낼 수는 없으므로, 사실을 대상으로 하는 과학과 당위를 대상으로 하는 도덕은 아무런 상관이 없다고 주장했다. 또한 과학 연구가 어디로 어떻게 진행될지는 아무도 정확히 예측할 수 없으므로, 과학 자체의 선과 악을 따지는 것은 무의미하다(Fisher, 2008). 원자폭탄으로 가는 첫 번째 단계라고 할 수 있는 원자를 쪼개는 데 성공한 러더퍼드(Ernest Rutherford, 1871-1937)는 "원자를 쪼개는 것에서 어떤 실용적 이익을 얻을 수 있다고 생각하는 사람은 쓸데없는 공상을 하고 있는 것이다."라고 말했다(Fisher, 2008). 아인슈타인(Albert Einstein, 1879-1955)

도 특수 상대성 이론을 발표할 당시에는 E = mc²라는 공식이 훗날 수많은 사람들의 목숨을 앗아간 원자폭탄 제조로 이어지리라고는 꿈에도 생각하지 못했을 것이다.

Activity 8-2

누구에게 책임을 물어야 할까?

과학자가 자신의 연구로 인한 결과에 대해 어디까지 책임을 져야 할까? 연구 당시에는 예측할 수 없었던 결과에까지 책임을 져야 할까? 오늘날, 세계에서 가장 권위 있는 상인 노벨상은 전쟁에서 수많은 사람들을 희생시킨 다이너마이트의 판매 수익을 기반으로 제정되었다. 노벨(Alfred Nobel, 1833-1896)도 처음에는 자신이 발명한 다이너마이트가 사람을 죽이는 데 사용될 것이라고는 결코 생각하지 않았다. 노벨의 생애에 대한 다음 글을 읽고, 과학자가 자신의 연구로 인한 모든 결과에 책임을 져야 하는지 토론해보자.

노벨의 생애에서 가장 중요한 발명은 1867년에 이루어졌다. 노벨은 니트로글리세린(nitroglycerine)이 강한 폭발력을 지니고 있음을 알았지만, 이 물질은 조그마한 충격에도 폭발하는 문제점이 있었다. 니트로글리세린으로 폭약을 제조하는 공장을 세운 그는 폭발 사고로 동생과 공장 직원 4명을 잃기도 했다. 우연히 노벨은 규조토를 니트로글리세린에 넣었다가 말리면 훨씬 안전해진다는 사실을 발견했다. 노벨은 이 새 제품에 다이너마이트('힘'을 뜻하는 그리스 어 디나미스에서 따온 말)라는 이름을 붙여, 1867년과 1868년에 각각 영국과 미국에서 특허를 받았다.

다이너마이트는 곧바로 각종 굴착 공사, 발파 공사, 그리고 철도 및 도로 건설 공사 현장에 사용되어 인류에게 많은 혜택을 주었으며, 노벨에게도 세계적인 명성과 엄청난 부를 가져다주었다. 1870년 이후 노벨은 유럽 전역에 다이너마이트 제조 공장을 세우고, 자기가 만든 폭탄을 생산·판매하기 위한 기업 망도 구축했다. 그 후 노벨은 더 나은 폭탄을 개발하기 위한 실험을 계속 진행해 훨씬 더 강력한 다이너마이트인 폭발성 젤라틴을 발명했다.

1888년 파리의 한 신문이 노벨이 죽었다는 잘못된 기사를 보도했다. 죽은 사람은 노벨이 아닌 노벨의 형이었다. 그런데 그 기사에서 노벨은 '죽음의 상인(商人)'으로 묘사되었다. 노벨은 자신이 개발한 다이너마이트가 전쟁에서 수많은 사람의 목숨을 앗아갔다는 현실과 자신에 대한 세상의 차가운 시선에 양심의 가책을 느꼈다. 이 사건으로 충격을 받은 노벨은 유언으로 거의 모든 재산을 스웨덴 과학아카데미에 기부했고, 이 유산을 기금으로 하여 1901년부터 세계에서 가장 권위 있는 상인 노벨상 제도가 실시되고 있다.

수소폭탄 개발에 참여했던 울람(Stanislaw Ulam, 1909~1984)은 과학자의 사명
은 연구를 하는 것일 뿐, 과학 연구의 결과에 대한 책임은 과학을 이용하는 사
회의 몫이라고 주장했다. 만약 과학에 통제가 필요하다면, 순수한 발견의 과
정이 아닌 과학을 응용하는 단계에서 이루어져야 한다는 것이다. 과학자들에
게 미래에 발생할지도 모르는 비도덕적인 이용 가능성에 대한 책임까지 지도
록 한다면, 과학자는 자신의 연구 결과를 발표하기를 주저하게 될 것이다. 그
렇다면 연구 결과에 내재해 있는 무한한 가능성은 묻혀버리고 과학에서의 획
기적인 발전이나 혁신을 기대하기 어려워질 것이다(Burgin, 2008). 예를 들어, 생
물학자들이 DNA의 구조가 이중나선이며 유전 정보를 포함하고 있다는 사실
을 밝혀냈을 때, 인간 유전자 연구가 초래할 잠재적 문제를 염려하여 관련 연
구를 모두 중단했다면, 생물학이 지금과 같이 발전하기는 불가능했을 것이다.
이러한 맥락에서, 고도로 전문화된 현대 사회에서는 과학자가 자연의 연구를
담당하고 과학과 관련된 사회적·윤리적 문제는 윤리학자나 철학자가 분담해
야 한다는 견해가 등장했다. 즉, 과학자는 과학이 사회에 미칠 영향에 대해 고
민할 필요가 없고, 과학 연구에 따르는 책임 문제는 사회학자나 윤리학자, 정
치가, 그리고 대중의 몫이라는 것이다.
    과학에 대해 가치중립적인 시각을 주장한 대표적인 학자로 머튼(Robert

Merton, 1910-2003)을 들 수 있다. 머튼은 과학자 집단을 하나의 사회로 인식하고 사회학적으로 과학자를 연구한 최초의 학자다. 머튼은 과학자 사회의 에토스(ethos)[1]가 다음과 같은 규범으로 이루어진다고 주장했다(송성수, 2001).

(a) 공유주의(communism): 과학자는 과학 지식을 사회적 협동의 산물로 생각하고, 연구 결과도 개인의 권리를 주장할 수 없는 문화적 유산으로 생각한다.

(b) 보편주의(universalism): 과학자는 관찰 결과나 지식을 보편적인 기준에 비추어 판단해야 하며, 누구나 자유로이 과학 연구에 종사할 수 있다.

(c) 무사무욕(disinterestedness): 과학자는 계급, 경제, 보상에 연연하지 않고, 사적 이익을 배제하며, 지식 자체를 위한 지식을 추구한다.

(d) 회의주의(well-organized skepticism): 과학자는 경험적·논리적 기준에 의해 검증될 때까지 과학의 결과에 대한 판단이나 믿음을 보류해야 한다.

이 규범들은 첫 글자를 따서 머튼의 CUDOS라고도 부른다. 머튼은 과학자 사회에는 이러한 규범이 내재해 있기 때문에 외부 사회의 규제를 받지 않고도 스스로 통제할 수 있으며, 이로 인해 과학은 합리적이고 객관적인 지식을 산출하며 동시에 바람직한 민주주의의 모델을 제공한다고 주장했다.

과학과 기술

과학과 기술은 모두 인간의 창의적인 활동이라는 점에서 공통점이 있다. 그러나 전통적 인식론에서는 과학과 기술이 목적이나 방법 측면에서 뚜렷이 구분되는 차이점을 지닌다고 주장한다. 즉, 과학은 자연에 대한 호기심을 해결하기 위한 탐구를 통해 과학 지식을 형성하는 과정이지만, 기술은 자연을 이용하여 여러 가지 물건이나 생산 체제를 만들어내는 과정이라는 것이다. 역사적으로도 과학과 관련 없이 기술이 독립적으로 개발된 사례가 적지 않다. 예

---

1) 아리스토텔레스는 상대방을 설득하기 위한 세 가지 요소로, 로고스(logos), 파토스(pathos), 에토스(ethos)를 제시했다. 로고스는 이성적·과학적인 것을 가리키고, 파토스는 감각적·신체적·예술적인 것을 의미한다. 에토스는 사람에게 도덕적인 감정을 가지게 하는 보편적인 도덕적 요소를 말한다.

를 들어, 옛날에 우리 조상들은 이유는 몰랐지만 들이나 산에서 나는 여러 가지 약초를 사용했다. 그리고 이유는 몰랐지만 발효에서 온도가 중요하다는 사실은 알았고, 때문에 아랫목에 술항아리를 묻어두기도 했다. 갈릴레이(Galileo Galilei, 1564–1642)는 『두 신과학에 대한 대화(*Discourses and mathematical demonstrations relating to two new sciences*)』에서 "기계나 도구를 만드는 사람 중에서 어떤 사람은 경험에 의해, 그리고 어떤 사람은 스스로의 관찰에 의해 자신의 일에 대해 매우 전문적인 식견을 가지고 있으나, 이들이 많은 것을 알고 있더라도 진정한 과학자는 아니다."라고 말했다(강건일, 2006). 과학이 되기 위해서는 일반화된 원리가 도출되어야 하는데, 이들은 수학을 모르기 때문에 이론으로 발전시킬 능력이 없다는 것이 이유였다.

그런데 과학과 기술에 대한 이와 같은 전통적인 구분은 과학자의 책임에 대한 면죄부의 근거로 이용되기도 했다. 즉, 과학은 객관적인 자연을 탐구하는 순수하고 가치중립적인 학문일 뿐이며, 오늘날 발생한 사회적인 문제들은 모두 과학 지식을 이용한 기술의 오용이나 남용에 책임이 있다는 것이다. 과연 과학과 기술은 전통적 인식론의 입장과 같이 뚜렷이 구분되는 활동일까?

(1) 기술이란?

기술의 어원은 그리스 어 '테크네(techne)'이다. 테크네는 인간 정신 외적인 것을 생산하기 위한 실천을 뜻한다(최경희, 송성수, 2011). 즉, 과학은 인간의 정신세계와 관련된 활동이고, 기술은 정신세계 밖의 활동으로 간주되었음을 알 수 있다. 기술은 자연을 통제하고 물리 세계에 변화를 일으킬 수 있는 수단이나 방법이라고도 할 수 있는데(조희형, 1994), 일반적으로 기술은 다음과 같은 측면의 특징이 있다(AAAS, 1993).

(a) 댐, 현미경, 의약품 등 특정한 목적을 이루기 위해 사람들이 고안해낸 물건.
(b) 농업, 광업, 제조업 등 인간의 생산적인 노력.
(c) 동물 사육 등 세상을 개선하기 위해 사람들이 사용하는 특정한 과정.

그림 8-1 **기술의 구성 요소**

한편, 플레밍(Fleming, 1989)은 사회를 변화시킬 수 있는 수단이나 방법으로 기술을 정의하고, 세 가지의 구성 요소를 제안했다(그림 8-1). 문화적 측면은 기술을 사용하는 체제, 조직적 측면은 공장이나 실험실에서 물건을 만드는 공정, 기술적 측면은 하드웨어를 의미한다. 즉, 기술은 과학 지식의 단순한 응용이나 적용이 아니라 독립적으로 이루어진 하나의 체제라는 주장이다.

(2) 과학과 기술의 관계에 대한 전통적 인식론의 견해

전통적 인식론에 따르면, 과학과 기술은 의미와 목적, 그리고 다루는 영역에서 뚜렷이 구분되는 분야다. 즉, 과학은 자연 세계에 대한 지식을 추구하는 학문적 영역으로서 법칙이나 이론과 같은 과학 지식으로 구성되어 있으며, 인간의 정신적 영역을 다루는 분야다. 반면, 기술은 과학 지식의 적용이나 응용을 통하여 인간 생활을 풍요롭게 하는 수단이며, 자연 환경을 조절하고 통제하는 활동과 같은 물질적 영역을 다루는 분야다(Aikenhead, 1992). 과학은 하나의 방법론으로서 자연의 법칙을 이해하고 이에 근거하여 자연을 법칙과 이론으로 설명하는 데 기여하는 반면, 기술은 이렇게 얻은 법칙과 이론을 특정한 경우에 적용하여 처음보다 더 나은 상태를 만드는 것이다(Rifkin, 1996). 한마디로 정리하자면, 과학은 기술의 밑바탕이 되는 관계에 있다고 볼 수 있다. 물론 전통적 인식론에서도 중세 이후부터는 과학과 기술이 관계를 맺고 상호 간 상승 작용을 한다는 점은 인정하고 있다. 그럼에도 불구하고 과학과 기술은 근본적으로 동일시될 수 없다는 것이 전통적 인식론의 기본적 입장이다. 기술이 '쓸모 있는 것'을 한다면, 과학은 '쓸모없는 것'을 다룬다고 할 수 있다(최무영, 2008). 과학과 기술의 차이점을 정리하면 표 8-1과 같다.

표 8-1 **과학과 기술의 차이점**

	과학	기술
기원	인류 문명과 함께 시작	인류의 출현과 함께 시작
목적	자연의 이해	생활의 문제 해결
활동	개념적 지식의 생성	과학 지식의 적용 (유용성, 실용성 중시)
결과물	학술 논문	새로운 제품과 기술(technique)

(3) 과학과 기술의 관계에 대한 현대 인식론의 견해

현대의 인식론에서는 과학과 기술의 차이가 전통적으로 생각해왔던 것만큼 분명하지 않다고 주장한다. 즉, 현대의 인식론에서는 과학과 기술이 나름

대로의 특징을 지니고 있지만, 실제 상황에서는 그 의미를
구분하기 힘들다는 입장이다. 예를 들어, 다빈치(Leonardo da
Vinci, 1452~1519)의 노트에는 비행기계, 자동마차, 증기기관
등의 그림이 그려져 있지만, 이 기술은 당시 사회의 요구와
는 무관하며 오히려 개인의 지적 호기심에서 비롯된 것이라
고 볼 수 있다(최경희, 송성수, 2011). 즉, 과학과 기술이 관념적

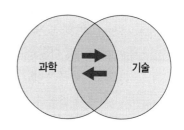

그림 8-2 **현대에서 과학과 기술의 관계**

으로는 차이가 있는 것처럼 보이더라도 실제 상황에서 실질적인 의미가 없다면
차이를 구분하여 강조할 필요는 없다는 것이다.

　과학과 기술의 관계는 산업혁명을 거치면서 밀접해졌다. 과학자들은 기술과
관련된 지식을 분류·정리·설명했으며, 기술자들은 과학의 태도와 방법을 적
극적으로 활용했다. 예를 들어, 와트(James Watt, 1736~1819)가 증기기관을 개량
하는 데는 기존 기술의 문제점을 구체적으로 분석하고 일반화하여 모형을 만
든 후 실험을 실시하는 과학적 방법이 큰 역할을 담당했다(최경희, 송성수, 2011).

　이후, 제2차 세계대전을 계기로 출현한 거대과학과 군·산·학 복합체는 대
규모의 물적·인적 자원을 결집함으로써, 과학자와 기술자의 상호작용을 증폭
시켰고 과학과 기술의 간격도 더욱 좁혀졌다(Bijker, 1999). 예를 들어, 입자물리
학에서 물질의 기본 소립자인 쿼크(quark)가 존재한다는 증거는 입자가속기 실
험을 통해 얻을 수 있었다. 그런데 천문학적인 돈이 투자되는 입자가속기가 건
설될 수 있었던 것은 냉전이라는 특수한 사회적 상황 속에서 국가의 전폭적인

투자가 있었기에 가능했다(Nelson, 1994). 국가가 집중적인 지원을 함으로써 입자물리학은 대규모의 연구비가 투입되는 거대과학으로 변모했고, 자연에 대한 근본적인 질문을 탐구하기보다는 쉽게 기술에 응용되는 연구에 관심을 두게 되었다(Forman, 1987). 1950년대에 미국 대학의 물리학 연구에 지원된 재정의 90%가 원자력위원회에서 나왔고, 그중 적지 않은 부분이 군사 프로그램과 관련이 있었다. 1960년대에는 미국 전체 연구개발비의 3분의 2가 정부에서 지원되었으며,[2] 군사 관련 프로그램이 과학자와 공학자의 약 30%를 고용할 정도로 군사적 목적은 과학 연구 활동의 중심적 기반으로 자리를 잡았다.

냉전이 종식되고 10년이 지난 1998년에도 군사적 목적이 미국 정부의 연구개발 예산 중 53%를 차지했다(Stauber & Rampton, 2006). 상황이 이렇게 되자, 더 이상 연구 자체를 위한 순수한 연구를 고수하는 과학자는 살아남기 힘들어졌다. 많은 과학자들이 자신의 연구 분야를 세상이 원하는 방향으로 바꿀 의향을 가지고 있고, 더 나아가 정부나 산업체의 지원을 이끌어내기 위한 기술을 개발하려 하는 것도 더 이상 이상한 일이 아니다(Bowler & Morus, 2008). 그 결과, 정부나 산업체의 지원 여부에 따라 특정 분야의 융성과 쇠퇴가 결정되는 상황에까지 이르게 되었다(Stauber & Rampton, 2006).

과학과 기술은 발달할수록 그 관계가 더욱 밀접해진다. 즉, 과학과 기술의 특성이 겹치는 부분이 점점 더 많아지고 있다. 예를 들어, 전 세계적인 관심을 불러일으켰던 거대과학 연구인 인간 게놈(genom) 프로젝트는 출발 당시부터 이미 의학이나 제약 분야의 응용을 목표로 진행되었다는 점에서 순수 과학인지

아니면 기술인지를 분명히 정의하기가 쉽지 않다. 그 외에 인공위성, 우주 왕복선, 컴퓨터, 원자로, 유전공학에 의한 신약 개발 등과 같은 최근의 연구들도 과학 연구의 성과인지 아니면 기술 개발의 산물인지 구분하기가 곤란한 경우가 많다. 이러한 분야에서는 과학을 교육받고 과학적 연구 방법을 사용하는 과학자들이 실제로는 발명이나 기술 개발에 종사하는 경우를 쉽게 발견할 수 있다(Bijker, 1999). 반대로 발명가나 기술자들도 자신의 연구 성과를 특허 출원하는 것뿐 아니라 학술지에 논문으로 싣기도 한다. 따라서 과학과

2) 미국에서는 해군연구국(ONR), 국방부, 에너지부, 국립과학재단(NSF), 국립보건원(NIH), 항공우주국(NASA) 등을 통해 정부의 자금이 과학 연구에 집중되었다(김명진, 2008).

기술의 관계에 대해 '과학은 발견하고 기술은 응용한다.'라는 전통적 관점은 더 이상 옳지 않으며, 과학이나 기술을 별개의 속성을 지닌 것으로 이해하기보다는 둘 사이의 관계를 종합적으로 분석하고 통합하는 것이 필요하다. 레이턴 (Layton, 1977)은 과학과 기술의 관계에 대해 다음과 같이 말한다.

> 과학과 기술은 점점 섞이고 있다. 현대의 기술은 기술을 행하는 과학자와 과학자로 활동하는 기술자를 포함하고 있다. …… 기초 과학이 모든 지식을 만들어내고 기술자들이 이 지식을 응용한다는 기존의 관점은 현재의 기술을 이해하는 데 전혀 도움이 되지 않는다.
>
> (Layton, 1977, p. 210)

거대과학 연구를 차치하더라도, 오늘날 과학 지식의 응용을 통한 경제적 이익을 추구하지 않고 지적인 호기심을 충족시키기 위한 순수한 과학 연구는 찾기 어려워졌다. 대학에서 이루어지는 연구들도 산학 협동이라는 명목으로 산업체로부터 연구비를 지원받는 경우가 많다. 미국의 경우, 1960년대 초반 정부의 연구비가 산업체의 연구비보다 두 배가량 많았지만, 1980년 무렵에는 산업체에서 지출하는 연구비 규모가 커지기 시작해서 오늘날에는 정부 연구비의 두 배를 넘어섰고, 이 중 상당 부분이 산업체와 대학 사이의 산학 협동에 사용되고 있다(Stauber & Rampton, 2006). 자신의 연구와 이해관계가 있는 기업의

주식을 보유하거나 임원이나 자문위원이 되는 과학자도 있고, 심지어는 회사를 직접 설립하는 과학자도 있다(김명진, 2008). 과학자들은 진리를 사랑한다고 생각하기 쉽지만, 진리냐 돈이냐가 문제일 때 오늘날의 과학자들은 돈을 선택할 가능성이 높다. 이처럼 연구비, 논문, 명예, 경제적 보상 등이 복잡하게 얽혀 있는 상황에서 '무사무욕'한 지식의 추구를 기대하는 것은 순진한 바람일 뿐이다. 머튼의 주장과 달리, 경제적 이익이 기대되는 과학 연구 과정은 비밀에 붙여지고, 그 성과물이 인류 전체의 유산으로 공유되기보다는 지적 재산권이나 특허라는 명목하에 사유화되는 것이 현실이다. DDT(dichloro-diphenyl-trichloroethane)의 위험성을 널리 알린 카슨(Rachel Carson, 1907-1964)은 과학과 산업체의 관계에 대해 다음과 같이 물었다.

과학 단체가 어떤 이야기를 할 때, 우리가 듣는 것은 진정한 과학의 소리인가 아니면 기업의 이익을 대변하는 소리인가?

(Carson, 2002, p. 340)

쉬 어 가 기

인체 시장

앤드루스(Lori Andrews)와 넬킨(Dorothy Nelkin)은 『인체 시장(Body bazaar: The market for human tissue in the bio-technology age)』이라는 책에서 사람의 몸이 시장에서 팔리고 있는 현실을 고발하고 있다(Andrews & Nelkin, 2006). 그중, 자기도 모르게 특허번호 4438032번이 된 한 남자의 얘기는 충격적이다. 백혈병에 걸린 이 남자는 대학병원에서 치료를 받았다. 그런데 치료가 끝난 후에도 의사들은 7년 동안이나 계속해서 그 남자를 병원으로 불렀다. 나중에 알고 보니, 의사들은 그 남자의 건강이 아니라 그 남자의 몸에서 발견된 특이한 화학 물질에 관심이 있었다. 본인도 모르게, 그 남자의 몸에서 발견된 화학 물질은 특허 등록이 되었고, 그 의사들은 스위스의 제약회사 산도스(Sandoz)로부터 이 화학 물질의 사용 대가로 1,500만 달러(약 170억 원)를 받았다. 뒤늦게 이 사실을 알게 된 남자는 의사들을 부정 의료 및 절도 혐의로 고소하면서 이렇게 한탄했다. "의사들은 나를 화학 물질을 추출할 수 있는 광맥으로 생각하고 있습니다. 나는 그들의 수확물인 것입니다."

Activity 8-3

특허를 신청하지 않은 바보들?

특허는 새로운 발명이나 발견을 독점적으로 이용할 수 있는 권리를 부여하고 보호함으로써 과학기술의 발전을 촉진하기 위한 제도다. 오늘날 대부분의 과학자는 아무리 작은 발명이나 발견이더라도 즉시 특허를 신청하여 다른 사람의 도용을 방지한다. 그런데 유명한 과학자들 중에는 누가 보더라도 산업적 응용이 유망한 발견에 대해서 특허를 신청하지 않은 사람들이 있다. 뢴트겐과 퀴리 부부의 두 사례(강건일, 2006; Zankl, 2006)를 읽고, 현대의 관점에서 이 과학자들의 선택에 대해 토의해보자.

(A) X선은 뢴트겐(Wilhelm Roentgen, 1845-1923)이 발견했다. 새로운 유형의 광선을 발견한 뢴트겐은 사람들로부터 주목과 존경을 받았고, 노벨 물리학상의 최초 수상자가 되었다. 그러나 다른 노벨상 수상자들과 달리, 뢴트겐은 상을 받는 자리에서 강연을 하지도 않았고, 자신의 발견에 대해 특허를 신청하지도 않았다. 그 덕분에 X선은 매우 빠르게 전 세계에서 의료용으로 사용될 수 있었다. 왜 많은 돈을 벌 수 있는 특허를 신청하지 않았느냐는 질문을 받자, 뢴트겐은 "학문은 모든 인류의 것이기 때문입니다."라고 대답했다고 한다.

(B) 1896년, 베크렐(Antoine Becquerel, 1852-1908)이 방사능 원소 우라늄을 발견하자, 마리 퀴리(Marie Curie, 1867-1934)는 허름한 창고를 빌려 남편인 피에르 퀴리(Pierre Curie, 1859-1906)와 함께 방사능 원소 연구를 시작했다. 실험실은 환기 시설이 제대로 갖춰지지 않아 한겨울에도 창문을 열어놓고 실험을 해야 할 정도로 상황이 열악했다. 그러나 퀴리 부부는 이 모든 어려움을 극복하고 1898년 폴로늄(polonium)과 라듐(radium)을 발견했다. 라듐은 암 치료제로 쓰일 가능성이 있었지만, 퀴리 부부는 라듐의 특허를 출원하지 않았다. 특허를 출원했다면 궁핍했던 생활도 나아지고 연구에도 도움이 되었겠지만, 어느 나라의 어느 누구에게라도 제조법을 알려주어 한 명의 환자라도 더 구하기를 바랐기 때문이다.

이와 같은 과학과 기술의 밀접한 관계로 인해, 과학과 기술을 '과학기술'이라고 통칭하면서 과학과 기술이 사실상 차이가 없다는 주장까지 등장했다. 라투르(Latour, 1987)는 과학과 기술을 묶어 테크노사이언스(technoscience)라고 이름 붙이고, 사회학자의 관점에서 볼 때는 과학과 기술 사이에 실질적인 차이가 존재하지 않는다고 주장했다. 최근 과학 연구와 기술 개발이 R&D(research & development)라는 하나의 용어로 총칭되는 것 또한 과학과 기술의 밀접한 관계를 반영한다. 현대 사회가 오늘날과 같이 산업 사회로 발전하게 된 원동력이 바로 R&D 체제의 조직에 있다고 할 수 있을 정도로 그 영향력은 막강하다

(Ziman, 1980). R&D 체제에는 순수한 이론적 연구부터 실제적인 기술에 이르기까지 과학 탐구의 전반적인 과정이 포함된다(조희형, 1994).

과학자의 사회적 책임

20세기 초반 물리학 분야를 이끌었던 핵분열에 대한 연구는 원자력 발전소나 방사선 치료와 같은 혁신적인 발명의 원동력이 되었지만, 반대로 1945년 일본의 히로시마와 나가사키에 투하된 원자폭탄과 같은 끔찍한 살상 무기의 개발로 이어지기도 했다. 원자폭탄의 투하로 인해 이제까지 상상할 수도 없었던 엄청난 비극을 경험한 대중들은 과학의 발전에 수반되는 부작용에 대해서도 의심과 두려움을 가지기 시작했다.

(1) 과학기술의 발달에 따른 사회적 문제의 대두

자동차나 살충제는 우리의 삶을 윤택하게 만든 대표적인 발명품으로 칭송받았다. 그러나 오늘날에는 반대로 자동차의 매연과 살충제의 독성이 환경오염의 주범이라는 비난이 쏟아지고 있다. 이와 같이 과학기술의 발전은 새로운 가능성과 잠재적인 부작용이라는 양면성을 지니고 있다.

생물학은 1973년 코헨(Stanley Cohen, 1922-)과 보이어(Herbert Boyer, 1936-)가 개발한 유전자 재조합 기술로 새로운 전환기를 맞게 되었다. 생명공학이라는 새로운 분야가 탄생했고, 유전자 재조합 기술을 이용할 경우 불치병 치료와 식량문제 해결에 획기적인 전기가 마련될 것이라는 기대에 부풀었다. 그러나 한편으로는 자연 상태에서는 섞일 수 없는 서로 다른 생명체의 DNA를 인위적으로 조합하여 새로운 생명체를 탄생시킨다는 불안감, 그리고 개인이나 기업의 이익을 위해 공익에 배치되는 연구가 진행될 수 있다는 위기감이 고조되었다. 환경 단체, 과학운동 단체, 그리고 일부 시민들은 통제 불능의 새로운 생명체 탄생을 저지하기 위하여 유전자 재조합에 대한 강력한 규제를

CFC와 남극의 오존층 구멍

1974년, 몰리나(Mario Molina, 1943-)와 롤런드(Frank Rowland, 1927-)라는 두 과학자는 냉장고와 스프레이에 사용되는 화학 물질인 CFC(chlorofluorocarbons)가 성층권의 오존층을 파괴하여 지표면에 도달하는 자외선이 증가한다는 이론을 발표했다. 그러나 CFC의 주 생산자였던 미국의 화학회사 듀퐁(Du Pont)은 이 주장을 검증되지 않은 가설일 뿐이라고 비웃었다. 그런데 1984년 과학자들의 놀라운 발견이 세계의 이목을 집중시켰다. 9월과 10월 사이에 남극 상공의 오존 농도가 무려 50%나 줄어들었던 것이다. 이 유명한 '오존 구멍'은 그 후로도 정도의 차이는 있지만 매년 나타나고 있다. 이후에 과

학자들은 오존층 파괴가 거의 지구 전체에 걸쳐 일어난다는 사례를 발표했다. 사람들이 오존층 파괴를 걱정하기 시작했고, 듀퐁사도 결국은 CFC 생산을 중단했다.

원했다. 이러한 움직임에 대해, DNA 구조의 발견으로 1962년에 노벨상을 수상한 왓슨(James Watson, 1928-)은 "유전자 재조합이 초래할지도 모르는 질병에 대해 우려하는 것은 UFO나 마녀에 대해 우려하는 것과 같다."라고 비유하면서, 오히려 과학자들이 쓸데없이 시간과 노력을 낭비하지 않도록 유전자 재조합에 관련된 모든 규제를 철폐하자고 주장했다.

어떤 과학자들은 환경이나 윤리 문제를 과학기술로 해결하고자 노력했다. 그러나 독일의 사회학자 벡(Ulrich Beck)은 체르노빌 원전 사고에서부터 광우병과 유전자 변형 식품 논쟁에 이르기까지 일련의 사건으로 볼 때, 과학은 본질적으로 위험을 내포하므로 신속하고 확실한 해결책을 제공할 수 없다고 주장했다(홍성욱, 2004). 즉, 과학의 본질적 속성으로 인해 대중들은 과학에서 초래되는 위험의 책임이 과학자에게 있다고 생각하여, 과학 연구 과정에 개입하거나 환경 운동 등의 방식으로 과학에 저항하게 된다는 것이다. 여기에 문제를 과학적으로 해결할 수 있다고 주장했던 과학자들마저도 견해가 일치하지 않거나 대립하는 모습을 보이면서 대중들은 더 불안해졌다.

Activity 8-4

원자폭탄의 책임은 누구에게 있을까?

제2차 세계대전이 끝날 무렵 일본의 히로시마와 나가사키에 투하된 원자폭탄으로 인해 무려 30여만 명의 사상자가 발생했다. 원자폭탄 투하에 대해 누가 책임을 져야 할까? 원자폭탄을 개발한 과학자일까, 원자폭탄 투하를 결정한 정치가일까, 아니면 전쟁이 빨리 끝나기를 바랐던 대중들일까?

유대 인 출신의 망명 과학자였던 질라드(Leo Szilard, 1898-1964)는 1936년 아인슈타인을 설득하여 '나치 독일이나 소련, 일본이 원자 무기를 만들 가능성이 있으므로 미국 정부가 먼저 무기 개발을 해야 한다'는 내용의 편지를 루스벨트(Franklin Roosevelt, 1882-1945) 대통령에게 보내게 했다. 1941년 미국 정부는 맨해튼(Manhattan) 계획을 수립하고, 물리학자 오펜하이머(Julius Oppenheimer, 1904-1967)를 뉴멕시코에 있는 로스앨러모스(Los Alamos) 연구소의 소장으로 임명했다. 오펜하이머, 페르미(Enrico Fermi, 1901-1954), 로런스(Ernest Lawrence, 1901-1958), 콤프턴(Arthur Compton, 1892-1962) 등은 여러 난관을 극복하고 1945년 원자폭탄 실험에 성공했다. 이들은 원자폭탄을 투하하려는 계획에 대해 "원자폭탄은 죽음의 무기이지만, 이를 이용해 적에게 효과적으로 경고를 할 수 있다면 전쟁을 끝내고 인류의 평화를 가져올 수 있다."라는 이유로 찬성했다. 그러나 미국 정부는 정치적·군사적 이유로 일본의 인구 밀집 지역에 원자폭탄을 투하하여 많은 사람을 실제로 살상함으로써 전쟁을 끝내는 방식을 추진했다. 이에 질라드는 동료 과학자들을 설득하여 '원자폭탄의 일본 투하는 곤란하며, 핵무기에 대한 국제적 차원의 통제가 필요하다'는 요지의 프랑크 보고서를 작성했다. 미국의 원자폭탄 독점이 초래할 수 있는 문제에 대해 고민하던 푹스(Klaus Fuchs, 1911-1988)는 1944년부터 소련의 스파이로 활동하기도 했다.

원자폭탄이 투하된 후 과학자들의 반응은 크게 두 부류로 나뉘었다. 오펜하이머는 도덕적 가책을 심하게 느끼고 연구소의 소장직을 내놓았다. 질라드와 아인슈타인은 원자폭탄 개발을 요청한 것을 크게 후회하며 반전반핵 운동에 나섰다. 반면에 로런스는 원자폭탄이 전쟁을 조기에 종료시켜 희생자를 줄였다고 주장했고, 텔러(Edward Teller, 1908-2003)는 원자폭탄의 다음 단계인 수소폭탄 개발의 필요성을 역설했다.

제2차 세계대전 이후 미국과 소련의 냉전이 시작되면서 트루먼(Harry Truman, 1884-1972) 대통령이 수소폭탄 개발을 명령하자, 과학자들은 무기 연구에 참여하는 것을 망설였다. 오펜하이머는 끝까지 수소폭탄 개발을 반대하다가 소련의 간첩이라는 누명을 쓰고 공직에서 물러났고, 텔러가 수소폭탄 개발의 책임자가 되었다. 텔러는 과학에서 중요한 일은 할 수 있는 일을 하는 것이라면서, 수소폭탄은 필연적으로 개발될 것이므로 연구를 회피하는 것은 아무 소용없는 일이라고 주장했다.

(2) 과학자의 사회적 책임

원자폭탄 투하를 계기로 과학자들은 자신이 수행하는 연구와 사회의 관계를 심각하게 고려하게 되었다. 과학 연구의 결과가 사회에 미치는 영향이 커지면서, 과학자도 더 이상 자기 분야에만 몰두하고 나머지 문제를 모른 체할 수 없었기 때문이다. 또한 일반 대중들이 과학에 대한 불신을 선거에서 표출할 경우, 정부가 지원을 철회하거나 과학자의 연구를 엄격하게 규제할 가능성도 무시할 수 없다. 반대로, 단순히 정부로부터 재정 지원을 받을 수 있다는 이유만으로 과학자들이 새로운 무기 개발을 제안할 가능성도 커졌다. 텔러가 수소폭탄 개발을 제안했던 것은 당시에 실제로 소련의 위협이 두려웠기 때문일 수 있다. 그러나 최근의 미사일 방어 시스템인 스타워즈(star wars) 계획[3]은 방위산업체가 주도권을 잡고 과학자들을 통제한다는 의혹이 짙고 과학자들은 여기에 암묵적으로 동조하는 것으로 보인다(Bowler & Morus, 2008).

대부분의 과학자들은 국민의 세금을 바탕으로 연구를 진행하고 있지만, 일반 대중에게 자신의 연구를 설명하는 일에는 적극적으로 나서지 않는 경향이 있다(홍성욱, 2004). 과학자들은 대중들에게 자신들이 공공의 이익을 위해 연구한다는 자존심과 책임감을 보여줄 필요가 있다. 인간 게놈 프로젝트의 책임

---

3) 스타워즈 계획은 레이건(Ronald Reagan, 1911-2004) 미국 대통령 때 창안된 군사 개념이다. 대서양이나 태평양을 건너 미국 본토를 공격하는 대륙간 탄도미사일을 인공위성으로 추적한 후 이를 고공에서 격추시킨다는 계획이다. 스타워즈 계획은 10년 동안 450억 달러를 쏟아부은 대형 사업이었지만 구체적인 성과를 얻지 못했다. 그러나 이 사업은 부시(George Bush, 1924-) 행정부에서는 전 지구적 제한공격방어계획(GPALS), 클린턴(Bill Clinton, 1946-) 행정부에서는 전역미사일방어(TMD) 및 국가미사일방어(NMD) 계획 등으로 명칭이 바뀐 뒤, 부시(George W. Bush, 1946-) 행정부에서 다시 미사일방어(Missile Defence; MD) 체제로 계속 추진되었다.

자였고 노벨상 수상자인 설스턴(John Sulston, 1942-)은 『유전자 시대의 적들(*The common thread: A story of science, politics, ethics and the human genome*)』이라는 책에서 과학자의 책임 있는 행동을 촉구했다.

> 지난 세기에는 과학과 인간성 사이에 균열이 있었다. 우리는 지금 개인 소유 권을 지나치게 신뢰하는 시대를 살고 있으면서 공공의 선을 파괴하는 방향으로 가고 있다. 세계화의 과정을 통해 이 신조가 전 세계에 강요되고 있다. 이런 시 대에 과학자는 세계 어디에서나 권력으로부터 독립성을 유지하며 이윤의 추구 가 아니라 윤리의 확립을 위해 앞장서야 한다.
>
> (강양구, 2006, p. 237)

오늘날 과학과 사회는 밀접한 관계를 맺고 있으므로, 이 시대의 과학자에 게도 자신의 활동에 대한 도덕적 성찰이 필요하다. 과학자는 자기가 추구하 는 지식의 탐구 과정에 대해 일차적으로 책임을 져야 한다(Burgin, 2008). 과학 자는 연구의 오용 가능성을 철저히 검토하여 자신의 연구로 인해 불행한 사태 가 초래되지 않도록 예방할 책임이 있다. 아티야(Michael Atiyah)는 과학자가 자 신의 연구로 발생한 결과에 대해 책임을 져야 하는 이유를 다음과 같이 제시 했다(김환석, 2001).[4]

(a) 과학자들은 정치가나 대중보다 기술적 문제를 잘 알고 있고, 지식에는 책임 이 따라야 한다.

(b) 과학자들은 앞으로 발생할 수 있는 문제를 해결하는 데 기술적 자문이나 지원을 제공할 수 있다.

(c) 과학자들은 발생할 가능성이 있는 미래의 위험에 대해 경고할 수 있다. 연 구 결과가 미치는 영향을 예측하려면 전문 지식이 필요하기 때문이다.

(d) 과학자는 국가를 초월하여 국제적 우호관계를 형성하므로, 인류 전체의 이 익을 위한 전 지구적 관점을 취할 수 있는 위치에 있다.

현대 사회에서는 경제적 지원을 매개로 산업체가 과학 연구에 영향력을 행

---

4) 과학 연구 결과에 대한 과학자의 책임을 강조하는 입장이 또 다른 극단으로 이어질 수도 있 다. 예를 들어, 폴라니(Michael Polanyi, 1891-1976)는 과학에는 글로 표현하기 어려운 암묵적 지 식(tacit knowledge)이 있음을 강조했는데, 이 암묵적 지식은 과학자가 가장 잘 안다는 것이다. 따 라서 폴라니는 과학은 기본적으로 계획과 통제가 불가능하지만, 그렇더라도 과학자 사회가 이를 담당할 때 가장 잘 통제할 수 있다는 극단적인 결론을 내린다.

사하는 것이 일반화되었다. 이에 따라 현실적으로 과학 연구에서의 윤리 문제를 과학자 사회의 관습적 규범에만 의존하기는 어려운 상황에 도달했다. 레스닉(Resnik, 1996)은 과학자들의 규범적 이상으로 12개 항의 과학 윤리 강령5)을 제시했다. 이 조항 중에는 과학자의 사회적 책임에 관련된 조항도 있는데, 과학자들은 연구의 사회적 결과를 판단하고 대중에게 그 결과를 알리며, 결과가 해롭다고 생각될 때에는 연구를 중단하는 것까지도 고려해야 한다는 것이다. 1948년에 세계과학자연맹이 채택한 과학자 헌장에는 과학의 건전한 발전을 위한 과학자들의 임무가 잘 나타나 있다.

> 과학자라는 직업에는 시민이 일반적인 의무에 대해 지는 책임 외에 특수한 책임이 따른다는 점을 자각하고 …… 과학자는 대중이 가까이하기 어려운 지식을 갖고 있든지 혹은 그것을 쉽게 가질 수 있기 때문에 이런 지식이 선용되도록 전력을 다하지 않으면 안 된다.

(최경희, 송성수, 2011, p. 281)

과학이 전문화되면서 일반 대중은 과학에 점점 문외한이 되고 있다. 과학자는 실험실에만 틀어박혀 있을 것이 아니라, 밖에서 벌어지는 사회적 문제를 인식하고 이에 적극적으로 대처해야 한다. 과학자는 과학에 대한 일반 대중의 이해를 증진시키고, 중요한 사회적 이슈에 대해 전문가로서의 역할을 담당하며, 과학의 부정적 측면에 대해서도 의문을 제기해야 한다(최경희, 송성수, 2011).

과학자들이 스스로 자신이 수행하는 연구와 그 연구의 결과에 대해 적극적으로 책임지려는 자세를 가지는 것이 중요하지만, 과학자 개인의 노력만 강조

---

5) ① 정직성(honesty): 과학자는 연구 결과를 조작, 위조 또는 왜곡하지 말아야 한다. ② 조심성(carefulness): 과학자는 연구와 그 결과를 제시할 때, 모든 오류를 피해야 한다. ③ 개방성(openness): 과학자는 데이터, 결과, 방법, 아이디어, 기법, 도구를 공유하고, 다른 과학자들의 심사를 허용하며, 비판과 새로운 아이디어에 대해 열린 자세를 지녀야 한다. ④ 자유(freedom): 과학자는 어떤 연구라도 자유롭게 수행할 수 있어야 한다. ⑤ 명성(credit): 인정, 존경, 위신, 돈, 포상 등과 같은 명성은 마땅히 받을 자격이 있는 사람에게 주어지고, 그렇지 않은 사람에게는 주어져서는 안 된다. ⑥ 교육(education): 과학자는 예비 과학자들을 교육시키고 대중에게 과학에 대해 알려줄 의무가 있다. ⑦ 사회적 책임(social responsibility): 과학자는 사회에 위험을 끼치지 않아야 하고, 사회적 이익을 창출하도록 노력해야 한다. ⑧ 합법성(legality): 과학자는 연구 과정에서 법을 준수할 의무가 있다. ⑨ 기회(opportunity): 어떤 과학자에게나 자원을 이용하거나 승진할 기회가 공평해야 한다. ⑩ 상호존중(mutual respect): 과학자는 동료를 존중해야 한다. ⑪ 효율성(efficiency): 과학자는 자원을 효율적으로 사용해야 한다. ⑫ 실험 대상에 대한 존중(respect for subjects): 과학자는 인간을 실험 대상으로 할 때 인권이나 존엄성을 침해하지 않아야 하고, 동물을 실험 대상으로 사용할 때도 존중심을 가지고 조심해야 한다.

하는 것은 현실적으로 실효성이 없다. 대부분의 과학자들은 국가 기관이나 산업체에 소속되어 연구를 하는데, 한 과학자가 비윤리적이거나 사회적 위험을 초래할 가능성이 있는 특정한 연구를 거부하더라도 그 연구는 다른 누군가에 의해 계속될 것이기 때문이다. 오늘날에는 연구를 지원하는 산업체에서 과학 연구의 결과를 조작하는 경우도 있다. 영국의 거대 제약회사인 부츠(Boots)는 연구비를 지원한 뒤 원하는 결과가 나오지 않자 과학자들의 논문 출판을 막았고, 미국의 거대 담배회사 필립 모리스(Philip Morris)는 자기 회사에 불리한 연구 결과를 발표하지 못하도록 과학자에게 압력을 가했다(홍성욱, 2004). 항암제를 개발한 회사가 지원한 연구에서는 그 회사에 불리한 결과가 5%에 불과했지만, 중립적인 조직이 지원한 연구에서는 불리한 결과의 비율이 38%에 이르렀다는 사실도 보고되었다(김명진, 2008). 이러한 문제를 해결하기 위해서는 과학자가 윤리적 규범을 이행할 수 있도록 국가나 사회 차원에서 제도적 장치를 마련하여 보장할 필요가 있다.[6] 과학자가 자신의 양심과 윤리적 기준에 따라 의견을 제시했을 때 정당하게 수용되는 통로가 존재한다면, 과학자의 사회적 책임 의식도 높일 수 있을 것이다.

(3) 사회적 책임의 분담

소수의 권력층이 사회적 의사 결정을 했던 과거와 달리, 오늘날은 전체 사회 구성원의 합의를 중시하는 민주주의 시대다. 과학 연구로 인한 문제 역시 예외일 수 없다. 과학자들의 실수라고 몰아붙여서 비난만 하는 것은 아무 소용이 없다. 그 실수가 우리 자신의 실수일 수도 있기 때문이다. 과학자는 지식을 사회에 제공한 책임이 있고, 사회는 이 정보를 어디에 사용할 것인지 판단할 책임이 있다(Fisher, 2008). 과학에 아무리 강력한 힘이 있더라도 과학은 결국 인간이 만든 인공물이므로(Collins & Pinch, 2005), 과학에 관련된 의사 결정에서도 사회 구성원 모두의 적

---

6) 예를 들어, 대표적 거대과학인 인간 게놈 프로젝트에서는 전체 연구의 3~5%를 투자하여 이 연구가 미치게 될 윤리적·법적·사회적 함의에 대한 연구를 함께 추진함으로써 연구가 초래할 수 있는 다양한 차원의 문제점을 찾아내고 이에 대한 대응책을 마련하기로 결정했다(최경희, 송성수, 2011).

극적인 참여를 통한 합의가 이루어져야 한다. 만약 과학자에게만 책임을 맡긴다면 우선은 골치 아픈 책임에서 벗어날 수 있는 것처럼 느껴질 수도 있다. 하지만 과학자의 결정이 잘못될 경우에는 더 큰 위기를 자초하게 된다. 즉, 일반 대중들이 자신의 권리와 이익을 보호할 수 있는 가장 효과적인 방안은 바로 스스로 의사 결정의 주체로 참여하여 책임을 적극적으로 받아들이는 것이다.

로카 연구소(Loka Institute)의 '합의 위원회(consensus conference)'라는 시민 토론 집단 방식(Stauber & Rampton, 2006)은 과학적 문제에 대한 일반 대중의 의사 결정 참여 가능성을 보여준다. 합의 위원회는 덴마크에서 최초로 시도되었고 미국식 배심원단과 비슷하다. 쟁점이 발생한 공공정책 문제를 논의하기 위해 해당 지역의 인구 구성을 고려하여 특별한 선행 지식이 없고 정책에 대한 특별한 이해관계도 없는 일반인들을 15명 정도 선발하여 합의 위원회를 구성한다. 합의 위원회의 참가자들은 공개 토론을 통하여 전문가들에게 질문하고 답변을 청취하는 자문 과정을 거치고, 이를 바탕으로 위원회 내에서 학습과 토론을 하며, 마지막으로 합의 위원회의 보고서를 직접 작성한다. 합의 위원회에 참여한 사람들의 정책 관련 지식은 토론 과정에서 탁월한 수준으로 향상되며, 그 결과 합의 위원회에서 채택한 보고서의 내용은 대중적인 관심을 불러일으켜, 해당 정책을 다루는 정치인에게 무시할 수 없는 압력을 행사하게 된다.[7]

일반 시민으로 구성된 합의 위원회의 판단이 합리적이지 못하거나 대중주의(populism)로 전락할 가능성에 대한 우려도 있다. 그러나 공공의제재단(public agenda foundation)의 도블(John Doble)과 리처드슨(Amy Richardson)은 과학 문제에 관심이 없던 사람들도 정책 결정을 훌륭하게 수행할 수 있음을 보여주었다(Stauber & Rampton, 2006). 이들은 미국 전역에서 각 지역의 대표성을 지닌 사람 402명을 선발한 후, 과학적으로 복잡한 쟁점인 지구 온난화와 쓰레기 처리 문제에 관련된 논쟁에 대해 공정한 시각으로 짧은 설명을 제공했다. 그리고 참가자들에게 그 문제의 해결을 위한 가장 적합한 정책 대안을 토론으로 결정해달라고 부탁했다. 그 결과, 이들이 결론 내린 정책 대안은 유력한 과학자 418명을 대상으로 설문 조사한 결과와 대체로 일치했다. 일반인과 과학자의 대안이 다른 경우에도, 이는 과학적으로 평가가 달랐기 때문이 아니라 가치 판단

---

7)   우리나라의 경우에도 유전자 조작 식품, 생명 복제 기술, 전력 정책, 동물 장기 이식을 주제로 합의 위원회가 추진된 바 있으나(최경희, 송성수, 2011), 아직까지는 큰 영향력을 보이지 못했다.

이 달랐기 때문이었다. 즉, 과학적 전문성이 부족한 일반 대중들도 적절한 정보만 제공받을 수 있다면 전문가 못지않은 합리적인 의사 결정을 내릴 수 있다는 것이다.

Activity 8-5

여전히 진행형인 DDT 논란

카슨은 『침묵의 봄(*Silent spring*)』이라는 책을 통해 DDT의 위험성을 일반 대중에게 널리 알렸다. 그러나 DDT는 오늘날까지도 일부 개발도상국에서 사용되고 있다. DDT의 사용 여부에 대해서는 다음과 같이 두 가지 입장이 대립되고 있는데(강건일, 2006), DDT의 사용을 제한적으로 허용하자는 입장과 DDT의 사용을 전면적으로 금지해야 한다는 입장 중 어느 입장을 지지할지 토의해보자.

2001년 '잔류성 유기 오염물질(persistent organic pollutants; POPs)'에 대한 스톡홀름 회의에서는 다이옥신, PCB(polychlorinated Biphenyl), 푸란(furan), DDT 등 12종의 POP 물질을 사용 금지하기로 결정했다. 그러나 예외적으로 DDT만은 개발도상국에서 사용이 허가되었는데, 아직도 23개 개발도상국에서 농업용 살충제로 그리고 질병 통제 목적으로 DDT를 사용하고 있다.

이들 국가에서 말라리아에 감염되는 사람이 매년 5억 명이고, 그중 270만 명(대부분은 어린이와 여성이다.)이 목숨을 잃는다. DDT는 말라리아를 옮기는 모기를 박멸하는 데 효과적이면서 값싼 물질이기 때문에 널리 사용된다. 이 때문에 중도적 입장의 과학자들조차 "100에이커의 목화밭에 800kg의 DDT를 뿌리는 농업적 대량 사용이 아니다. 400~600g으로 집 내부의 벽에 뿌려서 6개월간 모기를 없앨 수 있는 DDT의 사용까지 금지해야 하겠느냐?"라는 간곡한 논평을 내놓기도 했다.

만약 카슨이 살아 있다면, 현실적 보건 문제를 강조하여 대체 가능한 방법이 도입된 이후에 DDT를 사용 금지해야 한다고 주장하는 말라리아 재단의 입장을 지지할까, 아니면 2007년까지 시한을 정하여 모든 DDT 사용을 금지해야 한다는 세계자연보호기금의 입장을 지지할까?

<table>
<tr><td>메뉴</td><td>장점</td><td>단점</td></tr>
</table>

메뉴
햄버거
새우버거
김치버거

장점
싸다.
몸에 좋다.
특이하다.

단점
기름기가 많다.
비싸다.
맛이 없다.

펀토위츠와 라베츠(Funtowicz & Ravetz, 1992)는 현대 사회가 '탈정상 과학(post-normal science)'[8] 단계로 접어들었기 때문에, 전문가인 과학자들도 단독으로 정책 결정을 할 수 없다고 주장했다. 전문가들조차도 발생 가능한 위험의 규모와 성격을 확실히 알기 어렵고, 만약 결정이 잘못되었을 경우에 발생할 결과에 대해 책임을 질 수도 없기 때문이다(김명진, 2008). 따라서 과학자뿐 아니라 사회학자, 언론인, 교사, NGO 활동가, 주부 등 문제에 관련된 모든 당사자들이 의사 결정 과정에 참여하는 것이 필요하다고 주장했다. 즉, 과학자에게만 일방적으로 용기와 희생과 책임을 요구하기보다는 일반 대중들도 과학 정책의 결정 과정에 동참하여 책임을 분담하는 것이 과학이 초래할 수 있는 문제를 최소화하는 방법이라는 것이다. 결과를 예측하기 어려운 위험 가능성을 공론화하면, 논의 과정에서 부작용을 최소화할 수 있을 뿐 아니라, 과학자들에게도 안정적인 연구 활동이 보장될 것이다. 혹시 문제가 발생하더라도 그 책임이 특

8) 탈정상 과학은 펀토위츠와 라베츠가 여러 저술을 통해 제시한 개념이다. GMO 식품, 지구 온난화, 나노기술, 생명 복제 등 오늘날의 과학 관련 사회 문제들은 '사실은 불확실하고, 가치문제가 논란에 휩싸여 있으며, 위험 부담은 크고, 결정은 시급하게 요구되는' 특징이 있다고 한다(김명진, 2008). 예를 들어, 지구 온난화 문제가 얼마나 심각하고 그에 대해 얼마나 시급하게 대응해야 하는가에 대해 합의가 이루어지지 못하고 있다. 지구 온난화로 인해 해수면이 얼마나 상승할지에 대한 문제도 전문가에 따라 대수롭지 않다는 입장부터 파국적이라는 예측까지 편차가 매우 크다. 즉, 탈정상 과학에서는 정상 과학에서 이루어지는 특정 패러다임 내에서의 문제 해결이 더 이상 유효하지 않아서 과학이 확실하고 빠른 답을 제공해줄 수 없으므로, 필연적으로 과학의 민주화가 요청된다고 한다.

정 과학자에게 돌아가지 않고 전체 사회 구성원이 공동으로 책임을 지게 될 것이기 때문이다(강양구, 2006). 오늘날 과학자들이 국가 권력이나 산업체의 부당한 압력에 노출될 가능성이 점점 높아지는 것을 생각한다면, 일반 대중의 의사 결정 참여가 더욱 중요해진다. 일반 대중이 과학에 참여하고 감시한다면 국가 권력이나 산업체도 이들을 의식할 수밖에 없을 것이므로, 장기적으로 과학자에게도 이익이 된다.

과학에 대한 의사 결정에서 일반 대중들의 민주적 참여는 개방적인 대화와 비판적 토론이 있을 때 가능하다. 서유럽 국가에서는 이러한 시민권을 확보하기 위하여, 합의 위원회를 비롯하여 주요 과학 사업에 투자하기 선에 사회적 영향을 미리 평가하는 영향 평가, 대학이나 연구소가 지역 사회의 요구에 부응하는 과학 연구를 담당하는 과학 상점(science shop), 그리고 연구 개발과 설계의 과정에 시민이 직접 참여하여 자신의 요구와 아이디어를 반영하는 참여 설계(participatory design)[9] 등의 제도를 발전시켜왔다(최경희, 송성수, 2011).

Activity 8-6

루카스 항공 노동자들의 위대한 실험

현대의 과학은 연구비를 지원하는 정부기관이나 산업체의 이해관계에 좌지우지된다고 해도 과언이 아니다. 정치적·군사적 목적에 관심이 있는 정부기관이나 이윤 추구를 최우선으로 하는 기업은 대중을 위한 과학보다는 자신들을 위한 과학만 지원하고 육성하고 있다. 만약 대중들이 지혜와 힘을 모아 세상을 바꾸기 위해 노력한다면 과학의 모습도 달라질 수 있을까? 영국의 루카스 항공 노동자들의 대안적인 실험은 우리에게 좋은 본보기가 된다. 루카스 항공 노동자의 실험에 대한 다음 글(강양구, 2006; 김명진, 2008)을 읽고, 과학에 미치는 대중의 영향에 대해 토의해보자.

> 루카스 항공은 1960년대 말에 음속 항공기였던 콩코드 비행기 엔진을 개발한 회사로서, 전투기 엔진을 전문적으로 만들던 회사다. 그런데 1969년에 이 회사는 경영 위기에 봉착하고, 6만 명의 노동자가 해고될 위기에 처하게 된다. 이때,

---

루카스 항공 노동자들은 좌절하지 않고 전투기 엔진이 아닌 '사회적으로 유용한' 다른 것을 만들어볼 계획을 세운다. 이들은 자신의 능력과 보유한 장비 등을 자세히 적은 편지를 180여 군데의 대학, 연구소, 노동조합, 시민단체 등에 보내서 "사회 전체적으로 이익이 되는 상품 중에서 우리의 능력과 장비로 제작할 수 있는 것이 무엇입니까?"라고 질문을 했다.

곧바로 답변이 쇄도했고, 루카스 항공 노동자들은 이 답변을 토대로 온갖 상품을 만들어낸다. 인공 신장, 태양열을 모으는 장비, 연료가 적게 드는 엔진, 도로-철도 겸용 차량 등 인권과 환경, 그리고 지역 사회의 필요를 고려한 제품이 만들어져 나왔다. 전투기와 같이 사람을 죽이는 과학기술이 사람을 살리는 과학기술로 마법처럼 탈바꿈한 것이다.

그러나 루카스 항공의 실험은 결국 실패로 끝난다. 역사상 가장 보수적이라고 평가받은 대처(Margaret Thatcher, 1925-2013)가 이끄는 보수당 정권이 들어서면서 더 이상 버틸 수 없게 되었고, 노동자들이 개발한 상품을 상용화하지 않으려 경영진이 훼방을 놓았기 때문이다. 그러나 이러한 실패에도 불구하고 루카스 항공 노동자들의 실험은 지금 당장이라도 '다른' 과학기술이 불가능하지 않음을 보여준 위대한 실험이다.

과학과 인간 행복

사람들은 과학에 대해 한편으로는 우리의 삶을 행복하게 해줄 것으로 기대하면서 다른 한편으로는 과학의 부작용에 대해서도 우려한다. 프랑스의 대통령이었던 퐁피두(Georges Pompidou, 1911-1974)는 과학의 위험성에 대해 다음과 같이 말했다.

파멸에 이르는 길은 모두 세 가지다. 여자, 도박, 과학기술이 그것으로, 가장 즐거운 것은 여자이고, 가장 빠른 것은 도박이고, 가장 확실한 것은 과학기술이다.

(Simanek & Holden, 2004, p. 211)

과학은 인간의 행복에 기여할 수 있을까? 과학과 인간의 행복 사이의 관계에 대해 크게 두 가지 입장이 있다. 낙관론자들은 새로운 사회 문제가 발생하

쉬 어 가 기

사하로프, 사회적 책임을 실천한 과학자

수소폭탄 개발에 참여한 소련의 과학자 사하로프(Andrei Sakharov, 1921~1989)는 그 공로를 인정받아 32세의 젊은 나이에 과학아카데미 회원이 되었다. 그러나 사하로프는 수소폭탄이 개발된다면 수많은 사람이 희생당할 수밖에 없음을 깨닫고, 수소폭탄이 전쟁을 억제하는 수단으로만 쓰여야 한다는 신념을 지니게 되었다. 외부와 격리된 채 18년간 계속된 비밀 연구에 회의를 느낀 사하로프는 이 사실을 모든 국민에게 알려야 한다고 생각했다. 그는 1953년 수소폭탄 실험이 성공한 후 고위 장성과의 면담에서, 무기 개발은 과학자들이 하지만 사용은 군인이나 정치가에 의해 좌우된다는 사실을 깨닫는다. 이후, 사하로프는 핵 실험을 실시하려는 흐루시초프(Nikita Khrushchyov, 1894~1971)의 계획에 반대한다. 그리고 1968년 "진보, 평화 공존 및 지적 자유에 관해서(Reflections on progress, peaceful coexistence, and intellectual freedom)"라는 논문을 발표하고 핵무기의 감축과 민주화의 필요성을 주장하여 국제적인 반응을 불러일으켰다. 사하로프는 1975년 노벨 평화상을 수상하지만, 계속되는 반정부 활동과 저술로 인해 1980년 유배를 당하고 그의 가족들도 고통을 받았다.

더라도 과학이 이 문제를 해결할 수 있다고 생각하지만, 반(反)과학주의자들은 사회적 문제의 주범이 과학 연구이므로 과학을 없애야 한다고 주장한다. 낙관론자들과 반과학주의자들은 왜 이처럼 상반된 견해를 보일까? 극단적인 두 입장을 보완할 수 있는 제3의 적절한 대안은 존재할까? 우리가 취해야 할 과학에 대한 바람직한 자세는 무엇일까?

(1) 낙관적 과학주의

과학은 교통, 정보통신, 의료, 산업 등의 발달을 촉진하여 인류를 빈곤, 질병, 고통으로부터 해방시켰고, 앞으로도 인간의 행복과 복지를 계속해서 증진시킬 수 있다는 것이 낙관론자들의 기본 입장이다. 과학과 기술의 발달로 인해 과학에 대한 우리의 신뢰가 강화되었다. 실제로 과학과 기술의 발전으로 생산성이 비약적으로 향상되고 우리의 삶은 크게 개선되었다. 즉, 과학과 기술의 발전은 노동을 경감하고 여가 시간을 확대하고 노동 환경을 개선하여, 인간은 육체적 고통과 위험에서 벗어날 수 있게 되었다. 의료기술의 발달은 인간을 질병의 고통으로부터 해방시키고 평균

일단 머리결 검사부터 합시다.

수명을 연장시켰다. 그리고 정보통신의 발달은 인간 활동의 시간적·공간적 제약을 제거했다.

　낙관적 과학주의는 인간의 합리적 이성에 기초한 과학을 찬양하고 진보를 신봉했던 근대 계몽주의 사상가들(신중섭 등, 2000)의 주장에서 잘 드러난다. 베이컨(Francis Bacon, 1561–1626)은 인간의 이성에 대한 신뢰를 기초로 과학의 힘으로 자연을 지배하고 통제할 수 있고 완벽한 사회를 만들 수 있다는 유토피아적 과학관을 지니고 있었다. 피히테(Johann Fichte, 1762–1814)도 과학의 진보는 자연의 폭력으로부터 인간을 해방시켜줄 것이므로 과학의 발달은 필연적으로 인류의 진보로 이어질 것이라고 주장했다. 프랭클린(Benjamin Franklin, 1706–1790)은 "지금 발전하고 있는 과학을 보면 내가 너무 빨리 태어난 것이 유감스러울 때가 많다. 물질을 지배할 수 있는 인간의 능력이 천년 뒤에는 어느 정도로 발전할 것인지 상상할 수 없을 정도다. 모든 질병을 확실히 예방하거나 치료할 수 있을 것이다."라고 과학에 대한 낙관주의적 신뢰를 표현했다(신중섭 등, 2000). 즉, 낙관적 과학주의자들에게 과학은 전력을 다해 추구해야 할 바람직한 목표다.

　낙관적 과학주의 입장에서 본다면, 과학이 야기한 자원 고갈이나 환경오염 등의 문제도 더 많은 과학의 발전을 통해 해결할 수 있는 문제일 뿐이다. 예를 들면, 방사성 폐기물과 같은 산업 폐기물은 우주 산업을 발전시켜 지구 밖에

노화를 늦출 수 있을까?

진화론과 최근의 실험 결과에 따르면, 노화에 영향을 미치는 것은 유전적으로 결정되는 수백 가지의 생화학적 과정이라고 한다. 따라서 이 과정을 적절히 조작하면 노화를 늦출 수 있을 것이라고 주장하는 학자들이 있다. 그러나 현재까지 노화에 관련된 것으로 밝혀진 유전자는 몇 가지에 불과하며, 그것도 선충이나 초파리 종류에서 발견되었다. 따라서 이 연구 결과가 인간에게도 적용될 수 있을지는 아직 미지수다. 그러나 앞으로 과학자들이 장수하는 개체와 일반 개체 사이의 차이를 나타내는 유전자를 찾아내고, 노화에 저항하는 유전자를 강화하는 방법을 개발할 수도 있을 것이다.

그러나 노화 속도의 지연이 사회 정책이나 윤리 측면에서 곤란한 문제를 유발할 수도 있다. 사회보장 제도는 어떻게 바꿔야 할 것인가? 정년퇴직 제도는 유지해야 하는가? 기성세대의 수명이 연장되어서 유산을 물려받지 못하는 후손들은 어떻게 해야 하는가? 그리고 이것보다 더 심각해질 가능성이 높은 인구 문제는 어떻게 할 것인가? 인간의 노화 속도 지연은 아직까지 아이디어 단계에 머물고 있지만, 머지않아 이 문제는 현실이 될 수도 있다. 이로 인해 사람들의 가슴이 설레는 날이 올 것이다. 물론, 정부나 의회는 골치 아파지겠지만.

폐기하여 해결하거나, 유전공학을 발전시켜 폐기물을 먹어치우는 초능력 미생물을 개발하여 처리할 수 있다고 주장한다. 이들은, 환경 문제란 근본적으로 경제적 문제에 지나지 않으므로, 비관적으로 환경 문제를 인류의 위기와 연결시켜서는 안 되고 반드시 해결 가능하다는 낙관적 인식하에 다루어야 한다고 주장한다(김명자, 1995).

(2) 반과학기술주의

20세기 후반에 들어서면서 낙관론자들의 주장과 달리, 환경 문제, 삶의 질 하락, 강대국 간의 첨예한 군비 경쟁, 미래 예측의 불확실성 등이 심각한 사회 문제로 대두되면서, 낙관적 과학주의에 대한 믿음이 도전을 받기 시작했다. 과학이 항상 인류의 행복과 복지 증진에 기여한 것은 아니며, 때로는 과학이 위협으로 느껴질 때도 있다. 엘륄(Ellul, 1990)은 과학의 진보가 지니고 있는 본질적인 이중성을 네 가지 측면에서 설명한다.

(a) 모든 진보에는 희생이 따른다.

(b) 진보는 매 단계에서 해결하는 문제보다 더 많은 문제를 야기한다.

(c) 진보의 부정적 영향은 긍정적 결과와 분리될 수 없다. 즉, 바람직한 효과는 부정적인 측면을 반드시 수반하며, 결과적으로 진보는 예외 없이 양면성을

지닌다.

(d) 진보는 예측할 수 없는 결과를 내포한다.

과학이 초래한 부정적 결과에 주목하여 과학에 반기를 든 반과학기술주의는 제2차 세계대전에서 원자폭탄이 투하된 이후 시작하여, 1960년대 환경오염의 심각성이 사회문제화되면서 본격적으로 주목을 받았다. 전쟁에서 드러난 무서운 살상력과 파괴력이 과학의 결과라는 것은 논란의 여지가 없으며, 핵에너지는 문명을 발전시키는 것이 아니라 이제까지 인류가 이룩한 모든 업적뿐 아니라 지구상의 모든 생명체까지도 위협했던 것이다.

반과학기술주의자들은 과학이 처음에는 인류의 복지에 기여하는 것처럼 보이지만, 시간이 흐르면서 원래의 의도와 다르게 예기치 않았던 부정적인 결과를 초래한다고 주장한다(Basalla, 1996). 예를 들어, 처음에는 새로운 무공해 자원으로 극찬을 받던 핵에너지가 오늘날에는 지구를 멸망시킬 무기로 사용되고 있다. 자동차가 발명되면서 거리의 말똥 문제를 해결해줄 것으로 기대했지만, 결과는 매연으로 인한 더 큰 환경오염과 교통사고로 인한 인명 피해였다.

쉬어가기

테러리스트 과학자

현대 과학기술의 부정적인 측면에 심각한 문제의식을 가진 과학자들이 적지 않은데, 유나바머(unabomber)[10]로 알려진 카진스키(Theodore Kaczynski, 1942-)가 대표적인 인물이다. 카진스키는 하버드 대학 출신으로 버클리 대학 수학과 교수까지 지냈지만, 현대 과학기술 문명에 대해 깊은 절망감을 가졌다. 카진스키는 20여 년간 오지의 숲 속에서 은둔하면서 1978년부터 1995년까지 16회에 걸쳐 과학기술 관련 전문가를 우편물 폭탄으로 테러했는데, 3명이 목숨을 잃고 23명이 부상을 당했다. 1995년에 카진스키는 테러를 중단하는 조건으로 과학 문명에 대한 자신의 견해를 담은 선언문을 「뉴욕타임스」와 「워싱턴포스트」에 실으라고 요구했다. 신문에 실린 선언문을 읽고 낯익은 스타일을 알아챈 동생의 제보로 카진스키는 1996년에 체포되었다. 1998년 종신형을 선고받은 카진스키는 현재도 복역 중이다. 카진스키가 지적했던 현대 과학기술의 문제점에는 공감할 대목이 꽤 있지만, 과연 해결 방법이 '파괴'밖에 없었을까?

---

10) 미국의 FBI는 대학이나 항공사에 대한 우편물 테러를 UNABOM(UNiversity & Airline BOMb)이라는 코드로 분류했는데, 언론에서 이를 이용해서 유나바머라는 말을 만들어냈다.

살충제도 수확량을 증가시켜 기아로부터 인류를 해방시켜줄 것으로 믿었지만, 지나친 사용으로 인해 환경오염이라는 부작용이 발생했다. 물론 부작용을 해결하기 위해 과학자들은 다시 새로운 기술을 개발하겠지만, 그 결과 또 다른 문세가 발생하는 악순환이 계속된다. 따라서 반과학기술주의에서는 과학으로 초래된 문제가 결코 과학을 통해 해결될 수 없으므로 더 이상 과학에 의존해서는 안 된다고 주장한다.

정신적·문화적 측면에서도 과학에 대한 비판적 관점이 존재하는데, 과학으로 인해 인간의 정신이 피폐해지고 생활이 자연적인 상태에서 멀어졌으며, 인생의 목적이 물질적 행복 추구로 전락했다는 것이다(신중섭 등, 2000). 과학이 인간에게 많은 혜택을 제공했지만, 우리는 인간성 상실이라는 비싼 대가를 치러야 했다는 것이다. 즉, 과학기술 시대의 인간은 자기 자신이나 사회로부터 소외되어 결과적으로 자신을 상실했다. 야스퍼스(Jaspers, 1986)는 "자연을 지배함으로써 자연으로부터 해방되는 것이 아니라 오히려 자연을 파괴하고 인간 자체도 파멸된다."라고 지적했다.

반과학기술주의자들은 한발 더 나아가 과학을 전면적으로 포기해야 한다고 주장한다. 여기에는 과학의 발전으로 인하여 현대 문명 자체가 소멸될지도 모른다는 두려움이 반영되어 있다. 이들의 두려움은 셸리(Shelley, 1992)의 공포소설 『프랑켄슈타인(Frankenstein)』의 다음 구절에 잘 드러난다.

"나는 너처럼 기형적이고 사악한 괴물을 다시는 결코 만들지 않을 것이다."

"노예여, 이전에는 내가 너를 설득하려고 했지만, 더 이상 너에게 예의를 갖출 필요가 없게 되었다. 내가 힘을 지니고 있다는 사실을 잊지 말라. 너는 스스로를 비참하다고 생각하겠지만, 나는 너를 더 참혹하게 만들어 빛이 너를 증오하도록 만들어주겠다. 너는 나의 창조자이지만, 나는 너의 주인이다. 나에게 복종하라."

(Shelley, 1992, p. 172)

좋은 과학? 나쁜 과학?

오늘날 유전공학은 인류에게 무병장수를 보장하고 연구자들에게는 일확천금의 기회를 제공해주는 첨단 과학기술의 대표 주자로 여겨진다. 그러나 한편으로는 자연 질서를 교란하고 인간성의 상실을 초래할 가능성이 있는 '나쁜 과학'의 대명사로 인식되기도 한다. DNA 재조합 기법의 발견에 관련된 다음 에피소드(김명진, 2008)를 읽고 토의해보자.

> 박테리아를 이용한 DNA 재조합 기법의 발견은 생명을 '조작'할 수 있는 방법을 제공했기 때문에 많은 과학자들이 흥분했다. 그러나 동시에 DNA 재조합 기법이 지구상에 존재하지 않던 새로운 병원체를 탄생시킴으로써 심각한 위협이 될 수 있다는 우려도 제기되었다. 과학자들은 이러한 위험을 스스로 대중들에게 알리고 「사이언스」와 「네이처」와 같은 유명 학술지에도 서한을 보내어 자체적인 일시적 연구 중단(moratorium)을 호소했다. 이에 DNA 재조합 실험을 규제하는 규칙이 제정되었다.
>
> 그런데 DNA 재조합에 관련된 문제는 과학자들 사이의 의견 대립에서 대중적 논쟁으로 확산되었다. 일반 시민들은 과학자들이 서로 다른 종의 유전자를 뒤섞어 이른바 '신 놀이'를 할 수도 있다는 우려와 DNA 재조합 기법이 인간에게 적용될 경우 새로운 우생학적인 폐해가 나타날 수 있다는 윤리적인 우려를 표명했다. 그 결과, 위험 가능성이 큰 유전공학 실험에 대한 저지 운동이 나타났다. 예를 들어, 하버드 대학이 있는 케임브리지(Cambridge) 시에서는 시 의회가 유전공학 실험을 금지하는 조치를 취했고, 일반 시민으로 구성된 실험심사위원회가 전문가들의 의견을 청취한 후 DNA 재조합 실험에 대한 추가적인 안전조치를 권고했다.

(1) DNA 재조합 기법의 위험성에 대해 과학자들이 스스로 대중들에게 알리고, 일시적인 연구 중단을 호소한 행동이 옳다고 생각하는가? 그 이유를 설명해보자.

(2) DNA 재조합을 포함한 유전공학 실험에 대해 케임브리지 시 의회가 내린 조치가 타당하다고 생각하는가? 그 이유를 설명해보자.

(3) 인간을 위한 과학

과학은 긍정적인 면과 부정적인 면을 동시에 지닌 양날의 칼과 같다. 따라서 우리에게 필요한 것은 과학의 발달로 인한 변화를 정확히 예측하고 이에

적절히 대처하는 능력과 자세다. 과학의 발전을 맹신하는 과학만능주의에 빠지는 것도 문제지만, 과학을 현대 문명이 처한 위기의 근원으로 간주하여 필요성을 완전히 부정하는 것 또한 문제가 있다. 오늘날 과학이 없는 삶은 존재할 수 없으므로 과학을 배격하는 것은 불가능하기 때문이다.

과학기술 시대에 우리가 지녀야 할 자세는 무엇일까? 그것은 바로 어떻게 하면 과학을 올바르게 사용할 수 있는가라는 문제에 대해 고민하고 지혜를 발휘하는 것이다. 다시 말해서, 과학이 오용되지 않고 삶의 질 개선과 사회 정의를 위해 사용될 수 있도록 방향을 잡아나가는 일이 우리에게 주어진 임무다(신중섭 등, 2000). 따라서 낙관적 과학주의나 반과학기술주의와 같은 극단적인 입장을 택하기보다는 인간 존중이라는 대전제하에서 과학을 진지하게 반성해야 한다. 과학기술은 인류가 당면한 현재의 해악을 제거하는 데 관심을 집중해야 한다(Popper, 1963).

쉬 어 가 기

생물학적 해적질을 반대한다!

오늘날 말라리아의 특효약으로 알려진 퀴닌(quinine)은 남아메리카의 키나나무(quina) 껍질에서 추출한 물질로서, 이물질을 상품화한 사람들은 큰 이득을 보았다. 이처럼 열대 식물 속에는 우리가 애타게 찾던 치료제나 경제적으로 가치 있는 물질이 들어 있는 경우가 많다.

콕스(Paul Cox)는 모르몬교 선교사로 사모아(Samoa)에 갔다가 심한 병에 걸렸다. 그곳에는 의사가 없었지만, 현지의 한 치료사가 가슴에 어떤 액체를 바르고 비벼서 병을 고쳐주었다. 몇 년 후, 의과대학생이 된 콕스는 자기가 치료받았던 그 약물을 떠올리고, 열대 식물에서 새로운 치료제를 찾을 수 있을지도 모른다고 생각했다. 사모아로 돌아간 콕스는 마말라 나무에서 프로스타틴(prostatin)이라는 물질을 발견했는데, 이 물질은 현재 에이즈 치료제로 임상 실험 중이다. 여기까지는 퀴닌과 같은 다른 물질들의 발견 이야기와 차이가 없다. 그러나 콕스는 프로스타틴으로 새로운 동반 관계를 맺었다. 콕스는 프로스타틴으로부터 나오는 이익을 사모아의 원주민들과 나누었다. 즉, 콕스는 생물학적 해적질 대신에 생물학적 호혜관계를 만들어냈다(Fischer, 2009).

생각해볼 문제

1. 농약과 살충제는 두 얼굴을 지니고 있다. 농약과 살충제를 사용하면 환경오염이 유발된다는 사실이 밝혀졌고, 이 때문에 '사악한 과학'이라는 이미지가 생겼다. 그러나 농약과 살충제가 없었더라면, 인류가 식량 문제를 해결하는 것은 불가능했을 것이고 경작지를 늘리기 위해 삼림 훼손과 같은 또 다른 대규모의 환경 파괴가 불가피했을 것이다. 그렇다면 농약과 살충제로 인한 피해의 책임은 누구에게 있을지 토의해보자.

2. 인간의 유전자 지도와 같은 생명체의 유전 정보는 엄밀히 따질 때 인간이 발명한 것이 아니라 자연의 창조물이므로 특허의 대상이 아니라는 주장이 있다. 이 주장에 대한 자신의 생각을 설명해보자.

3. 영화 『아일랜드(*The Island*)』(마이클 베이 감독, 2005년 작)에는 특정 장기나 신체 부위를 필요로 하는 후원자를 위해 무균 상태에서 복제 인간을 기르는 끔찍한 인체 공장이 나온다. 실제로 이러한 일이 벌어진다면 그 책임은 누가 져야 할까? 인체 공장의 설립과 운영에 관여한 과학자일까, 인체 공장의 설립을 요구한 후원자일까, 아니면 인체 공장을 허용한 사회 구성원 모두일까?

4. 다음 글을 읽고, 뇌에 전기 자극을 가했을 때 일어나는 현상에 대한 과학 실험을 금지시켜야 할지 토의해보자.

> 정부가 새로 태어나는 아이들의 뇌에 존재하는 '쾌감'과 '통증' 중추에 수백 개의 미세한 전극을 이식하고, 정부만 알고 있는 접속 암호나 주파수를 이용하여 무선으로 자극을 가하는 상황을 상상해볼 수 있다. 아이가 자라서 어른이 되었을 때, 할당한 노동량을 완수하거나 정부의 이데올로기를 잘 따르면 쾌감 중추에 자극을 가하고, 그렇지 않은 경우에는 반대로 통증 중추에 자극을 가하는 것이다. 이는 악몽과 같은 상황이다.
>
> (Sagan, 2006, p. 249)

5. 내분비 저해 가설은 여러 가지 화학 물질이 내분비계 교란 물질로 작용하여 생식기 결함, 정자 수 감소, 암 발생 등의 원인이 된다는 주장이다. 그러나 내분비계 교란 물질로 밝혀졌다는 이유만으로 어떤 물질이 사용 금지된 전례는 없다. 내분비계 교란 물질이 어떤 과정을 통해 신체 이상을 일으키는지에 대해 인과적 설명이 부족하고, 어느 정도의 농도에서 독성이

나타나는지에 대한 기준을 놓고도 논쟁이 있기 때문이다. 따라서 내분비 저해 가설을 지지하는 과학자들은 규제를 강화하자고 주장하지만, 산업계를 포함한 회의적인 진영에서는 엄밀한 과학적 근거가 결핍된 주장에 불과하다고 맞서고 있다(김명진, 2008). 내분비계 교란 물질로 밝혀진 화학 물질에 대해 어떤 조치를 내려야 할까?

6. 다음 글 (A)에는 과학과 기술의 관계에 대한 과학자의 입장이 나타나 있고, (B)에는 과학과 공학(기술)의 관계에 대한 기술자의 입장이 나타나 있다. 두 글에서 나타난 과학과 기술의 관계에 대한 입장을 현대 인식론적 관점에서 평가해보자.

> (A) 유전자에 대해 잘 알지도 못하면서 그것을 가지고 뭔가를 만들어내려고 한다는 거죠. 과학의 길은 아직 멀었는데 기술이 덤벼들어 선무당 짓을 하니, 이게 큰 문제입니다. 기술이 마냥 과학을 기다리고 있지는 않을 겁니다. 좀이 쑤셔서 못 기다립니다. 아직 과학적으로 확실하지 않은 상태이더라도 기술은 인류를 구한답시고 이런저런 시도를 할 겁니다. 다른 기술들도 그런 일을 해왔고 요행히 성공한 것들도 있지만, 생명과학을 응용한 기술은 좀 달라야 할 것입니다. 생명을 가지고 실험을 할 수는 없으니까요. 그게 바로 생명의 존엄성이라는 거니까요.
>
> (도정일, 최재천, 2001, p. 240)
>
> (B) 많은 학생들이 과학과 공학을 혼동하곤 합니다. 하지만 이 두 학문은 엄연히 다르다고 볼 수 있어요. 과학이 자연의 원리를 이해하는 학문이라면, 공학은 과학에서 얻은 원리를 인류를 위해 응용하는 학문이죠. 예를 들어, 자동차를 만든다든지, 집을 만든다든지 혹은 원자력 발전을 이용해 에너지를 생산하는 것입니다. 즉, 공학을 통해 우리 인류의 삶이 보다 풍성해진다고 말할 수 있겠죠.
>
> (사이언스타임즈, 2013년 9월 24일)

7. 페니실린(penicillin)의 가치를 분명히 알고 실제로 발견한 사람은 플레밍(Alexander Fleming, 1881-1955)이 아니라 옥스퍼드 대학의 플로리(Howard Florey, 1898-1968)와 연구원인 체인(Ernst Chain, 1906-1979)이었다고 한다. 그런데 플로리와 체인은 자신의 연구가 상업적인 돈벌이보다는 모든 인류에게 도움이 되기 원했기 때문에, 페니실린의 특허를 출원하지 않았다(강건일, 2006). 플로리는 대학에서의 순수한 연구가 광고되는 것을 싫어하여 기자를 기피할 정도였는데, 실제 페니실린의 발견자인 이들이 알려지지 않은 것도 이 때문이라고 한다. 플로리의 입장에 대해 현대 인식론적 입장에서 장단점을 설명해보자.

8. 그림은 블레이크(William Blake, 1757-1827)의 『태고의 나날들(Ancient of days)』이라는 작품이다. 작품 속에 등장하는 신은 기독교의 신이 아니라, 컴퍼스로 세상을 만들어내는 유리즌(Urizen)이라는 신이다. 기독교의 신은 완벽하지만 유리즌은 상상과 감성이 사라지고 이성만

남은 매우 불완전하고 위험한 존재다. 이와 같이 이성을 지나치게 강조하는 것에 비판적이었던 블레이크는 "예술은 생명의 나무이고, 과학은 죽음의 나무이다."라고 과학을 강하게 비판했다(홍성욱, 2012). 즉, 뉴턴의 빛 입자나 데모크리토스의 원자는 모두 신에 의한 평화와 조화를 파괴하고 신을 모독하는 유물론의 변종이라고 비판했다. 블레이크의 주장과 같은 반과학기술주의가 우리에게 제안하는 시사점과 한계를 설명해보자.

그림 8-3
블레이크의 『태고의 나날들』

9. 『아이로봇(*I, Robot*)』(알렉스 프로야스 감독, 2004년 작)과 같이 공상과학 영화 중에는 인간의 편리한 생활을 위해 발명한 도구인 로봇이 반란을 일으킨다는 비관적인 미래관이 제시되는 경우가 많다. 이러한 우려가 나타나는 배경을 설명해보자.

10. 하버(Fritz Haber, 1868-1934)는 극단적으로 엇갈리는 평가를 받는 과학자다. 암모니아의 효율적인 합성법을 개발하여 노벨상을 수상한 위대한 과학자이지만, 동시에 전쟁에 필요한 무기 개발에 참여하고 나치 정권에 협조한 나쁜 과학자이기도 하다. 하버의 일생에 대한 다음 에피소드를 읽고, 하버가 노벨상을 받을 자격이 있는지 설명해보자.

> 하버는 제1차 세계대전 이전에 이미 세계적으로 명성을 떨치고 있던 과학자였다. 하버는 질소와 수소를 반응시켜 암모니아를 제조하는 효율적인 공정을 완성하여, 그 공로로 1918년에 노벨 화학상을 받았다. 공기 중의 질소를 고정하여 암모니아를 인공적으로 합성함으로써 비료를 대량 생산할 수 있게 되었고, 그 결과 농업의 생산성이 증가하여 인류의 기아를 막는 데 공헌했기 때문이다. 그런데 암모니아 합성법은 비료뿐 아니라 화약의 제조에도 쓰였다. 화약을 만들기 위해서는 질산이 필요한데, 질산은 암모니아로부터 합성하기 때문이다. 하버의 암모니아 합성법 개발 덕분에 독일은 제1차 세계대전에서 해상이 봉쇄되었음에도 불구하고 전쟁에서 어려움을 겪지 않았다.
>
> 하버의 노벨상 수상은 거센 반대 여론에 부딪혔는데, 제1차 세계대전에서 독일의 독가스 전쟁 프로그램을 주도한 하버의 경력 때문이었다. 전쟁에서 좀 더 치명적인 살상 무기 개발을 추진하던 독일 정부에 협력하여 하버는 여러 가지 실험을 실시하고 염소 기체 사용을 제안했다. 염소 기체는 실제로 전쟁에 사용되어 연합군이 희생되기도 했다.
>
> 하버는 유대 인이었지만, 전쟁에 기여한 공로로 독일 정부로부터 많은 훈장을 받았고, 독일 최대의 연구소인 카이저 빌헬름(Kaiser Wilhelm) 연구소 소장이 되었다. 그러나 히틀러가 집권하여 유대 인 학살이 시작되자 하버도 비운을 맞을 수밖에 없었다. 그런데 하버가 나치를 무조건적으로 따랐던 것은 아니다. 1933년 나치는 모든 유대 인을 해고하라는 지시를 내렸다. 하버는 당시로서는 어려운 용기를 내어 사직서를 제출하면서 그 지시를 거부했다(Penny & Jay, 2007). "제가 40년 이상 동안 제 동료들을 선택한 기준은 지성과 성품이었지 그들의 어머니가 아니었습니다. 지금까지 옳다고 생각한 이 방법을 앞으로도 바꾸고 싶지 않습니다."

참고 문헌

강건일 (2006). 흥미있고 진지한 과학이야기. 서울: 참과학.

강양구 (2006). 세바퀴로 가는 과학자전거. 서울: 뿌리와 이파리.

김명자 (1995). 동서양의 과학전통과 환경운동. 서울: 동아출판사.

김명진 (2008). 야누스의 과학. 서울: 사계절출판사.

김환석 (2001). 과학기술 시대의 연구윤리(pp. 11–40). 유네스코한국위원회 편, 과학연구윤리. 서울: 당대.

도정일, 최재천 (2005). 대담: 인문학과 자연과학이 만나다. 서울: 휴머니스트.

송성수 (2001). 현대산업사회에서 과학기술자의 책임(pp. 29–64). 최재천 편, 과학 종교 윤리의 대화. 서울: 궁리.

신중섭, 이기식, 이종흡 (2000). 과학기술에 의한 유토피아의 건설: 과학기술과 구성주의적 합리주의. 과학철학, 3(1), 1–35.

조희형 (1994). 과학–기술–사회와 과학교육. 서울: 교육과학사.

진정일 (2006). 진정일의 교실밖 화학이야기. 서울: 양문.

최경희, 송성수 (2011). 과학기술로 세상 바로 읽기. 서울: 북스힐.

최무영 (2008). 최무영 교수의 물리학 강의. 서울: 책갈피.

최영주 (2006). 세계의 교양을 읽는다. 서울: 휴머니스트.

홍성욱 (2004). 과학은 얼마나. 서울: 서울대학교 출판부.

홍성욱 (2012). 그림으로 보는 과학의 숨은 역사. 서울: 책세상.

Aikenhead, G. (1992). The integration of STS into science education. Theory into Practice, 31 (1), 27–35.

Aikenhead, G. S., Ryan, A. G., & Fleming, R. W. (1989). Views on science–technology–society. Saskatchewan, Canada: Department of Curriculum Studies.

American Association for the Advancement of Science (1993). Benchmarks for science literacy: Project 2061. New York: Oxford University Press.

Andrews, L. B., & Nelkin, D. (2006). 인체 시장. 김명진 역, 서울: 궁리.

Basalla, G. (1996). 기술의 진화. 김동광 역, 서울: 까치글방.

Bijker, W. E. (1999). 과학기술은 사회적으로 어떻게 구성되는가. 송성수 역, 서울: 새물결.

Bowler, P. J., & Morus, I. R. (2008). 현대과학의 풍경. 김봉국, 서민우, 홍성욱 역, 서울: 궁리출판.

Burgin, L. (2008). 태고의 유전자. 류동수 역, 서울: 도솔출판사.

Carson, R. (2002). 침묵의 봄. 김은령 역, 서울: 에코리브르.

Collins, H., & Pinch, T. (2005). 골렘: 과학의 뒷골목. 이충형 역, 서울: 새물결.

Ellul, J. (1972). The technological order (pp. 86–105). In C. Mitchm & R. Mackey (ed.), Philosophy and technology: Readings in the philosophical problems of technology. New York: The Free Press.

Fischer, E. P. (2009). 과학을 배반하는 과학. 전대호 역, 서울: 북하우스.

Fisher, L. (2008). 과학 토크쇼. 강윤재 역, 서울: 시공사.

Fleming, R. (1989). Literacy for a technological age. Science Education, 73(4), 391–404.

Forman, P. (1987). Behind quantum electronics: National security as basis for physical research in the United States, 1940–1960. Historical Studies in the Physical Sciences, 18, 149–229.

Funtowicz, S., & Ravetz, J. (1992). Three types of risk assessment and the emergence of post–normal science (pp. 251–273). In S. Krimsky & D. Golding (Eds.), Social theories of risk. Wesport: Praeger.

Jaspers, K. (1986). 역사의 기원과 목표. 백승균 역, 서울: 이화여자대학교 출판부.

Latour, B. (1987). Science in action: How to follow scientist and engineers through society. Cambridge: Harvard University Press.

Layton, E. T. (1977). Conditions of technological development (pp. 197–222). In I. Rösing & D. J. Price (eds.), Science, technology and society: A cross–disciplinary perspective. Beverly Hills: Sage.

Nelson, A. (1994). How could scientific facts be socially constructed? Studies in the history and philosophy of science, 25, 535–547.

Penny, C. C., & Jay, B. (2007). 역사를 바꾼 17가지 화학 이야기. 곽주영 역, 서울: 사이언스북스.

Popper, K. R. (1963). Conjectures and refutations: The growth of scientific knowledge. New York: Harper and Row.

Resnik, D. (1996). Social epistemology and the ethics of research. Studies in the History and Philosophy of Science, 27, 565–586.

Rifkin, J. (1996). 엔트로피. 이창희 역, 서울: 세종연구원.

Sagan, C. (2006). 에덴의 용. 임지원 역, 서울: 사이언스북스.

Shelly, M. W. (1992), Frankenstein. London, UK: Penguin Books.

Simanek, D. E., & Holden, J. C. (2004). 웃기는 과학. 김한영 역, 서울: 한승.

Stauber, J., & Rampton, S. (2006). 거짓나침반. 정병선 역, 서울: 시울.

Zankl, H. (2006). 과학사의 유쾌한 반란. 전동열, 이미선 역, 서울: 아침이슬.

Ziman, J. (1980). Teaching and learning about science and society. Cambridge: Cambridge University Press.

찾아보기

과학의 본성
어떤 과학을 가르칠 것인가?

지은이· 강석진, 노태희

펴낸이· 조승식

펴낸곳· (주)도서출판 북스힐

등록번호· 제22-457

주소· 01043 서울시 강북구 한천로 153길 17

홈페이지· www.bookshill.com

전자우편· bookhill@bookshill.com

전화· 02-994-0071

팩스· 02-994-0073

2014년 3월 5일 1판 1쇄 발행
2021년 8월 15일 1판 4쇄 발행

값 13,000원

ISBN 978-89-5526-898-0